A CULTURAL HISTORY OF THE SEA
IN THE GLOBAL AGE

全球时代海洋文化史

海洋文化史 · 第6卷

Margaret Cohen
[美] 玛格丽特·科恩 主编

Franziska Torma
[德] 法兰兹斯卡·托玛 编

金 海 译

上海人民出版社

海洋文化史

主编：玛格丽特·科恩（Margaret Cohen）

第一卷

古代海洋文化史

编者：玛丽-克莱尔·波琉（Marie-Claire Beaulieu）

第二卷

中世纪海洋文化史

编者：伊丽莎白·兰伯恩（Elizabeth Lambourn）

第三卷

近代早期海洋文化史

编者：史蒂夫·门茨（Steve Mentz）

第四卷

启蒙时代海洋文化史

编者：乔纳森·兰姆（Jonathan Lamb）

第五卷

帝国时代海洋文化史

编者：玛格丽特·科恩（Margaret Cohen）

第六卷

全球时代海洋文化史

编者：法兰兹斯卡·托玛（Franziska Torma）

目　录

CONTENTS

插图目录

表目录

中文版推荐序

《海洋文化史》丛书六卷的出版是一项重大的学术成果，该套丛书的中译本亦是如此。

人们通常认为中国的文明是陆地文明而非海洋文明，用“黄土地”来比喻中国就体现了这一观点，而 15 世纪的郑和下西洋则被视为一个例外。事实上，海洋在中国历史上一直是一个不可或缺的元素。几千年来，中国人为了寻求商机、获得政治避难或出于其他原因而远涉重洋，他们在东南亚的主要贸易口岸建立了社区，世界各地的商人纷纷通过海路来到中国进行贸易。宋朝时的泉州可能是世界上全球化程度最高的城市，当时这里到处都是来自南亚、东南亚和阿拉伯的商人。为了让世人感受到这种密切的互动和交流，一些学者建议把中国南部的海洋区域称为“亚洲地中海”。

有人可能会说，在中国历史上，海洋虽然在经济方面很重要，但这并不意味着其在更广泛的文化方面也很重要，显然这是个错误的观点。纵观全球科技史，海洋在造船和制图技术的发展中起着至关重要的作用；而纵观全球宗教史，我们都知道，元朝之后的伊斯兰教、明朝及以后的中国民间宗教，在很大程度上都是经由海洋在东南亚进行传播的。所以，即便我们把文化史定义到更小的范畴，海洋在中国文化史上也从未被边缘化，而是如同在欧洲一样，是信息、传说和隐喻的丰富来源，早在秦始皇时期，中国就有了徐福寻找长生不老药的故事。

因此，虽然我十分赞赏英文版编者和撰稿者的工作，但我对这个项目的感受仍颇为复杂。丛书的标题稍有误导性：实际上，标题不应该是海洋文化史，因为丛书的前几卷描述的是欧洲海洋文化史，而后几卷则是西方海洋文化史，丛书的欧洲中心主义是一个最引人注目的方面。尽管丛书的编者认可了这一缺点，但遗憾的是，后续内容并未见到更多的改进。

本套丛书虽存在这一问题，但必须承认，从狭义上讲，它是关于海洋文化史最好的英文著作之一，也将是中国读者的宝贵参考工具，或许还能成为进一步推动中国海洋史研究的引擎。需强调的是，这并非是说中国的海洋研究缺乏丰富悠久的传统，由此，不得不提起我的一位老朋友兼老师王连茂，多年来他一直担任泉州海外交通史博物馆馆长，在中国航海史的学术研究方面做了大量的工作。如今，王老师已经退休，他的工作由新馆长丁毓玲继续，而他们也只是国内外无数从中国人的角度为海洋文化史作出贡献的学者中的两位。

本套丛书所展示的文化史方法或许会给海洋文化史领域带来富有见地的思想，这也是本套丛书的一大优点。丛书中的文章并没有遵循严格的时间顺序，而是从知识、实践、表现等八个不同的主题来审视海洋文化史，这八大主题都经过仔细考量、跨越古今，契合丛书的全部六卷。书中的每种观点都有一个中国故事的类比。事实上，在阅读这些书籍时，我常想如果将每个主题都用中国例子的重要证据来阐述，那这些观点又会有何不同？这些观点的内容十分广泛，中国的历史学家们可以考虑引用，而无需担心被指责成将国外类别和术语无知地引入不同的历史背景。因此，我希望本套丛书的出版能够对中国的海洋文化史领域产生积极的影响。

上文中，我提到了在全球海洋文化史研究中本套丛书忽视了中国的影响，当然，世界其他地区被忽视的问题也同样可能出现。从积极的一面来说，本套丛书或许能让世界各地从事海洋文化史研究的学者之间进行更多的对话和交流。最终，这些对话可能促成真正的世界海洋文化史的诞生。丛书的第六卷告诉我们，如今我们生活在人类世（Anthropocene）时代，人类的行为正给我们的持续生存造成威胁。在这种背景下，深入了解导致持续忽视环境的所有不同文化遗产，以及最终可能会让我们改变自身行为并为我们所面临的问题找到综合解决方案的所有文化资源，则成为我们非常重要的一个目标。

应同事金海博士（本丛书第一、三、六卷的译者）之邀，我为该书作序，但恐难达到他的预期，希望此序不会使他或中文版的出版商感到不妥，无论如何，希望我的序言能够如同英语谚语所说，“to call a spade a spade”（抛砖引玉）。

宋怡明（Michael Szonyi）
哈佛大学费正清中国研究中心主任
哈佛大学东方语言与文明系教授

主编序 xii

过去三十年间，海洋研究已经成为人文学科中一个领先的跨学科领域。海洋研究的重要性在于它能够说明完全跨文化、越千年的全球化。在其逐渐成形的过程中，海洋研究合并和修订了通常在国家历史框架内的涉及海洋运输、海洋战争和全球探索的早期学术成就。海洋研究领域有着各种类型的文献，主要展示海洋运输和海洋资源如何将分开的陆地连接成水基区域，重现两个从未接触过的社会在海滩的相遇如何带来棘手的统治结构，并揭示从外太空拍摄的我们这个蓝色星球的单张照片的影响。今天，海洋研究的目的在于讲述那些在海上旅行的人物的故事，包括专业人士、冒险家、乘客、被迫迁移者，以及动物。

此外，这一新领域还认为，海洋是个充满想象的地方，尤其是海洋对许多人而言十分遥远，但同时对于生命的维持又非常重要，这种矛盾对立使得海洋更具想象空间。据说，诺贝尔奖得主、诗人德里克·沃尔科特（Derek Walcott）写过一句令人难忘的名言："海洋是历史。"[①] 同时，对海洋的想象并不是纯粹的幻想，而是根据所处的海洋环境以及人类海洋实践而形成的想象，引导人文主义者去接触物质世界的现实。现代海洋学和海洋生物学在 19 世纪形成时，将海洋确立为非人类的自然领域，但此前，两者是结合了对环境的好奇以及对权力和财富的追求的混合性实践知识。伴随两种学科的分离，海洋一次又一次地向我们表明，我们必须认识到海洋为人类而生、与人类共存及其本身的存在。

21 世纪，第二次全球化、后殖民冲突和气候变化等使得海洋在世界发展中的重要性 xiii
越来越明显，让我们不能忽视海洋的社会和文化现实。用《全球时代》(*The Global Age*)编者弗兰兹斯卡·托玛（Franziska Torma）的话说，这种发展"迫使我们一并'思考科学和人文'，因为科学提供了数据，而人文将它们'转化'为社会和学术解释，这就开启

① 这是沃尔科特一首诗的标题（"The Sea Is History"，2007）。

了对海洋从古代到现在的历史视角”（Franziska Torma，个人通信，2020 年 5 月）。无论是利用航海考古学来重现沉没的城市和船舶，还是利用气候变化对沿海社区影响的科学研究，海洋研究在这种令人感到迫切但又棘手的交叉的人文学科领域中都处于领先地位。

在编辑“海洋文化史”的过程中，我有幸与制定 21 世纪海洋研究议程的各卷编者合作。总体而言，他们的专业知识涵盖了全球各大洋，特别是地中海、印度洋、大西洋和太平洋的知识，也包括科学和环境历史方面的知识。我们的跨大西洋大学机构启动了研究项目，但我们首先就表示，我们承认以西方为导向的观点的地位并反对它。此外，读者还会看到，西方的抽象观点本身在受到水上活动和航海实践的压力时会不攻自破。因此，海上旅行涉及跨越数千公里的遥远接触区域，我们不能将其简单地视为西方的取向，即便西欧可能是一个出发点。这些接触区域中的社会极其复杂，会改变区域中的人，而区域中物理环境的重要性又带来了更多的思考。此外，由于船上生活的艰苦以及帝国航线的海船上都有的多元文化习惯等因素，海上生活的需求使那些在船上工作的人失去归属感，可能形成一种与陆上社会脱离的文化。

为让世人更多地了解海上相遇的历史，我们将丛书的主题进行了定义。布鲁姆斯伯里（Bloomsbury）出版社的文化史丛书的一个特点就是为每本书都设计了贯穿古今的八个章节标题。这些标题涉及从广泛人类学意义上对文化的理解，即指定组织社会结构的不同实践领域。就海洋而言，重要方面包括但不限于战争、技术、海上贸易、科学知识以及神话和想象。我们以一种使撰稿者能够呈现民主历史的方式定义我们的主题。例如，我们将海
xiv 上的“战争与帝国”的历史定义为“冲突”，以说明海上暴力斗争的多种范围，包括国家支持的海军、非国家行为者以及船上生活的暴力等场景，从船上哗变到旅客待遇和奴隶贩运等不一而足。此外，我们将“科学与技术”的主题重新定义为“知识”，以便有机会阐述严格科学界限之外的知识。这种知识包括古典哲学思辨以及西方范式之外的海洋知识和实践等。

我们在组织章节时，也考虑到了由陆上事件形成的传统西方历史分期。同时，读者会在丛书各章节中看到有关这种历史分期是否会由于前面提到的以陆地为重点的海洋视角的压力而最终在陆上停止的问题。因此，埃及航海以及与其地中海盆地其他文化的接触的历史贯穿了这一特殊文化的陆上分期，传统上是根据该文化的统治王朝来分期，即从希腊史前到古典时期再到罗马时代，大约是从公元前 2000 年到公元 1 世纪。在现代，以单一技术为例，1769 年到 1989 年只是航海史上的一个时期，但这个时期贯穿了三卷书。1769 年，英国工程师约翰·哈里森（John Harrison）完善了一种可以在长时间航行中保持准确时间

的计时器。这种计时器能够比较船舶在航行期间的正午和在任意定义的起点处（按传统习惯，被定为格林尼治子午线）的正午，使得导航员最终可以在航行时确定船的经度，这一发展大幅提升了海上安全性，即使这种计时器的使用在数十年之后才扩展到海军圈之外。直到 20 世纪第三个 25 年全球定位系统（GPS）的发明为止，天体导航一直是确定船舶位置的最佳方法，后来到 1989 年，美国国防部发射了一个 GPS 卫星系统，人们只需触摸几个按钮就可以摆脱天体导航所需的费力计算。

海上分期特殊性的另一个方面是海洋作为一种物理环境的时间尺度。千万年以来，海洋历史都是按照地质变迁的速度发展，但在“人类世”的时代，我们正在了解人类对地球领域的影响。长期以来，地球一直被认为有着用之不竭的资源和人类无法企及的巨大力量。这种人类的影响可能我们每个人在有生之年都可以见到，例如，自 1979 年以来，极地冰盖的融化已经使之在卫星可视化景象中大幅减少（Starr，2016）。这种影响反过来又影响着社会，影响着依赖于天气模式的北极土著居民和世界各地的农民，但天气模式已经因为全球变暖而遭到破坏。但冰盖的融化导致了穿越北极的新航线的开辟，进一步扰乱了 xv
海洋的人类和地质时间尺度，可能给北极带来更多的人类足迹。

极地冰川融化的全球性后果说明了如何从海洋视角（无论是将海洋作为一种环境还是作为人类活动的场所）重新界定地理分析的陆地单元。丛书各章节揭示了国家划定的边界对海洋文化的重要性可能不如由自然特征定义的流动空间，并说明了从陆基历史的角度来看，非中心的岛屿或海岸如何在一个国家的海洋抱负中发挥巨大的形成性作用。而且，海上运输导致了一些在同一旗帜下立即联合、但领土互不相连、具有独特和特别难解的行政特征的国家的产生。但在词汇层面上的另一个挑战是，当我们试图用陆地上的语言来表达海洋现象时，我们所采用的形象化描述会妨碍理解，难以令人满意。当今有关这方面的一个很好的例子是太平洋上巨大的污染“垃圾带”（garbage patch）。“带”（patch）这个形象限制了污染的范围，并没有捕捉到塑料在海水中的微观扩散。

海洋浩瀚无边，对海洋的研究使人们认识到，任何研究均需为零散研究并有具体定位。丛书的撰稿者包括具有既定和新兴观点的作者，他们所撰写的章节是围绕我们中心主题的原创研究，而不是二手文献的摘要。丛书编辑鼓励撰稿者以他们认为最能展示其主题原创性并最适合其专业知识的方式来阐明自己的见解。有些撰稿者采用了调查叙述的方式。另一些撰稿者则把一个典型的或异常的单独事件作为画布。但还有一些撰稿者围绕海洋环境的尺度提出问题。

这种灵活性也很重要，因为我们丛书标题中的“海洋”并非只是一个事物。相反，根据参与海洋研究的人员以及目的的不同，海洋元素的文化构建和想象方式有着很大的区别。这一范围在各章节的丰富形象的描述中也很明显，这是文化史丛书的另一个特点。因此，读者将看到，在古代，人类从未直接描述海洋，而只是在壁画和花瓶上，用鱼、船或神话海洋生物的绘画来暗示海洋。相比之下，将海洋展现为一个令人敬畏的剧场的宏伟海景吸引了启蒙和浪漫时代的众多观众。有一个跨越几个世纪的常用工具，即实用图表，这种图表用各种方法，根据不同的认识和环境，来寻找和标记跨越开放水域的路径，这一切都是为了一个共同的目标——安全。我希望读者在梳理本丛书中收集的各种主题和方法时，能够更好地理解人与海洋之间持久而普遍的联系，并认识到海洋研究的新的和未来的发展方向，从而将在浩瀚的、很多情况下无人涉足的水域的航行与新兴学术领域作个比较。

玛格丽特·科恩（Margaret Cohen）

引　言

全球时代的海洋文化

法兰兹斯卡·托玛

海洋保护学教授卡勒姆·罗伯茨（Callum Roberts，2010）曾提出一个问题：海洋文化史与“海洋非自然史”之间有什么区别？这个问题可以通过研究20和21世纪的自然和文化之间的关系来解决。在全球时代，未开发的自然、原始陆地和海洋景观的观念已成为幻象：三十年前，《纽约时报》记者比尔·麦克基本（Bill McKibben，1989）宣布了自然的终结。比尔·麦克基本的《荒野挽歌》和《伊甸园》体现了西方世界对于人类文化和社会在地球表面留下深深足迹的越来越强烈的意识。生物学家和各类保护协会都谈到了“第六次灭绝浪潮”（维基百科，2020）。据世界野生动物基金会卡林顿（Carrington，2014）称，地球已经失去了一半的野生动植物。人类在自然界的足迹随处可见：在废物和污染中，在融化的极地冰景中，在水里的塑料残留物中。

政治、经济和社会史将全球时代视为“极端时代”（Hobsbawm，1994），但大自然的文化足迹也成为近年来学术研究的内容之一。环境史和科学史认为全球时代是“人类世”。人类世将文化和环境结合到一起，作为极端现象的一种横空出世（见图0.1）。

尽管“人类世”这一术语在公众和学术界的广泛使用相对较新，但这个概念本身可以追溯到19世纪。例如，地质学家安东尼奥·斯托帕尼（Antonio Stoppani）观察到现代生产、通信和运输方式的影响改变了地球。早在19世纪70年代，他就承认了新的“灵生代”。20世纪60年代，苏联科学家用“人类世”来描述最近的地质时代。海洋学家尤金·施托尔默（Eugene Stoermer）在20世纪70年代和80年代非正式地谈到了“人类世”，但最终是大气化学家保罗·克鲁岑（Paul J. Crutzen）从2000年起将这一术语予以普及（Crutzen，2002；Trischler，2016）。近年来，“人类世”作为一种描述人类自工业革命以来对地球影响加剧的方式受到了公众的关

2

图 0.1 斑海豹和塑料瓶。© 克里夫・尼特维尔（Cliff Nietvelt）/ 盖蒂图片社（Getty Images）。

注。期刊、报纸、学术文章、谈话和展览都将人类视为一种地质营力。2008 年，伦敦地质学会地层学委员会首次试图将人类世正式确定为一个地质时代（Zalasiewicz, 2008），并创建了“人类世工作组”。这个跨学科工作组一直提出强有力的论点，证明人类世是一种新的地质时代[①]。钻井岩心显示了人类对地球影响的层级。

我们不仅可以在地球的地层中看到人类足迹，而且人类世也改变了文化的意义。文化不再局限于人类文明和艺术领域。人类文化与大自然交织，人类或成为地球的威胁，或成为地球的希望。文化习俗在两种情况下都纠缠着自然世界和人类世界。

3 在全球极端环境的岁月里，两者之间展开的故事显得越来越重要（LeCain, 2016）。历史可以被视为给人类世赋予文化意义的一种方式。

在这个历史进程中，海洋是一个占主导地位的空间，因为水构成了地球的物质

① 请参见他们的通信和所附的出版物清单，例如“人类世”工作组（无日期）。

基础，是人类生存的前提。回顾过去的故事，以海洋史为镜，可以明事理。海洋连接着我们的过去、现在和未来（见本书中坦纳［Tanner］撰写的章节）。海洋是一个有文化框架的环境，是人类行为者和全球自然相遇的地方。在海岸和岛屿，在水下和陆上，人类和海洋已经相互影响了几个世纪。20 世纪和 21 世纪，人类和海洋的接触加强，海洋作为地球系统的一个组成部分被重新发现[①]。

痕迹：层次和运动

人类世是一个深时空概念。人类世的合法性来源于地质学。化石记录保存了人类对地球的影响。科技化石、人类碎片和垃圾已经成为地层学的一部分。过去的两百年出现了大多数与人类世相关的地球变化。工业化的加速在地球和大气中留下了可见的痕迹，如二氧化碳增加、全球变暖以及生物多样性丧失。钻井岩心展示了人类技术进步下的岩层以及由此产生的污染（Ellis，2018；Möllers、Schwägerl 和 Trischler 2015；Steffen 等，2011）。这种工业产出可以在陆地地质学中看到，但人类世如何影响到水的世界？海洋是固体岩石的对立面。海洋是流动的，在洋流和波浪中移动。水不能像陆地致密层那样保存人类活动的痕迹。海洋有它自己的水文结构、海岸线和海岸、表面和海床。水分为五个不同的区域层：透光层从水面延伸到约两百米深。这是阳光可以照射到的海洋层，这一层生长着珊瑚礁，还有光合作用，人们在这一层进行休闲活动（游泳、潜水）、钓鱼和旅行（海洋运输）。透光层下面是中深海水层（暮色层或中水层）。这一层可以到达水面以下 200 米到 700—1000 米，只有少量阳光透过，剑鱼等动物在这一层生活。半深海层在 1000 米到 4000 米之间。这是海洋的午夜层，巨大的压力支配和影响着深海鱼类的外貌和外观，哺乳动物无法在这一层生存，但抹香鲸可以在有限的时间内在这一层寻找食物。下一层是深海层，深度在 4000 米到 6000 米之间，温度接近零度，没有自然光。乌贼和海星等无脊椎动物在这一层生存。深渊层对应的是海盆的海沟，处在 6000 米深与海底之间。自然光无法透进，但有一些鱼类可以在这一层生活。

---

① 约翰·吉利斯（John Gillis）谈到海洋的第二次发现（Gillis，2012）。海伦·罗兹瓦多夫斯基（Helen Rozwadowski）谈到海洋的第三次发现（Rozwaclowski，2018）。

4 人类需要专门的设备（潜水船或遥感设备）才能进入并深入了解海洋的这一层。这五个层次虽然不同，但却因水的流动而相互联系①。虽然人类在不付出巨大努力的情况下只能到达第一层，但人类也影响了海洋的其他各层，而我们应该如何在这种流动环境中保存和解读人类文化的痕迹？

我们可以想到两种方法来考虑人与海洋的联系：环保主义者的方法和浪漫主义者的方法（见罗兹瓦多夫斯基［Rozwadowski］，2018：148—151，210—213）②。两种方法都追随人类在海洋不同层次的痕迹。环保主义者的方法强调气候变化影响海洋的方式。海洋温度、海平面的上升以及极地冰川的融化已经改变了海水的运动。全球洋流系统很可能在不久的将来改变其方向和速度。由于全球气温上升，海洋生态已经发生了变化。珊瑚白化正在导致珊瑚礁的死亡，而所谓的“入侵物种”（有关这一主题的经典“陆上”辩论文章请参阅：克罗斯比［Crosby］，1986；1994）正在改变全球海景。生物“入侵者”通过贸易船只、战舰、客船和货船抵达新的位置，它们作为附在船只上的偷渡客或随着船舶在港口排放压载水而被带到新的环境中（Bergstrom 和 Chown，1999；Carlton，2019；Williams 等，1988）。此外，过度捕捞已经改变了海洋生物（Jackson 等，2001）。在自然栖息地漫游的鲸鱼和北极熊可能很快就会成为风景明信片上的记忆。当一个物种从一个生态位消失时，另一个物种就会填补进来。20 世纪和 21 世纪，人类似乎是入侵物种。从 19 世纪初深海和外海的发现开始，人类已经开始穿越海洋的几乎每一层和每个区，在今天的潜水工业中也很明显。渔业的机械化和全球渔场的扩大带来了新的捕捞文化，例如深海渔业。20 世纪 50 年代，区分两种海洋部署方式的“生物资源”概念问世（United Nations，1955）。海床的矿物资源锰结核有望成为新的能源来源，推动了第二次世界大战之后全球范围内的快速工业化（Jonsson，2012；Ruppenthal，2018）。发展中

① 请参见迪林庄园（Deering Estate，2012，2015）等；还有其他的术语，但都描述了海洋在第三维度改变其环境条件的事实。

② 正如约翰娜·萨克（Johanna Sackel）向我提出的，人们可以考虑第三种方法，即科学方法。我认为浪漫和 / 或环保态度都可以成为科学文化的一部分。文化史的观点强调人类的观念 / 态度。为了将科学和浪漫的观点联系起来，我使用了“浪漫生物学”的概念，但科学、环保主义和浪漫主义的区别还需进一步研究。

国家将在其沿海水域发现的鱼类视为海洋的财富，视为通往现代化和财富的道路。生物资源正在走向灭绝。虽然渔业科学用“可持续性”的计算方式计算在全球范围内保持海洋盈利的精确鱼类量（Finley，2011），但过度捕捞改变了生态和经济的平衡，导致全球南部海岸线上的物种消失。近期环保主义者为管理渔业所作的努力限 5
制了某些工业渔业技术。

发展中国家原来需要（而且现在也需要）新的收入来源并由此挖掘了旅游业潜力：欧洲海岸在 18 世纪末和 19 世纪初成为贵族的休闲场所（Corbin，1994）。20 世纪，由于亚洲和澳大利亚的鱼类和渔业逐渐消失，旅游业填补了由此产生的生态文化的生态位（Biggs 等，2015；Miller，1993）。

20 世纪下半叶，海洋旅游业水平和垂直发展。以前到过欧洲和北美海滩的航海者被亚洲海岸旅游业的发展所吸引。以前喜欢游泳的旅行者现在开始潜水。旅游业给海洋生态带来了新的挑战，也让从未出过海的人接触到海洋。19 世纪的最后几十年里，人类在深海和外海中开始使用测深、管道和疏浚技术，但科学家和海军军官只能从远处观察和体验外海。他们有些在岸边收集标本，有些在甲板上研究海水。潜水将人们带入可能已经从雅克-伊夫·库斯托（Jacques-Yves Cousteau）的彩色电影中知道的水下世界。电影重塑了这种浪漫主义者的方法：用护目镜看最后（仍然）活着的珊瑚礁，可以唤醒人们对海洋之美的欣赏（见本书图 0.2 和克莱伦［Crylen］所述）。

浪漫主义者的方法强调人与海洋的关系。浪漫主义生物学的一个特殊分支受到 6
达尔文工作的启发，但也受到浪漫主义自然哲学的启发。整体思维结合了科学和海洋欣赏（Esposito，2013）：20 世纪，海洋已被视为一个活的有机体。海洋探险以及对微生物和深海生物的研究使人们意识到深海是一个活跃的环境，即“生物圈”（Höhler，2015b）。与人体的类比出现了。与人体一样，海洋也有，甚至本身就是，气候变化压力影响下的新陈代谢过程（Thompson，2015）。

从达尔文的进化论开始，海洋就被认为是全球生命的起源。但根据达尔文的地球中心观点，智人是在陆上出现的。1972 年，伊莱恩·摩根（Elaine Morgan）阐述了从海洋和雌性进化的水生猿类理论，即人类并非起源于非洲平原，而是起源于一

图 0.2　珊瑚礁和鱼群。© 沙巴・特科里（Csaba Tökölyi）/ 盖蒂图片社（Getty Images）。

种雌性水生动物——水生猿类（Hardy，1960；Morgan，1972，1982；Westenhöfer，1942）。一方面，该理论将有关塞壬和美人鱼的古老神话与（明显的）海洋生物证据相结合；另一方面，该理论创新性地将海洋视为一个进化连续体：成为水生生物的纯粹可能性让人们（再次）可以想象海洋生物和人类世界之间的新关系（见本书的罗兹瓦多夫斯基和坦纳所述）。有人可能会问：如果人类来自海洋，难道鲸鱼和海豚是智人的近亲？

这种（想象中的）进化纽带和生物魅力使鲸鱼和海豚成为海洋中最具魅力的鱼类。在西方世界的大部分地区，鲸鱼是海洋保护的先驱动物，也是最早的法律保护的重心（Wöbse，2012）。海洋保护不是静止保护，而是从个体生命形式转移到三维海洋空间的保护。海洋国家公园可以被视为人类在海洋中可见痕迹的浪漫证据。全方位保护从水面到海床的大片水域，是为了尽量减少人类对这些最可测量的海洋压力区域的影响。但这些海洋保护区遵循一种怀旧的想法，即失控的气候变化可以通过圈定受保护的水体而阻止（Gerber 和 Hooker，2004；Pollnac 等，2010）。时间不会因为圈定了空间而停止。与温血海洋哺乳动物亲近或欣赏美丽海景的感觉截然相反的是大量开发鱼类资源、污染以及海洋生物圈的物质变化。海浪之下，鲸鱼和鳕鱼是海洋想象世界中截然相反的鱼类。鲸鱼是浪漫保护主义的象征；鳕鱼则代表了捕捞业的崩溃（Walters 和 Maguire，1996；Harris，1999；Kurlansky，1998）。两种鱼类都是物质世界的一部分。文化和历史调和了想象世界和物质世界之间的紧张关系。

我们可以看到，水这种物质已经发生了变化，而且还在变化。塑料颗粒和垃圾作为一种新的生物类别流入海洋生命周期（见图 0.3）。微塑料通过进入食物链和人体，有可能从本质上化解文化和自然之间的界限。

解释：图片和故事

当今学术界和媒体对海洋的思考主要有三种叙事模式，即衰退主义历史、“永

7

图 0.3　垃圾制成的世界地图。© 本杰明 · 谢恩（Benjamin Shearn）/ 盖蒂图片社（Getty Images）。

恒之海”叙事和生态浪漫主义叙事。这些或是环保主义者的论调，或是浪漫主义欣赏的变体。

1. 环境史始于 20 世纪 50 年代至 70 年代的陆上主题，一段时间后才有了海洋环境史。将海洋与地球的“增长限制”联系在一起的并非一种文化解释，而是资源开发的物质需要（Meadows 等，1974）。1990 年，新英格兰的鳕鱼业崩溃，在接下来的数年中也未能恢复（Rozwadowski，2018：217—218）。环保主义者对海洋的看法将一段衰退主义历史推上了前台：海洋已经在消亡，并正在消亡。这种叙述最近在杰弗里·博尔斯特（Jeffrey Bolster）2012 年出版的《凡人之海》一书中达到高潮。

8 2. 在人为改变显而易见之前，永恒之海的叙事只是单一的主要叙事。海洋被视为永恒的实体，这是与《圣经》或古代寓言中的神话领域有关的一个概念。20 世纪 70 年代到 21 世纪，人们开始认为海洋濒临灭绝。这种解释给海洋是混沌、荒野和超越历史的领域，以及人类无法影响或改变的空间的概念，提出了挑战（Bolster，2006）。

3. 永恒之海的故事仍然是现代生态浪漫主义观念的一个基调，是一种微妙的渴望：如果人类不破坏自然，自然会是什么，会变成怎样。现代浪漫主义者追求的是一个人间天堂，他们强调海洋是崇高的，是地球上一个特殊的地方。

但在人类世，人类已经进入了“伊甸园”。21 世纪的浪漫主义方法将海洋的崇高概念和人类实践联系起来。海洋重新出现，成为地球上可以被人类破坏或保护的一个特殊的地方。在这种生态浪漫主义的叙事中，海洋似乎是地球的“另一个世界”，是一个沉没的、神秘的空间，这里生活着奇怪的生物，有着不熟悉的自然法则，人类必须准备充分，装备完好才能进入（Helmreich，2009）。但在环保主义者的眼中，海洋是“我们周围的海洋”，正如雷切尔·卡森（Rachel Carson，1951）早在 20 世纪 50 年代所言：海洋是我们生活的世界。

地球：“蓝色星球”

卡森从内部的角度推广了海洋的内在价值，但这张照片却是从外部的角度展示

图 0.4 “地出”。© 维基共享资源（公共领域）。

出水是地球表面的主要成分，这张从外太空拍摄的地球照片使人们产生了“蓝色星球”这个术语，它是在 1972 年 12 月 7 日由阿波罗 17 号在执行月球任务时，在距离地球 45000 公里的地方拍摄的。地球看起来像一块玻璃大理石那么大，上面覆盖着云。“蓝色大理石”的前身是 1968 年 12 月 24 日阿波罗 8 号任务期间宇航员拍摄的“地出”照片（见图 0.4）。

“地出”和“蓝色大理石”是在环保主义兴起的年代发布的。对海洋文化史而言，这些照片不仅仅是环境标志，它们是全球时代的海洋文化象征，它们跨越了过去几个世纪的时间鸿沟（Cohen 和 Elkins-Tanton，2017），它们渲染了壮丽的海洋和卫星之间的张力（Sorlin 和 Wormbs，2018；Wormbs，2017）。“地出”和“蓝色大理石”表示从上面和外面看的景色，召唤着观测者前往从外太空看到的地球。地球的崇高打开了亲近和疏远交融的空间。空间抽象（从外太空看）构筑了亲近（例如与鲸鱼）和疏远（与鳕鱼）的感觉。人类世取材于“地出”和“蓝色大理石”引发的主题，它们以人类技术构建的完整性和脆弱性形象出现，它们指向未来，指向人类在这个被水覆盖的星球上、在太空旅行的共同命运。

而且，它们与特定的时代融合：“蓝色大理石”是在上次载人登月任务中拍摄的，从此以后，这张照片就像其他照片一样，将英勇的边疆探险的终点与未来联系在了一起。冷战政治引发了对地球最后疆域、外层空间和内部空间的探索（Rozwadowski，2012）。冷战时期，海洋研究和外太空研究相互竞争。月球和海床是否都能成为人类的生活空间？这个问题从更古老的殖民幻想的角度，指出全球范
10 围是“空的”空间，并展示出地球表面被摧毁后人类将走向何方的末日景象。阿姆斯特朗（Neil Armstrong）等人的成功登月和登月的绝对可能性，最终将公众的兴趣和国家资助机器从海洋转移到了太空（Hamblin，2005）。这种转移说明了海洋与人类日常生活之间有一种特殊的距离感。月球似乎比地球上最深的海沟更容易接近！由于人体的生物限制，以及水的不透明性质，海洋一直是地球上的“另一个世界”。但在冷战时期，海洋创造了新的、甚至更加矛盾的乌托邦。一旦物质征服的可能性消失，就会出现其他占用海洋的方式。海洋既是“人类的共同财产”，也是一个用之不竭和自我再生的资源宝库。这种对于资源的后期关注的人文版本仍然有一种传承和合法性。科技文化幻想中提到从海洋中获取能量，即通过利用海洋的生物质来对抗世界饥饿的发展主义愿景。

在海洋深处，过去的叙事永远不会消失。洋流并不遵循简单的结构，它们会扰动，会有意想不到的温度模式，海水有时甚至会发光。海洋历史的时间层也不会遵循简单的线性运动（Bolster，2006：581）。海洋以波浪和洋流的形式，有时还以圆周运动以及水平和垂直运动的形式，连接着地球上人类文化的过去和未来，过去和现在的叙述和图像组成了海洋的剧目。在海洋剧目中，显然较旧和似乎过时的词语

和图像可以再次浮出表面，因为它们不是简单地被更新的含义层次所取代，而是以新的方式被构筑。较旧的浪漫主义观点与环保主义相结合，经济利益与环境保护相结合。故事是水文记录中人类痕迹的一部分，全球时代的海洋文化史面临这些海洋含义层次的同时性。

本书：海洋视角下漫长的 20 世纪

以不同方式、从不同的角度讲述的诸海洋的多个故事构建了本书的叙事结构。不同行为者的经验揭示了人与海洋的接触在何种程度上由技术、想象和表象引导（Rozwadowski，2012：583）。媒体和运输技术为旅行者、潜水员、科学家和电影制作人提供了进入和呈现海洋的新机会。

本书各章节包括了所谓的“漫长的 20 世纪”（Arrighi，2010），始于欧洲民族主义和高度帝国主义年代，止于现在。民族主义和帝国主义既是政治现象，也是文化 11
现象。在国际文化竞争的领域内，国家声望可以通过将成为人类世的科技化石的技术设备来展示。但在 20 世纪初，这些科技化石不是残骸，而是“现代奇迹”：“科技在英国和德国的公众生活中占据的位置十分突出”（Rieger，2003：53），在船舶设计中引入钢材“催生了豪华的‘浮动宫殿’”（153）。即使在这些时期，客轮在面对技术创新时仍表现出社会文化上的歧义。对技术失败的恐惧与对掌握各种元素（空气和波浪）的热情相互融合。媒体在传播现代科技战胜自然的过程中发挥了至关重要的作用。“泰坦尼克”号游轮是神奇的远洋船只之一（图 0.5）。

风景明信片把这艘游轮描绘成“西方文明”的象征。从海洋的角度来看，随着潜艇战的出现，第一次世界大战成了 20 世纪初期的重大灾难，海上发生的首次关键事件却是泰坦尼克号的沉没，该事件是世界上最大的海难之一，有大约一千五百人遇难，产生了深远的法律后果。泰坦尼克号传达的主要信息是混血的人类不能完全掌控海洋的本性。“究竟谁该对这起事故负责？”的责任问题迫使政府进行调查， 12
所获得的经验教训影响了海上安全条例的制定。1914 年 1 月，首个《国际海上人命安全公约》在伦敦通过，在救生设备、船舶建造、信号过程和协议等方面作出了明确要求（见本书中的杜威［Dewey］所述）。避免类似灾难的策略包括改进无线电

图 0.5　泰坦尼克号。© 维基共享资源（公共领域）。

报和精确的声学导航（见本书中的杜威和霍勒［Höhler］所述），第一次世界大战延续了改进海洋技术的工作，战争引发了对定位敌方潜艇和船只的技术——声学测量的研究。海洋技术介乎军事和民用领域之间。在两次世界大战之间的时期，出现了一种测量海床深度和结构的科学技术——回声测深仪（见本书中霍勒所述）。

第一次世界大战之后，陆上殖民和多民族帝国崩溃，民族自决的观念引发了殖民地的独立要求。第一次世界大战也改变了全球的海景，德国失去了前太平洋殖民地，日本和美国正式宣布对南太平洋的主权要求，国际联盟成为一个新的政治力量，它监视着新的领土和海洋政权。在两次世界大战之间的时期，国际联盟构建了新的环境外交文化。基于海洋是人类的共同财产的早期观念，一个倡导保护海洋的网络应运而生。我们今天有关海洋的美丽和脆弱以及污染对海洋的危害等话题的辩论都在该网络的议程上。这些全球海洋管理制度的早期概念仍很模糊（见本书中沃布斯［Wöbse］和萨克［Sackel］所述）。同时，技术带来了想象水下世界并将其可视化的新方式。电影让观众可以接触到海浪下的世界（见本书中克莱伦［Crylen］所述）。高性能显微镜和显微摄影使一种最小的海洋生命——浮游生物变得可见。这些微生动植物成为生物质概念的基础，推动了控制（和开发）海洋代谢的乌托邦（见本书中坦纳所述）。

第二次世界大战给地球表面带来了破坏和暴力，而且在海浪之下也可以看到战争的影响。例如，战争武器被扔进了大海，希望海水能够冲洗罪恶（见本书中穆勒［Müller］所述），海浪之下的地方就是看不见的地方，倾倒与电影是不同的实践和文化产物，但有着相似的知识本体。海洋世界是人们在日常生活中看不见的世界，对许多人来说，看不见的世界是超出认知的世界。“观看”创造了一种图像知识（见本书中克莱伦关于电影的描述）。“隐藏”危险物品所带来的则恰恰相反：人们希望“眼不见为净”。此外，倾倒讲述了漫长的20世纪的冲突故事，倾倒表明某些海洋 13
战争是无声战争。但洋流把垃圾从陆地表面再次带回到海面，20世纪60年代和70年代，有毒爆炸性物质的碎片再次出现（见本书中穆勒所述），它们再次出现的时候，正是社会开始接受污染是环境问题的观点，同时现代环境行动主义逐渐成形之时。但学术界主要关注陆地环境保护主义的出现，却忽视了为其铺平道路的洋流。人们通过阅读、倾听和观看他们看不到的生态系统的故事来了解环境（参见本书中克莱伦所述；Rozwadowski，2018：202—204）。

因此，海洋成为科学研究、浪漫幻想和环境关注的场所，也成为新治理机制的实验室。在现代环保主义兴起的年代，国际机构（如联合国及其多个分支机构）开创了全球治理的时代。国际或跨国层面上的政治合作旨在帮助解决区域或国家范围之外影响世界的问题，治理带来了新的全球化概念，它促进了不同社会、政治、经济和文化部门之间的相互依赖，以及人类和生物圈之间的相互依赖。

海洋是统一全球治理和多样化外交网络的最早的环境之一。在公众关注海洋健康的年代，这些网络变得最具影响力（见本书中沃布斯和萨克所述）。从1956年到1982年，联合国主办了几次关于《海洋法》的会议（第一届、第二届和第三届联合国海洋法会议），第三届联合国海洋法会议公约规定，海洋环境应免受人类开发影响（United Nations，1982）。事实上，这一理想原则的制定只是针对海床及其资源，外海仍然不受法律限制。在后殖民时代，第三届联合国海洋法会议的议程是为了确保海洋矿产资源的平等共享，并限制工业化国家的独家进入。鱼这种生物资源组成了另一种全球视野。联合国粮农组织（FAO）的目标是缩小发展中国家的蛋白质差距。在海洋作为“人类的共同财产”的理想中，主张和现实之间的矛盾表现得最为明显（Amstutz，2018）。

全球公域的概念始于漫长的20世纪之前，最初描述的是可以找到资源的国际、超国家和全球领域（Neeson，1995），该概念源于不列颠群岛使用的“公共土地”的模式，20世纪70年代，它被扩大到把地球描述为每个人的财产，深海、大气层、外层空间和极地地区不能被一个国家或社会所拥有。

14 最近，联合国环境规划署（UNEP）确定了管理海洋公域的新战略。应加强在发展中国家采取行动的国家能力建设，同时加强渔业管理和跨区域合作的改善，并加强核废物和危险废物的控制，为子孙后代保护海洋。最近的一个项目确定了一个全球范围内的大型、严格保护的海洋保护区系统（Thorpe，Failler和Bavinck，2011；也参见联合国环境规划署，无日期；国际自然保护联盟，无日期）。但是，由谁来界定使用模式和限制进入海洋的问题仍然主要掌握在工业化国家的外交官和游说团体手中（见本书中沃布斯和萨克所述；见本书中穆勒有关倾倒冲突特殊情况的描述）。

海洋文化史显示了一直持续到近代的殖民/非殖民化世界内部的摩擦。特别是在人类世，发达国家的人们比发展中国家的人们更少受到气候变化、海平面上升和全球变暖的影响。全球范围内的因果关系分布不均衡，工业化国家产生了大部分的问题，而欠发达和温暖地区的人们承担了大部分的后果。岛屿淹没和海景的变化迅速、巨大且不可逆转（见本书中霍夫曼［Hofmann］所述）。

将发展和矛盾以及连续性和中断考虑在内，本书提出了一定的分期。第一阶段始于帝国主义时代海洋科学的出现和技术的魅力。帝国主义的遗产至今仍影响着后殖民局势，但第一次世界大战和泰坦尼克号灾难也导致（西方）丧失了对人类驾驭海浪的信心。第二阶段包括两次世界大战之间的时期。在此期间，国际联盟内出现了第一个国际治理方案，同时也出现了在电影屏幕上展示海洋的新方法。海洋旅行在水平和垂直方向上都得到了扩展（见本书中罗兹瓦多夫斯基所述）。最初的海洋的美丽和脆弱景象开始在政治上和公众中传播。第三阶段始于20世纪40/50年代，当时雷切尔·卡森的作为（陆上）环保主义前传的海洋书籍《海风之下》(1941）和《我们周围的海洋》(1951）大获成功。海洋的美丽和脆弱的电影和景象开始影响政治和公众。20世纪70年代，人们对海洋健康的新认识与环境行动主义有关。宣传 15
活动没有把海洋作为一个实体放在中心舞台上，而是集中在海洋哺乳动物和石油污染的主题上。这些辩论起源于20世纪20年代（见本书中沃布斯和萨克所述）。新出现的意识并没有改变今天仍在继续的海洋资源开发实践，但环保呼声在人类世达到顶峰。一种不同于文化史的长时段的研究线索将我们的注意力引向海洋环境中的长期现象，如厄尔尼诺现象（见本书中霍勒所述）。这些在全球范围内影响着世界。

人类世时代对于海洋的关注改变了对20世纪的普遍解释。在“短暂的20世纪”，“极端时代”始于共产主义的兴起，止于共产主义陷入低潮。这种说法强调了世界大战、冷战、非殖民化的进程、苏联模式的结束，以及（权且列完最近极端主义所涉的所有事项）新形式的恐怖主义、大规模移民和右翼运动。关于全球化的陆上观点强调了商品、人员和信息的流动。从岛屿、海岸和水下世界看，“漫长的20世纪”有所不同。隐喻维度强调“流动”“循环”和“流动性”①。以流动的方式看待历史给20世纪的关键事件带来新的含义。例如，世界大战只能从其遗产中追溯，或作为对社会和文化的影响来追溯。世界大战影响了太平洋地区的社会实践（见本书中霍夫曼所述），或使西方世界的新技术可用于民用。潜水装备被改进用于军事用途，随后在20世纪50年代成为休闲设备（见本书中罗兹瓦多夫斯基所述）。非殖民化进程赋予了发展中国家人民将气候变化列入国际议程的信心和政治话语权（见本书中霍夫曼所述）。发展中国家的活动家网络也开始阐明他们在利用和保护海洋方面的利益。

海洋史提供了许多经常在以地球为中心的历史叙述中默默无闻的行为者和个体，包括科学家、工人、小说家、外交官、活动家、工业和政界人士、军人和记

① 在这一点上我要感谢阿里安·坦纳（Ariane Tanner）。

者、岛民、潜水员、海员、（大小）动物、电影制片人和各种各样的乌托邦主义者。这一群体的成员多种多样，但在与海洋的接触中，他们发展出某些共同的模式和主题。资源（生物和矿物）成为海洋文化史的重要主题。人类流动性不断加大，规则、惯例和法律随之而来（见本书中杜威所述）。无论是水平方向上的船只，或是垂直方向上的潜水艇或鱼类的流动性，这对于作为地球一个部分的海洋深度的发现都至关重要。

16

文稿

文稿跟随这些主人公、实践和故事达到海洋的各个层面：萨宾·霍勒（Sabine Höhler）在第一章（“知识：从现代海洋学创造蓝色星球”）中探索了海洋成为一种可理解和可传播的知识对象的过程。她的论点集中在（科学）海洋素养的概念上，这是一个有关物理海洋学如何获得不透明的、物质上难以接近的环境的问题。霍勒展示了欧洲帝国主义时期各国在海洋探测和测绘方面的努力如何为随后几年的国际合作创造出条件和要求。1945 年后，随着物理海洋学作为气候科学的重新出现，科学数据成为中心。这一章强调了一个事实，即海洋素养导致了民族主义者对海洋的主张，以及国际间和跨国合作的模式。

科林·杜威（Colin Dewey）（“实践：机器人、记忆体、自主和未来”）考察了航海的物质实践及其表现。他认为，海运船队内部的变化是 20 世纪更广泛的历史发展的结果，包括机械化战争、非殖民化与帝国向全球资本主义的转变。传统航运公司变成了挂上多国方便旗的货船、油轮和散货船的船队。这些转变带来了新的航海文化和精神。约瑟夫·康拉德（Joseph Conrad）、马尔科姆·洛瑞（Malcom Lowry）和弗朗西斯科·戈德曼（Francisco Goldman）的小说是了解 20 世纪不断变化的海上实践的窗口。他们的作品描述了海员的物质经历如何失去了“自主”的传统英雄精神。“自主”一词现在指的是无需人工干预的技术驱动的机器人船，但他们的作品中描述的是一种新的自主形式，即海员的苦难导致了集体反抗。

安娜-卡塔琳娜·沃布斯（Anna-Katharina Wöbse）和约翰娜·萨克（Johanna Sackel）探查了海洋外交网络（“网络：海洋外交的流动文化”）。她们分析了海洋网络创造“共享而脆弱的全球海洋”，即“全球公域”这个包罗万象的概念的过程。对于网络来说，海洋是世界观和利益、资源梦想和生态整体概念的投影面。沃布斯和萨克重建了 20 世纪海上网络多样化的过程，以及海洋使用类别。一些行为者甚至产生了与海洋作为公共空间的建设相一致的竞争性概念。他们分析了不同群体的人，追寻 19 世纪晚期海洋倡导者的足迹，剖析了国际联盟的话语以及制度化的过程，介绍了伊丽莎白·曼·博格斯（Elisabeth Mann Borgese）等活动家，并考虑了非政府组织（NGO）网络的新模式。所有这些都用具体术语表述了各类网络及其对立的利益。

西蒙妮·穆勒（Simone Müller）重点讲述海洋和海洋冲突（“冲突：平静海浪 17
之下”）。整个 20 世纪爆发了无数与海洋空间有关的冲突。伴随著名的鳕鱼战争以及世界大战等，在海洋用途方面的更安静、更缓慢的冲突都受到了监管。几个世纪以来，海洋不仅为人类提供了资源，而且很明显，还成为越来越多垃圾的倾倒场，包括污水污泥、疏浚杂物、化学武器等。海水的流动和不透明性质使海洋成为一个完美的“容器”。穆勒强调了海洋倾倒做法上的平静的冲突。她阐述了世界各地的海洋如何成为各种垃圾的最终接收器、不同国家和国际社会如何找到规范海洋倾倒的方法、如何采取清洁海洋的补救措施以及为什么海洋倾倒的话题至今仍然流行。

丽贝卡·霍夫曼（Rebecca Hofman）以太平洋为例讲述了海洋及其战争（“岛屿和海岸：太平洋战争”）。她认为，太平洋海岸和岛屿的作用仍然处于全球历史的边缘，因为它们只有在获得战略价值时才变得重要。太平洋岛屿上的内部战争，如果有的话，也会被认为是前现代的野蛮行为或仅仅局限于一个脚注，但战争对太平洋社会起到了重要作用。特别是第二次世界大战的影响至今继续构建着人们的身份认同、集体记忆和文化遗产以及生活实践和环境资产。霍夫曼阐述了殖民和第二次世界大战的遗产如何继续影响着战后的岛屿社会和国内冲突。她还强调，最近历史上最悲惨的篇章是核试验，是冷战时期地缘政治的产物。在历史的进程中，太平洋岛民增强了抗议外来者入侵其家园的自信。他们使用“战争”的比喻来引起全球对于他们为利益而战的关注，最近他们是为了反对气候变化对他们的岛屿家园的影响而战。

海伦·罗兹瓦多夫斯基（Helen Rozwadowski）（“旅行者：水平和垂直航行于非人类海洋”）描述了三组旅行者：第一组是探索海洋第三维度（从早期潜水员到达的相对较浅的水域到潜水器可到达的深海深度）的旅行者。第二组旅行者乘坐修复或复制的“高桅横帆船”，通过尊重历史和沉浸于怀旧的活动来传授历史上的航海技能和知识。第三组包括非人类的海洋旅行者、鱼类、鲸鱼和海豚。罗兹瓦多夫斯基根据最近记录鲸鱼和鱼类群体文化的科学研究来考虑这些问题。在对这些旅行者的分析中，罗兹瓦多夫斯基确定了它们与海洋关系的双重特征：游戏和工作一起成为体验海洋的机会；技术和想象力是（非）人类旅行者参与海洋的重要媒介；物质资源、知识和想象构筑的方向和流动都由索取和附加两部分构成。

18 乔恩·克莱伦（Jon Crylen）（“表现：关于海底电影制作”）重点阐述作为海洋的一种具体表现形式的电影。该章从以下假设出发，即从文化角度来看，大多数海洋世界的表现都以电影为主。电影是日益充满媒介图像的时代——20世纪占主导地位的流行媒体。在工业化世界中，海洋探索和海洋生物的活动影像在形成对海洋的共同认识方面相比于文化的任何其他方面均发挥了更大的作用。克莱伦重点阐述了“阅读”海洋电影的三个概念框架：（1）水下世界作为“电影水族馆”的精心美学技术构造（另见克莱伦，2015）重塑了可供展示的海洋；（2）特别是纪录片，它通过各种视觉技术来证实科学和奇观电影的理性与奇迹的交融；（3）深海电影制作依靠能够制作海洋电影的大型探索性设备。这些电影是物质环境、电影制作环境和艺术表现的产物。总而言之，它们塑造了想象中的水下世界。

在更广泛的意义上，这些想象的世界是最后一章的主题（“想象世界：富足而可怕的不安定虚幻未来中的人海关系”）。作者阿里安·坦纳（Ariane Tanner）重点阐述海洋的想象，尤其是对于人与海洋的关系的想象。她认为，从20世纪20年代开始，“生物质”的概念催生了第一批想象内容。20世纪70年代出现了新的海洋剧目，海洋成为后殖民地缘政治的目标。最后，关于地球边界的讨论使人们认识到海洋的易损性和脆弱性。在人类世年代，这些想象的世界汇聚在一起。人类的感知塑造了从逃避主义、地球工程到美学和本体论思想的景象，这类思想是一种超越单纯人格化的人与海洋关系的新思维。此外，人与海洋关系的历史显示了人与自然的历史联系，而现在两者之间的区别已经过时。

导航盲点：非西方观点和动物

虽然这些文稿已尽量做出了全面描述，但本书仍有盲点。本书英文版封面将“蓝色大理石”描绘为地球的独特图标，它是从外太空拍摄的原始图片，非洲在白天，南极洲被照亮，右上方有一个气旋。1972 年 12 月，泰米尔纳德邦气旋给印度 19
带来了洪水和大风。最引人注目的是，这张照片是“颠倒的”，南极洲出现在上方，这与地图惯例相反。这张照片归功于尤金·塞南（Eugene Cernan）、罗纳德·埃文斯（Ronald Evans）和哈里森·施密特（Harrison Schmitt）。美国太空总署向公众发布了这张翻转的照片，而公共宣传活动中则采用（西方）地图惯例，将北半球放到了上方。

如果把这张照片想象成在“蓝色大理石”上空的飞行，那么只能看到地球和海洋的一部分。尽管这张照片是一个从上方显示的地球配景，但照片发布的过程提出了关于地球全局视角构建的问题。海洋的全局视图会是怎样的？正如美国太空总署发布的翻转照片一样，全局视图可以由特定的兴趣和决定构建和改变。谁来做出海洋的全球视图，为谁而作，出于什么目的？

本书以特定视角描绘七种海洋，留有盲点。各章节作者（以及本引言）追踪了工业化国家的人们在世界海洋中留下的痕迹。太平洋岛屿一章是个例外，它展示了土著居民对于海洋的体验（见本书中霍夫曼所述）。这种观点颠覆了西方的陆上中心观点：对于生活在工业化大陆上的人们来说，陆地是日常事务空间。对太平洋岛民来说，水影响着当地社会的日常生活。太平洋岛民的“蓝色大理石”是什么样的？这是本书无法回答的一个问题。次等社会（subaltern）研究和社会人类学的观点可能有助于让人们发出超越西方视角的声音①。我们可以想象他们对海洋有不同的视角，他们不是从上面看海洋，而是从内部看海洋。正如雷切尔·卡森所言，海洋就是他们周围的海洋，是定义和构成他们生活的环境。对他们来说，海洋不仅仅

① 岛屿研究很有前途，请参见《岛屿研究杂志》(*Island Studies Journal*)(2005—2017)。

图 0.6　座头鲸。© 蔡斯・德克野生动物图片（Chase Dekker Wild-Life Images）/ 盖蒂图片社（Getty Images）。

是一种可以通过媒体、技术和表现来体验的文化提炼。这些民族和海事工作者之间有着文化相似性。对两个群体来说，大海并非通过大脑和眼睛来体验，而是通过身体、皮肤和鼻子体验（Tuan，2010，2013；见本书中杜威所述）。

人性最大的盲点之一不是人，而是生活在海里的动物。“文化”的定义是一组使人得以生存的习惯、传统和实践，文化是广义的语言、艺术、社会行为和交流。例如，鲸鱼不写日记，不作画，也不制作电影，但这是否意味着它们没有文化？本书以两种方式将动物纳入海洋文化史：它们栖息在人类对水下世界的科学和想象中（见本书中坦纳所述）。世界各地的人们参观公共水族馆，欣赏海洋生物。在电影中，海洋哺乳动物，如海豚飞宝（Flipper）成了电影明星。

生物科学已经认识到鲸豚类动物有某种文化的事实（Mann，2001；Norris，2002；Tyack，2001），但是鱼类有没有？

20 虽然我们知道了鱼类的集群行为，但鱼的存在超出了我们的文化范围。正如行为研究开始告诉我们的，鱼可以感受痛苦和快乐，可以解决问题和学习（见本书中罗兹瓦多夫斯基所述）。它们很聪明，但如果它们有“文化”，那么过度开发这个物种对人类文化意味着什么？[①] 我们对鱼类进行伦理思考时，应该把它们视为“蓝色大理石”的一部分，它们是需要被尊重的生命。这会又一次将我们从上方看到的抽象视图转变为包围我们和它们的海洋视图。我们（还）无法说出“蓝色大理石”在鱼类看来会是什么样的。但我们可以想象，动物希望“蓝色大理石”是所有生物的共同财产。

① 这触及了一个普遍的问题，即人类如何看待海洋和陆地上的“牲畜”（Croney，2014）。

第一章

知识

从现代海洋学创造蓝色星球

萨宾·霍勒

“海洋素养”，现在和过去：简介

“海洋是我们这个星球的决定性特征。”基于这一来自地球科学的核心见解，一些著名的美国国家组织于 2005 年 10 月发布了一份原则规划清单，以推广“海洋素养”的概念[①]。这个机构网络由政府组织、环境基金会、学术团体、教育机构和保护组织组成，旨在制定海洋科学教育的国家标准，将重点从地球的陆地转移到地球的水体。为了通过现代测绘技术使海洋变得清晰，就像陆地变得“可辨认”一样（Scott，1998），该机构网络努力引起人们对海洋覆盖地球表面约 70% 这一情况的关注。行星地球就是行星海球；从字面上看，它就是在 20 世纪 60 年代首次从外太空感知到的蓝色大理石，并一直吸引着我们的注意（图 1.1）。蓝色和白色、棕色和绿色的标志性图像被认为象征着地球上复杂的生命过程，被认为是已知宇宙中独一无二的存在。同时，蓝色已经来到了舞台中央。该机构网络的七个基本原则突出了当代对地球的“一个大海洋”及其气候和生态系统功能，其所拥有的丰富营养、矿产和能源资源及其作为地球上最大的垃圾场的不断开采的理解。

海洋素养网络呼吁加深对以海洋为环境关键基础设施的“蓝色生态”和以海 22
洋为经济资源的“蓝色经济”等新兴领域的了解和掌握（Armitage，Bashford 和 Sivasundaram，2018；Holm，Smith 和 Starky，2001；Rozwadowski，2018）。最近也形成了“蓝色人文”以通过艺术和文学以及历史化海洋来了解海洋（Gillis，2013；Gillis 和 Torma，2015；Mentz，2015）。显然，随着时间的推移，海洋在文

① 海洋扫盲运动的机构网络包括美国国家海洋和大气管理局（NOAA）、国家地理学会、南加州大学海洋基金、海洋科学教育卓越中心（COSEE）、探索学院和国家海洋教育者协会（海洋扫盲网络，无日期）。

图 1.1　蓝色星球：GOES-11 卫星拍摄的太平洋，2009 年。© 美国太空总署（NASA）。

化和社会中的重要性并未减弱，而在增强。但海洋素养原则第 7 条承认“海洋很大程度上尚未被开发”。自 19 世纪中期以来，远洋探险就一直在测量海洋的广度和深度。但人类进入海洋的途径仍然十分有限，直到现在，船只和飞机都可能消失在极
23 深的海洋，毫无痕迹。2014 年 3 月 8 日，马来西亚航空公司 MH370 航班在从吉隆坡飞往北京的途中消失，有充分理由认为这架飞机消失在澳大利亚西南部的南大洋区域，这一区域过去和现在都是世界上最深和探索最少的海洋区域之一，该航班至今仍未找到。

尽管我们已经积累了丰富的海洋知识，但大海对于我们而言绝非清澈透明。直到现代，海上航行的主要方法都是尽可能快地穿过海洋到达安全港。人类是陆地生物。即使是几个世纪以来一直靠海吃海的当地渔业社区也只是知道表面上的海洋。此外，对海洋学家及其科学仪器来说，海洋在很大程度上仍然不透明。水不仅吸收可见光，还吸收无线电波、微波和 X 射线。它不受电磁辐射的影响，电磁辐射是现代雷达、GPS 和通信技术的基础。100 米深处的海洋漆黑一片。MH370 航班的搜寻中部署了一艘自主水下航行器（AUV）。在三周的时间里，这艘无人驾驶的微型潜艇扫描了南大洋近五千米深处约四百平方公里的区域。下潜两小时后才可以在海底扫描 16 小时，还另需两小时才能回到海面。它一天可以搜索 5 公里 × 8 公里的区域，另需四小时读取和分析设备上的数据。澳大利亚新南威尔士大学的荷兰物理海洋学家埃里克・范・塞比尔（Erik van Sebille，2014）表示，这种搜索变成了“一场盲人虚张声势的游戏”。从很多方面来说，海洋探索是蒙着眼睛的科学家们在一片漆黑的汪洋中摸索的冒险，我们现在探索过的地方还不到这片汪洋的 5%。

本章着手说明，海洋如何在一片漆黑的情况下，在漫长的 20 世纪中逐渐成为一个可理解和可传播的知识对象。本章扩展了 1914 年至 1991 年的“短”世纪（Hobabawm，1994）的概念，将一系列世界大战的历史发展纳入其中。为了理解地球上的“一个大海洋”变得清晰的过程，我们不仅需要研究海洋政治，还需要研究现代海洋科学及其测量、缩放、显现和合法化海洋知识的实践。漫长的 20 世纪考虑到了现代海洋学的重大发展由 19 世纪后期的国家远洋探险带动。它也承认，在世纪之交建立起来、在冷战期间达到顶峰的“极端现代”（Scott，1998）海洋学的涟漪，已经扩展到 21 世纪并影响到了现在的环境海洋探测和监测。本章将探讨在 24
欧洲帝国主义鼎盛时期，各国在海洋探测和制图方面的努力如何创造了在第一次世界大战之前已经发展起来的国际合作的条件和要求。海洋研究的国际化反过来又使科学数据成为海洋领土化和共同战略的基础。随着海洋石油和矿石资源在技术上变得触手可及，这些相互矛盾的观点在第二次世界大战后的《联合国海洋法公约》和海洋管理条例中达到顶峰。20 世纪下半叶，海洋成为环境监测的对象和调节地球气候系统的主体。物理海洋学被重新构建为一门研究海洋—大气相互作用的气候科学。

本章很像海洋研究本身，它结合了跨越时空的深层和表层的叙述。我将利用物理海洋学，即非生物海洋科学的历史来概述这种全球海洋知识。我将重点介绍海洋深度测量、数据处理程序和海洋知识的可视化工具，如图表、地图和图像。受科学研究学者斯蒂芬·赫尔姆赖希（Stefan Helmreich，2011）的关于“感知轨迹”概念的启发，我追踪了几个世纪以来让奇妙和陌生的海洋变得清晰可见的过程。这种“感知轨迹”从探知的触觉到回声的听觉和音画，再到将触觉、听觉信息转化为文字和图像的视觉。随着通用数据成为可解读的海洋景观（海景），这种“感知架构”（Goodwin，1995：254）在建模和预测实践的基础上培育出对海洋未来的想象。虽然本章讨论的海洋学观点在很大程度上是基于（西方）科学的可信度和主导地位，但它们与其他海洋知识形式的相互作用和摩擦在历史上普遍存在。将科学知识置于地理、政治和文化背景中，就可以凸显非科学的海洋知识。

受历史科学和技术研究以及环境人文学科的启发，本章采取了多学科的方法，试图将视角从国家了解海洋的框架转向国家间、跨国家和超国家的海洋、海洋科学和海洋治理模式。各章节围绕以海洋性质为中心的海洋知识的三个相关方面展开：海洋的深度、智慧和威力。海洋从深不可测、充满险恶的浩瀚形象变为深度可测、暴露无遗的深邃场所后，深海被想象成与陆地互补的空间。海洋成为采掘业的源泉和宝库、法律法规的舞台以及可以建模和预测的强大气候调节器，尽管海洋本身继续抗拒对它的分类和预测。

25

深海

2014 年，当马航 MH370 航班从全球航班监控屏幕上消失时，一名瑞典记者认为，在当今所谓的无缝卫星监控、国家情报和全球监控系统之下永远消失，似乎不太可能（Wahllöf，2014）。他在这种遥远的残念中，不仅找到了悲伤，也找到了安慰和鼓舞梦想的希望。早在 19 世纪，当物理海洋学即将形成一门科学学科时，就已经可以看到严谨的科学精确性和神秘的模糊性之间的紧密联系，以及启迪和朦胧之间的密切关系。儒勒·凡尔纳（Jules Verne）1870 年的小说《海底两万里》很好地调和了当时流行的不同海洋形象。在一篇关于大西洋的短文中，凡尔纳以精确的数学方法赞美了海洋巨大的时空跨度：“大西洋！广阔的水域，表面面积 2500 万平方英里，长 9000 英里，平均宽度 2700 英里”（Verne，[1870] 2001：284）。现代海洋科学并没有取代人们对海洋自然的奇妙而奇异的看法，而是通过采用精确的数据和大量的数据集再现了这些看法。凡尔纳提出了壮观和科学这两种密切相关的海洋空间描述，正如他创立的科幻小说流派一样。

19 世纪中期海洋科学创立之前，海洋深不可测，人们几乎从未真切体验过海浪之下的世界。进入现代后的很长一段时间里，世界上的海洋仍然主要被认为是划分大陆块的运输空间。渔民和捕鲸者在捕鱼和狩猎方面有着丰富的经验，但海洋知识主要涉及的是海洋贸易、海战和殖民扩张等海面问题。航运路线依赖于天文知识、航海技能、导航工具以及详细海岸图。本节探讨的是，在系统化远洋探险中开发了回声测深和深度表征的科学工具后，人们如何探索到更深的海洋，其中我将研究 1870 年至 1945 年间欧洲国家的民族和帝国野心。

直到转向 20 世纪之时，测量深海方面盛行的是摸索和探测的触觉方法。将铅锤系在一根缆绳上进行几公里的海深测量可能需要几个小时的时间，全体船员都需要参与。领航员把缆绳引向船头，水手们把缆绳盘成一卷，沿着船舷从船头到船尾排列好，松开缆绳后，船员们数数经过他们手中的缆绳上的绳结，并以一首歌的形式集体记住绳结的顺序，然后用图表记录下以英制为单位的深度。当时的海洋素养建立在数字基础上。虽然当时的水手通常是文盲，但他们一般都会数数（Rozwadowski，2005）。

需要结合仪器、理论、技能和例程才能清楚地感知水下特征。当时的操作知识 26
生成装置是科考船本身，这种船是一个科学仪器，一个探测器，一个收集和排序的装置，一个由等级和学科统治的野外实验室。新测量的海洋深度来源于有组织的集体工作，它们不仅服务于科学利益，而且服务于商业利益。电报工业是 19 世纪末的产物，它在很大程度上依赖于精确的深度测量。19 世纪 50 年代，在北大西洋的纽芬兰和英属群岛之间铺设横跨大西洋海底电缆的工作推动了回声探测技术的进一步发展（Hanlon，2016）。19 世纪后期，随着国家陆地和海洋调查任务的进行，线—铅测深技术出现了系统化改进。钢丝取代了绳索，引入了从测深线机械分离的沉子，蒸汽驱动的绞车取代了将沉重的绳索拉上来所需的极大的体力劳动。这些变化使大型国家海洋制图项目更有效率，更能吸引政府资助。

19 世纪 70 年代早期，英国“挑战者号”海洋考察船通过象征性地占有地球的海底，证明了这门新形成的海洋科学值得国家支持。“挑战者”号是第一艘专门用于深海研究的考察船。它所进行的深海探测用精确的科学测量数据说明了当时探测到的最深的海洋深度（Hsü，1992）。1872 年至 1876 年间，“挑战者号”在全球范围内航行了近七万海里（13 万公里），收录了约四千个新物种，进行了约四百次深海探测。该海洋考察所绘制的大约四十张海图是不断发展的、专业化的深海研究和将海洋作为帝国权力的表现和手段的国家投资的共同成果。1875 年，考察船探测到了世界海洋的最深处——西太平洋的马里亚纳海沟。估计海沟南端的最深点超过 8000 米，被命名为“挑战者深渊”。海洋科学跨越地球表面，一丝不苟地探测最偏远的地方和缝隙，以满足好奇心，创造奇迹，但乌托邦式的地点依然存在。

早先的海洋探测仪很不可靠和乏味，直到 20 世纪早期，声波测深技术在实践中观察到，海水是一种近乎完美的声波介质。声波在水中的传播速度要比在空气中快得多，而且几乎没有损失，其传播速度约为每秒 1.5 公里，随着压力和盐度的增加而增加，在几秒钟内就能在海底反射出一个声音信号（图 1.2）。搜寻 MH370 航班残骸的自主水下航行器每天可以搜索几十平方公里的区域，因为它携带了一种“侧扫声呐”，这种声学设备可以产生比任何机载光学相机更宽泛的海底声音图像，更不用说用吊线和铅垂进行的点测了。

28 1900 年左右，从缓慢而沉重的绞车和吊坠向快速而相对精确的声学和电声探测仪的转变，也意味着探测海洋深度时的媒介和感知方式方面的转变：声波是物质波，它们以水为媒介进行传播。海洋变成了一个可被探测的发声体。

第一个声学实验涉及简单的声源，如水下枪声，第一个接收器是人类听众，他们用裸耳或耳机接收信号。1913 年，德国物理学家亚历山大·贝姆（Alexander Behm）获得了一项“回声探测仪”的专利，该探测仪使用警报器作为声音发射器，用机械“测深仪”作为接收器，根据信号强度确定深度（Behm，1913）。同时，美

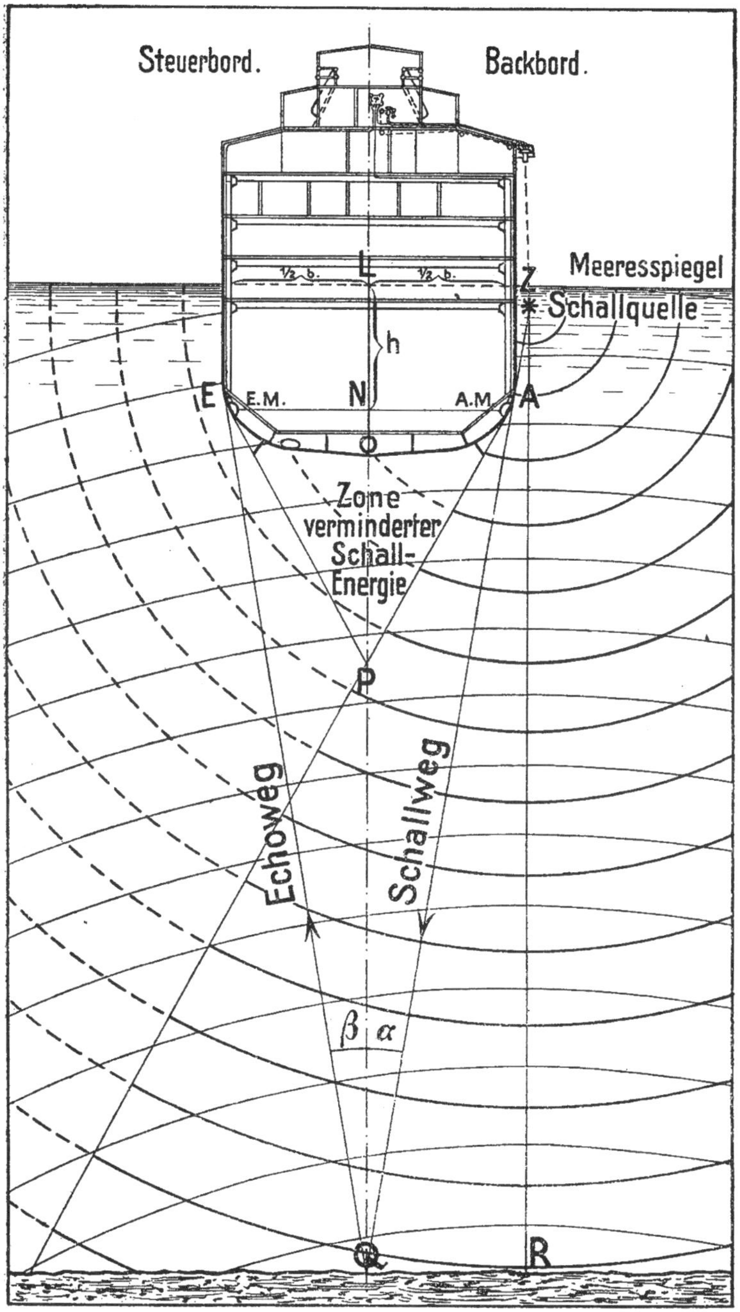

图 1.2 “直接回声测量原理”示意图，格哈德·肖特（Gerhard Schott），“Messung der Meerestiefen durch Echolot,” in Wissenschaftliche Abhandlungen des 21. Deutschen Geographentages zu Breslau vom 2. bis 4. Juni 1925, 140–150 (Berlin: Dietrich Reimer, 1926), 141。© 公共领域。

国开发了使用电动水下声音发射器和接收器的声波探测仪。所有的仪器都有一个共同的特点，即必须事后进行复杂的人工测量转换，将时间的测量值转换为距离的单位，并得出某一位置的实际深度（Höhler，2002a）。

“由于现代的两场灾难，即1912年泰坦尼克号的沉没和1914年第一次世界大战的爆发”，声学导航和定位的精度问题迫在眉睫（Beyer，1999：197）。声学深度测量极大地受益于为潜艇通信以及船只和潜艇定位而开发的声音发送和接收技术，尤其是在英国、法国、德国和美国。回声测深仪是这项新技术的首次和平应用。随着声学深度测量自动化程度的不断提高，人们对该方法的信心也越来越大。人类深度音频监测的程序被认为并不完善，正如德国海洋天文台的格哈德·肖特（Gerhard Schott）1926年所承认的，“人类聆听回声的主观时刻”尚未“消除”（Schott，1926：142）。但是肖特很有信心并且确信“在过程的最后，也就是回声，纯粹的机械登记是可能实现的”（142）。主动地发出和记录声音脉冲，以确定船只或潜艇到海床距离的自动记录回声探测仪于20世纪20年代问世，但直到20世纪30年代才开始使用。

1925年至1927年在“流星号”考察船上进行的“德国大西洋考察”第一次将声学测深新技术应用于系统化深海调查。穿越南大西洋时，“流星号”的科学家们利用了自英国“挑战者号”考察以来的大西洋所有水文观测结果，把它们编入了1925年出发时包含大约一万张地图的地图登记册——“卡片索引”（Merz，1925）。
29 考察队的科学负责人阿尔弗雷德·梅尔兹（Alfred Merz）提前设立了研究“站”，在海洋调查的地形上创建了一个由固定等距点组成的密集采样网格（图1.3）。梅尔
30 兹在14个横截面上布置了测站，纬度间隔为狭窄的5度。每一个横截面上都有20到30个测站，相距150公里到350公里，南美洲和非洲海岸之间共有310个测站。“流星号”从一个测站到另一个测站的总航程约为13万公里。在每个测站都进行了水文测量，包括用吊线和铅垂进行深海探测，以检查船上的三种不同的声学探测装置。在这次航行中，总共进行了大约六万次深海探测，在3万个地点进行的探测相距不超过20分钟。据关注流星号探测的科学家汉斯·毛雷尔（Hans Maurer）称，该次考察共进行了67388次探测（Maurer，1933：24），这种精确度让人想起了儒

勒·凡尔纳的科学精神，但凡尔纳时代的调查密度只是存在于科幻小说中。如果采用吊线和铅垂，这个探测工程需要七年昼夜不停地探测才能完成。

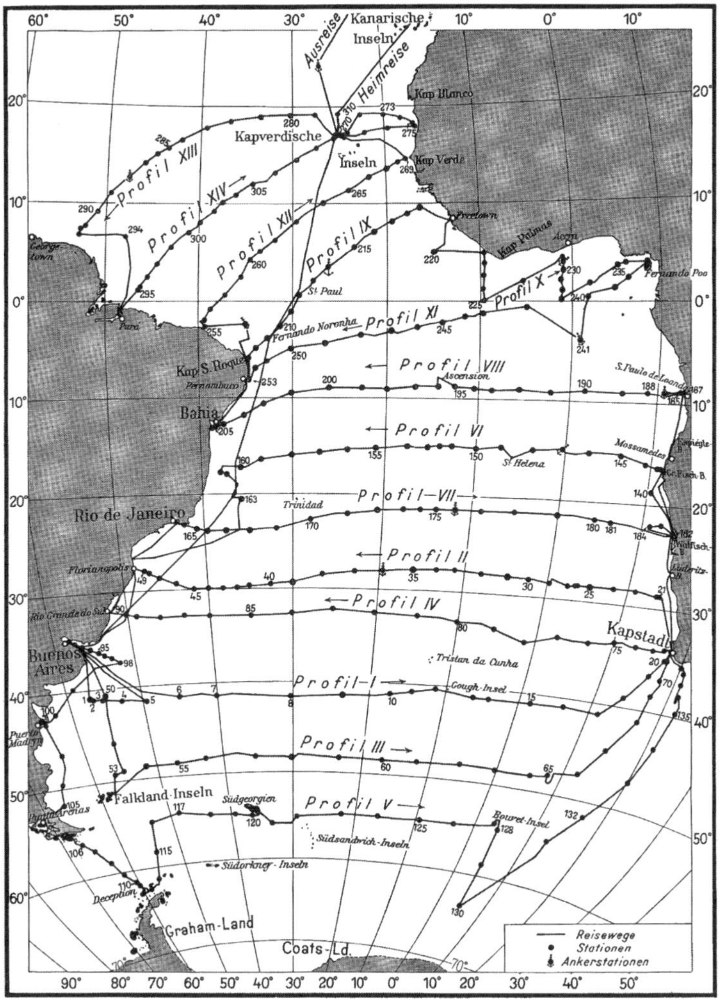

Abb. 19. Reiseweg und Stationen des »Meteor« 1925—1927
Maßstab 1 : 55 000 000

图 1.3 “流星号的路线和测站，1925—1927 年”。译自：Deutsche Atlantische Expedition auf dem Forschungs- und Vermessungsschiff “Meteor,” ausgeführt unter der Leitung von Professor Dr. A. Merz † und Kapitän z. S. F. Spiess, 1925–1927。

Wissenschaftliche Ergebnisse herausgegeben im Auftrage der Notgemeinschaft der Deutschen Wissenschaft von Dr. A. Defant, vol. 2, Die Echolotungen des “Meteor,” ed. Hans Maurer (Berlin: De Gruyter, 1933), 300. © 公共领域。

“德国大西洋考察”沿着每个测站的水柱分别测量海洋的物理性质，并以三种维度从海洋分析出大量的物理信息。“流星号”上的物理海洋学家使用了一个“大西洋环流”的模型，早在20世纪初，挪威物理学家维尔赫姆·比耶克尼斯（Vilhelm Bjerknes）就在他的大气和海洋运动循环定理中从理论上概述了这个模型（Bjerknes等，1910/1911）。“流星号”上的海洋学家开始将海洋漂流和海洋环流的理论和相应的计算与一系列新的测量方法进行比较，用定量方法取代了以前的定性方法。他们有很多仪器设备，包括深海温度计、海流计、水采样器、闭合网、底部采样器和取芯管。为了确定大西洋海水的流向和流速，海洋学家通过观察和测定水温、盐度和密度，直接或间接获得了当时的测量值。化学调查涉及海水的质量，如碱性（水抵抗酸性的能力）以及氧、氮和矿物质的含量。通过将测站的工作与海深测量数据关联到一起，“流星”号上的海洋学家把新的大西洋深度图和显示不同测量数量的内容与分布更抽象的等值线图结合起来。他们以传统三维空间想象所能想到的、可理解的方式将（相同）数据进行可视化排列：分为横截面、纵截面和水平截面数据，分别代表海洋深度的不同层次。其间，他们在现有的海洋海岸线和深度地图的基础上补充了一幅海洋水体的图片。海面和海底之间看似空白的空间被数据的海洋填满。

31 正如詹姆斯·科纳（James Corner）所言，地图绘制“**展现了**潜力：它一次又一次地重新创造领地，每次都带来新的、多样的结果”（Corner，1999：213，原作者加粗）。在科纳之后，地图由一系列技术、工具和惯例构成（constructed），使得由技术、工具和惯例描述的空间源自那些容易受到技术影响的“现实”方面。科纳确定了三个地图绘制操作，可以描绘“流星号”对大西洋的框架建构和认知过程（231）。第一，海洋学家创建了一个领域，制定了规则，建立了一个体系，包括含有框架、方向、坐标、比例尺、测量单位和图形投影的图形系统。第二，他们将“孤立”或“去领域化”的部分提取为数据。第三，他们绘制了这些部分之间的关系，并将这些部分“重新划分”为一个整体。从单一数据的复杂结构来看，大西洋被再领域化为一本科学文献。

“流星号”传回德国的众多图表和地图中，有14幅壮观的南大西洋形态剖面图（图1.4）。这些海洋深度图旨在证明德国在第一次世界大战后始终保持着卓越的科学水平。它们在德国战后的斗争中也获得了实质性的意义，让德国象征性地重新获得了失去的殖民权力和军事力量。这次有史以来最全面的考察将南大西洋和海底划定为（国家）控制下的领土。“德国大西洋考察”是德国科学临时协会（Notgemeinschaft der Deutschen Wissenschaft）的一个著名项目，该协会在战前以及在赔偿款项、解除武装要求和同盟国的领土让步之后大力促进科学的发展。该协会宣扬了战后流行的一种言论，即《凡尔赛条约》的赔偿要求和军事限制给德国造成了（空间）匮乏、经济贫困和资源枯竭（Höhler，2002b）。当时担任柏林大学地理研究所和柏林海洋研究所所长的德国地理学家阿尔布雷希特·彭克（Albrecht Penck）明确将海洋空间与失去的科学和殖民领域连为一体。“德国殖民地的工作领域失去了，德国的大部分地区都落入德国在战争期间的敌对国之手，所以只有少数地区向德国科学家开放”（Penck，1925：243）。彭克表示，这种情况“在海上则不同”。彭克认为公海是“德军可以畅通无阻地参与战斗的战场”（243）。“流星号”本身是一艘退役的战舰，由德国海军提供，并被翻新为一艘科研船，使之免于根据《凡尔赛条约》的条款被拆毁。

第二次世界大战中，声学探测成为海洋知识的一项重要应用，表明了海洋科 32
学和军事目的之间的密切关系。在“流星号”考察的推动下，回声探测仪得到了改

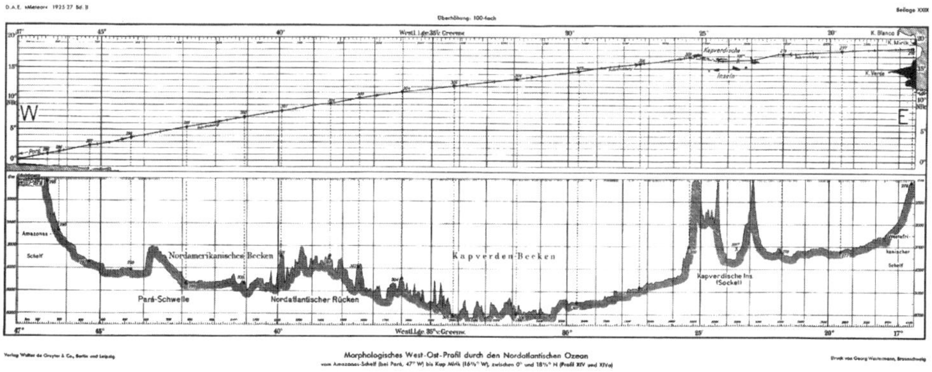

图 1.4 “北大西洋东西形态剖面图”，译自：Deutsche Atlantische Expedition auf dem Forschungs- und Vermessungsschiff “Meteor,” ausgeführt unter der Leitung von Professor Dr. A. Merz † und Kapitän z. S. F. Spiess, 1925–1927. Wissenschaftliche Ergebnisse herausgegeben im Auftrage der Notgemeinschaft der Deutschen Wissenschaft von Dr. A. Defant, vol. 2, Die Echolotungen des “Meteor,” ed. Hans Maurer (Berlin: De Gruyter, 1933), supplement 29。© 公共领域。

进，并在德国和英国的潜艇战中付诸实践。在德国海军把借助声音接收器（即“水听器”）的被动水下听音技术推向极致的同时，英国海军则开发了更完善的主动回声搜索系统。声学回声定位系统 ASDIC（反潜探测调查委员会①）采用一个曾经建立的声波接触点固定住对象，就像是用搜索光束捕获对象。主动回声定位技术也体现在声呐（声音导航和测距）技术中。美国声呐系统在听觉上相当于用无线电波定位物体的更有名的雷达（无线电探测和测距）。20 世纪下半叶，“声呐”成为水平或垂直、主动或被动等所有基于声音的遥感技术的统称。但当全球动物和环境组织的宣传活动让人们注意到水下噪声在声音上折磨和误导鲸鱼、海豚和其他海洋哺乳动物后，“看透深海”的海洋学成功故事的风光不再。总而言之，具有讽刺意味的是，正是自 19 世纪末以来不断增加的海洋探测以及自 20 世纪初以来海洋探测中加入的声学渗透所造成的对海洋生物的干扰，反而使空荡荡的海洋重新焕发了物理海洋学的活力。

33

富饶的海洋

进入 20 世纪之初，帝国之间对于空间的争夺延伸到了地球上尚待绘制地图的极少数偏远地区：非洲的心脏地带、极地的两极和海洋的深处。对于羽翼未丰的欧洲民族国家来说，“制海权”与军事统治密切相关。同时，在帝国主义的鼎盛时期，国家对海洋的控制与科学雄心以及海洋空间和资源的获取有关。海洋民族主义在第一次世界大战前夕创造了一个不稳定的想法，并蔓延到第二次世界大战及其激烈的海洋和潜艇战斗。尽管战后各国之间的竞争依然激烈，但国际合作在塑造（shaping）世界海洋方面也同样强大。本节探讨第二次世界大战后作为海洋民族主义的另一面的海洋国际化。本节以 20 世纪初第一个国际海洋学工作的概况为起点，主要焦点将是 1945 年至 1990 年的冷战时期，在此期间，国际法规对管理海洋资源的获取变得越来越重要。本节探讨了物理海洋学在为海洋国际化和海洋领土化提供参数和工具方面的作用。

国家地球和海洋科学的形成依赖于国际间的沟通与交流。19 世纪末，越来越多

① 首字母缩写为 ASDIC（反潜探测调查委员会）的定义存在争议，因为没有找到这样一个委员会的档案痕迹。这个名字很可能是为了掩饰正在进行的英国海军主动声学探测工作。

的国际科学组织表明国家运用科学来观测经常跨越国界的大气、海洋和构造现象方面有着许多困难。19 世纪 80 年代初，由国际气象大会和国际极地委员会发起的第一届国际极地年（IPY）生动地说明了在专业化的地球科学领域进行合作的必要性和愿望。1882 年 8 月至 1883 年 8 月间进行的跨越地球的观测工作为日益增长的科学国际化提供了技术和计量基础架构（Lüdecke，2004）。这种基础架构可形成对测量数据的一致整理，形成共同的度量标准和标准化的仪器，并可按照国际惯例对测量数据进行协调和处理。1899 年，国际地理大会委托绘制了一幅地球海洋盆地的总图，并规范了深海术语。到 20 世纪初，根据大约一万八千次的测深数据制作了所有海洋盆地的地图（Rozwadowski，2002）。

但海洋研究中的“国际主义机制”（Geyer and Paulmann，2001）充满了摩擦。首先，新的海洋观测制度在很大程度上依赖于既让合作研究成为可能，也使之受到限制的军事、经济和技术结构。观测基础设施的发展遵循了欧洲占主导地位的海上 34
运输和通信路线，以及海上军事和经济实力的帝国梯度。产生于基础设施网络的海洋知识拓扑结构几乎是全球性的。这些网络在欧洲中心运作，包含了以政治权力关系为基础的治理结构。其次，国际科学协调并不一定意味着合作。全球海洋学调查主要是从一系列单一国家捐助者收集资料。在成立于 2002 年的国际海洋考察理事会（ICES）的保护之下，国家机构能够获得专门从事海洋研究的船只。国际海洋考察理事会与当时的其他国际科学组织不同，它并非由单个的科学家组成，而是由北欧的八个创始国家组成。国际海洋考察理事会在其声明的目标——促进和协调成员国之间的科学工作中主要关注的是北海和波罗的海，包括挪威海和巴伦支海（Rozwadowski，2002）。国际海洋考察理事会在许多方面都是第一个政府间海洋科学组织，并提出了国际科学协调的模式。它还通过揭示国家直接海岸线以外的海洋治理结构的不足，暴露出海洋研究方面的国际主义摩擦。

再次，当新的海洋资源开采技术使新的大规模开采作业成为可能并为商业目的带来利润时，进行政治谈判和制定规章就显得尤为重要。20 世纪头几十年工业规模的拖网渔业以及 20 世纪 60 年代海床采矿前景的出现带来了对于长达一个世纪之久的传统和有关公海使用权和财产权的协议的争议。海洋管制最古老的尝试之一是

“海上自由”原则，即“海洋自由论”。在荷兰和葡萄牙之间关于贸易路线的殖民争端中，1609年，雨果·格劳秀斯（Hugo Grotius）裁定，根据罗马的“自然法”概念，公海“为所有人所共有，但不属于任何人”：“因此，海洋属于那些不能用于商品交易和贸易的事务之列，也就是说，海洋无法被适当安排。用恰当的话来说就是，海洋的任何一部分都不能成为任何国家的领土。”（Grotius，［1609］2004）19世纪，广泛接受的《国际海洋法》承认对3海里（5.6公里）的沿海地区享有有限的国家权利的原则。对领海的这一定义符合当时大炮的射程，并符合当时技术的可能性和国防的需要。《海洋法》还对深海捕鱼和商船作出了规定。海床和底土在经济方面或军事方面都没有发挥任何作用。在格劳秀斯看来，深海就像公海一样，仍然“自由”。

35 20世纪在技术上和科学上对这些几个世纪以来的安排提出了挑战。1957年和1958年的国际地球物理年（IGY）期间展开了第二次大型国际地球调查活动，在这期间海洋活动的纯粹数量可以被解读为一种使海洋“因地缘政治原因而变得清晰”的战略（Barr和Lüdecke，2010；Dodds，2010：65）。海洋素养和海洋准入密切相关，20世纪60年代，两者变得越来越重要，当时海底石油和天然气产量增加，深海中发现的锰预示着一个丰富的新矿石来源。到20世纪70年代，管理进入海底和底土的问题被提上了联合国的议程。联合国成立于1945年，是一个国际的和政府间的组织，旨在重建和维护二战后的和平与安全。当时只是在谈判中预测海上石油和天然气业务，将在20世纪80年代开始发展（Avango和Högselius，2013）。此外，快速增长的世界人口、水下栖息地和实验室的实验以及从海洋中提取浮游生物和磷虾的新技术，提升了海洋作为蛋白质存储空间和补充人类生活空间的希望（Hamblin，2005；Kehrt和Torma，2014）。军事应用计划，以及与战后富裕社会相反的海洋日益成为垃圾填埋场（或者更确切地说，海洋垃圾场）的明显趋势，进一步加剧了国际舞台高科技国家和“发展中”国家之间、沿海国家（有海岸线的国家）和没有领海的国家之间对于海洋的争夺。

所有这些纠纷都以财产规定的形式得到解决。正如法律学者斯科特·沙克尔福德（Scott Shackelford）所观察到的，在西方世界，产权的确立并未被视为一个问题，而是被视为管理国家管辖范围之外的资源的（唯一）理性解决方案。一旦出现某种资源的收获或开采，产权似乎就成了催化资源“发展”的必要条件（Shackelfor，2008）。20世纪50年代至80年代出现有关新《国际海商法》的讨论，并非巧合。1956年、1960年和1973年举行的三次主要联合国会议讨论了海洋所有权和使用权的重组问题。其初步目的是1982年商定并于1994年批准的《联合国海洋法公约》。该公约重新界定了领海，建立了专属经济区制度。新的分区制度赋予了沿海国家在从海面到海床，从海岸线到200海里（370公里）的范围内的近海捕鱼和资源开采的主权，或者到达“大陆架”的边界，即被淹没在水下但在地质学上归属于陆地的大陆块的边缘的主权（Miles，1998）。该系统给出了对于现有问题的答案，即在一个既具有保护性又具有扩大性的管理计划中，是扩大领海，还是将海洋作为公地加以保护。

首先，有关经济区的国际协定实际上促使各国进一步努力在领海内外开展捕鱼 36
和拖网作业、探测和钻探碳氢化合物资源。其次，法律框架并非独立于科学定义。几十年来，随着测量和开发技术的进步，“大陆架”本身的定义和法律概念也发生了变化。经济区大陆架范围的界定完全取决于对海底地貌特征的认识，这反过来又要求进行进一步的海洋研究，以证实国家的主张。

在有关大陆架范围的争论中，日益密集和多样化的物理海洋学的绘图成为强有力的科学证据。为了确定大陆架的范围，需要准确收集和分析数据，物理海洋学家可以提供一套必要的工具，以确定深度和坡度以及矿物组成和沉积物厚度，从而区分大陆地壳、海洋地壳、山脊和海岭。1977年，美国Lamont-Doherty地质观测站的美国地质学家和海洋制图家布鲁斯·希曾（Bruce Heezen）和玛丽·萨普（Marie Tharp）发表了世界海底地形图（Doel、Levin和Marker，2006）（图1.5）。该地图的名气在于揭示了当时“看不见”的广阔海底景观。该地图还展示了冷战期间海洋学和其他地球科学主要因为军事目的而进行的大规模扩张（Doel，2003）。

20世纪50年代，希曾和萨普开始绘制中大西洋海岭的地图，这是位于大西洋 37
中部由北美和欧亚两个大陆板块的边界形成的海岭。19世纪70年代，“挑战者号”考察期间就首次绘制了大西洋中脊地图，旨在探测海底以确定计划中的跨大西洋电报电缆的最佳位置。随后20世纪20年代的“流星号”考察时通过声波探测测量证

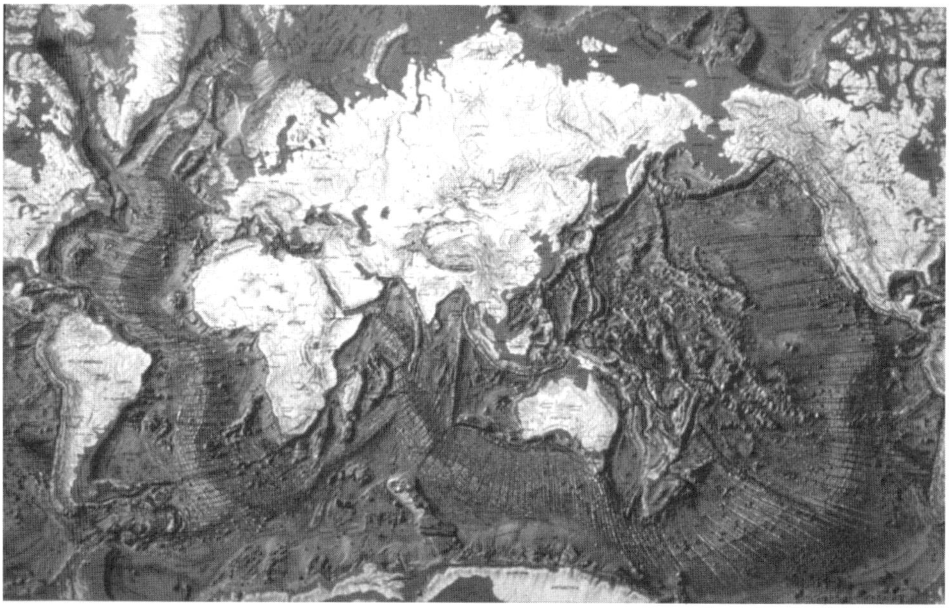

图 1.5　希曾–萨普世界海洋地图，美国海军部 1977 年制作。© NOAA（美国国家海洋和大气管理局）。

实了这个海岭的存在并详细说明了它的范围。基于这种精密的海底数据档案，希曾和萨普通过吊线和铅垂法以及声呐测深法发现，该海岭是横跨地球表面的庞大地震活跃海岭中的一部分。他们的世界海底地形图清楚地显示了这些海底特征。此外，该地图还因支持几十年前德国地球物理学家阿尔弗雷德·韦格纳（Alfred Wegener）提出的海底扩张和大陆漂移理论而声名大噪[①]。

尽管有丰富的深度测量档案，但希曾和萨普不得不通过从庞大的低质量数据中推断海洋深度来编制地图。尽管如此，他们的地图还是给人留下了深刻的视觉印象，承载了新兴水下空间的地形感。他们的地图展示了一个被认为是“连续的”海底全景图，虽然技术上的数据反映的仍然只是测量结果。该地图是经过从手工精心绘制的深度测量数据到抛光的浮雕等几个步骤的转换得来的（Höhler and Wormbs,

① 韦格纳（Wegener）在 1912 年提出的大陆漂移理论认为，地球上的大陆曾经是一个整体，但随着地质时间的推移，它们已经彼此漂移，海洋脊就是这一过程的证明。

2017）。“光学一致性”是布鲁诺·拉图尔（Bruno Latour，1986）提出的术语，指的是将单个测量结果绘制成稳定的视觉形式的总览。地形图成为一种操作装置，沿着认识海洋的感知轨迹，从触觉到听觉再到视觉不断前进。光学一致性强调的不仅仅是单一数据点抽象生成的地图的统一性和完整性，它还强调了在转换和运输中的稳定性。这种“不可变的移动体”（Latour，1990）调和了海底抽象物体的科学技术表现及其新的视觉现实。希曾和萨普的海洋地图并没有停留在物理海洋学家的圈子，而是出现在地理教科书和流行地图册中，反映了美国海洋研究机构在冷战时期的主导地位和领土覆盖范围。

希曾-萨普绘制的世界海底地形图展示了一目了然的地质特征，这些特征改变了关于板块构造和大陆架范围的科学假设。因此，这幅地图确实为对富饶的海洋进行科技勘探和预测开辟了空间。在《联合国海洋法公约》中，大陆架法规的概述使得（只能）以科学为依据提出大陆架使用权要求，导致了科学划界尝试的激增。沿海国家继续向联合国大陆架界限委员会（CLCS）提交它们的主张，该委员会在1982年第三次《联合国海洋法公约》会议上设立，其宗旨是以海洋测量为基础确定大陆架范围。目前，我们可以通过对大陆架的测量来观看一场真正的海洋资源竞 38
赛。特别是在北极，融化的冰盖开辟了新的航线和资源领域，吸引了国家和私人投资者。荒谬的是，根据旨在维护海洋资源合理利用和管理的《联合国海洋法公约》，北冰洋几乎没有无人认领的海域。总之，科学调查在政治上从来都是既非中立，也非客观的。将一个海洋区域分配给一个国家从来不是一个严格的地质过程，而是产生于科学定义、政治惯例和经济或军事动机的背景。国际海洋协调不仅支持了海洋保护，同时也加剧了海洋开发问题。在20世纪下半叶，像联合国等这样的合法国际机构对于管理日益增长的海洋主权要求变得不可或缺，但它们还不足以一劳永逸地解决领土争端。

强大的海洋

20世纪下半叶，海洋科学在广度和深度上的探测和观测提供了全球概览，即它们在地理和科学范围上越来越不同于其他已有的当地海洋经验。随着20世纪80年代地球系统科学的形成，这种差异变得更加明显。在一系列领域中，地球系统科学采用系统方法研究地球的水圈和大气及其相互作用，作为气候指示器、气候调节器和气候发生器（Edwards，2010，2017）。卫星遥感新技术使海洋学与物理海洋学和空间技术相结合，成为气候科学的一个分支领域。本节探讨了“卫星海洋学”及其观测技术、测量、图像和预测工作如何将遥远的本地测量数据收集到全新的数据结构中，从而使当代的人们对地球气候循环的期望及其结构变得可见。从 20 世纪 90 年代至今，正如本节将说明的那样，卫星海洋学使人们对通过海洋数据存储和处理设施进行气候模拟、天气预报和灾害管理抱有很高的希望。

卫星海洋学在两个超级大国之间的太空竞赛结束后取得了进展，这两个超级大国在冷战初期吸引了大量军事投资和科学关注。1972 年 12 月，阿波罗号最后一次登月返航时，公众对太空飞行的兴趣和政府对太空飞行的资助已经减少。美国和欧洲的太空计划不得不将自己重新定义为地球计划，娜奥米·奥雷斯克斯（Naomi Oreskes，2014a）贴切地称之为“改变任务”。

39 20 世纪 80 年代，美国太空总署启动了“行星地球任务”计划。“行星地球任务”是一个长期的国际地球科学研究项目，标志着美国太空总署从一个太空机构向一个环境机构的转变。它的第二个主要卫星任务是美法联合项目“TOPEX/Poseidon”（Conway，2006；Krige，2014）。TOPEX 的意思是“海洋地形实验”。雷达技术被用来监测洋流和浪型以及海平面上升。主动式自记录卫星传感器提供高程（高度）和重量（重力）数据，当卫星向下连接到地面接收站时，这些数据以数字形式读出。1992 年 8 月，轨道卫星 TOPEX/Poseidon 发射，其目的是将海面高度测量数据作为海洋热含量的指标（图 1.6）。该任务的总体目标是了解全球海洋动力学。一个更具体的目标是提高对热带太平洋上层海洋环流的科学了解，这被认为对厄尔尼诺现象的可靠预测至关重要（Höhler，2017a）。

40 厄尔尼诺现象是指太平洋地区反复出现的暖水期，几个世纪以来，当地人一直在等待和畏惧这些暖流引发的极端天气事件。在南美洲、印度尼西亚和东南亚的沿海国家，人们对厄尔尼诺现象到来的记忆和故事被挖掘出来，以传达丰收和捕鱼的幸福以及热带冬季风暴和洪水、干旱、饥荒等灾难（Philander，2004；Schwartz，

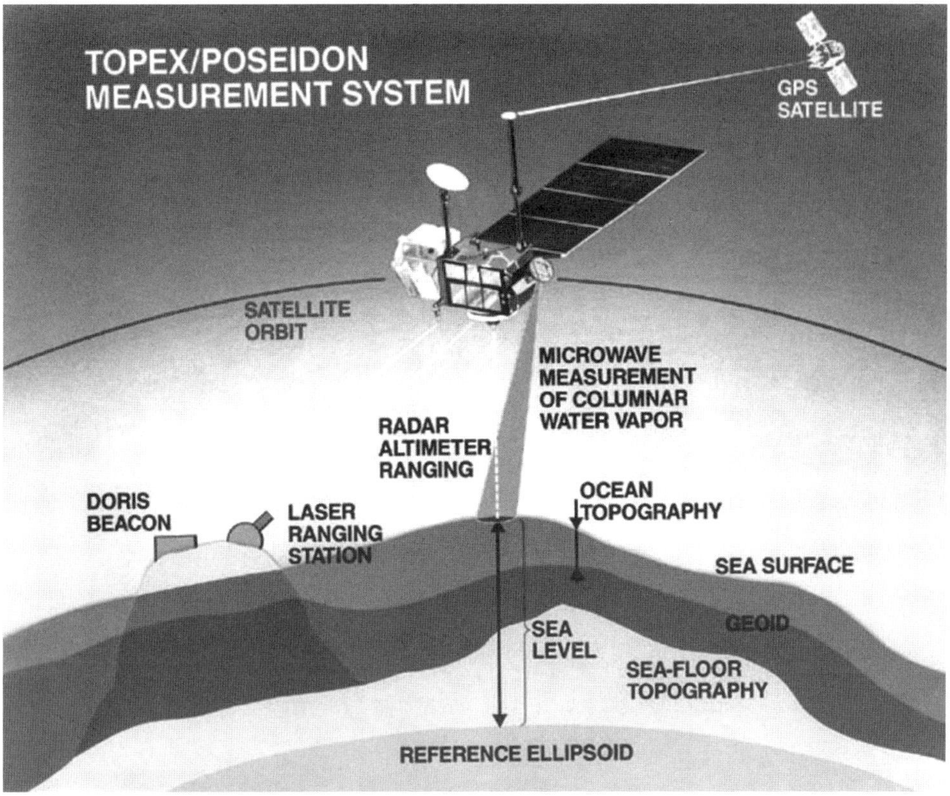

图 1.6　Topex-Poseidon 测量系统。© 美国太空总署喷气推进实验室。

2015）。对于地球科学来说，厄尔尼诺现象以观测到的太平洋表面温度差异的形式出现。最早的海洋变暖记录可追溯到 18 世纪。但那时只存在零星船只和商船的单一温度读数。正如本章第一节所述，19 世纪下半叶物理海洋学作为一门学科的形成并没有立即填补测量方面的巨大空白。海洋学记录并未提供生动易懂的故事。进入 20 世纪后，温度记录仅在事后才被解释为厄尔尼诺现象的指标。20 世纪 50 年代后期，首次建立了一个广泛的国际海洋学研究网络。如上一节所述，该近距离科学海洋观测计划的建立与 1957 年和 1958 年的国际地球物理年有关。还有部分原因是，该计划是 1957—1958 强劲厄尔尼诺年的结果，恰好与国际地球物理年重合。

20 世纪测量密度不断增加，同时还出现了海洋环流理论。20 世纪 60 年代，挪威裔美国气象学家雅各布·比耶克内斯（Jacob Bjerknes）注意到了热带太平洋的厄尔尼诺现象。雅各布是首次提出“大西洋环流”理论的挪威物理学家维尔赫姆·比耶克内斯的儿子。根据海洋表面温度读数和长期天气记录，雅各布·比耶克内斯将英国气象学家吉尔伯特·沃克（Gilbert Walker）在20世纪20年代发现的印度洋和太平洋的温度、压力和降雨变化的大气模式，与20世纪50年代和60年代的强厄尔尼诺现象的数据联系到一起。通过将厄尔尼诺现象与沃克的“南方涛动”联系到一起，比耶克内斯建立了一种太平洋海洋—大气相互作用模式，这种模式被称为“南方涛动厄尔尼诺现象”（Mills，2009）。

卫星海洋学提供了具有广泛地理覆盖范围和大量海洋温度测量结果的海洋环流模型。卫星无法“看到”深度，这呼应了查尔斯·古德温（Charles Goodwin，1995：254）对“感知架构”的科技思考，即需要有一组特定的研究兴趣、概念假设、工具和研究活动才能呈现人眼可见的海洋和大气现象。事实证明，掠过海面的
41 电磁辐射卫星无法看透海水，因此，它们从海洋近表层获取读数。其结果是，它们覆盖了巨大的海洋区域，这在1997年TOPEX/Poseidon卫星图像中聚焦南太平洋的壮观地球视图中可以看到（图1.7）。但将卫星数据编织成蓝色星球的综合结构和视图的过程绝不简单。卫星图像没有显示其制作的复杂程序。根据卫星读数计算海面温度需要几个转换步骤。时间的测量必须转换成距离，并转换成温度单位。TOPEX/Poseidon雷达的测量原理与本章第一节介绍的声呐技术类似。反射的无线电信号到达海面并返回的时间被转换成距离，这个距离反过来又按照水体随温度膨胀的经验知识转换成海面温度。

42 TOPEX/Poseidon的图像并没有说明数据是在某一刻收集，还是在不同的卫星轨道上收集。数据点必须在大时间跨度内插入。就像早期依靠单点测量的海图一样，“总览”以回溯性方式创建。单一数据点必须排列成半球形式来代表行星。配色方案的设计遵循了当代温度配色和编码的惯例。这些做法一起组成了卓越的卫星视图，表明厄尔尼诺事件即将来临。有了这些图像之后，卫星海洋学家就可以尽早发现厄尔尼诺事件，承诺提供风暴和洪水等自然天气灾害的早期预警。光学一致性使图像清晰可信。再回到拉图尔的观点，它们以一种可移动和稳定的形式呈现了“一种积累时间和空间的新方式”（Latour，1990：31）。

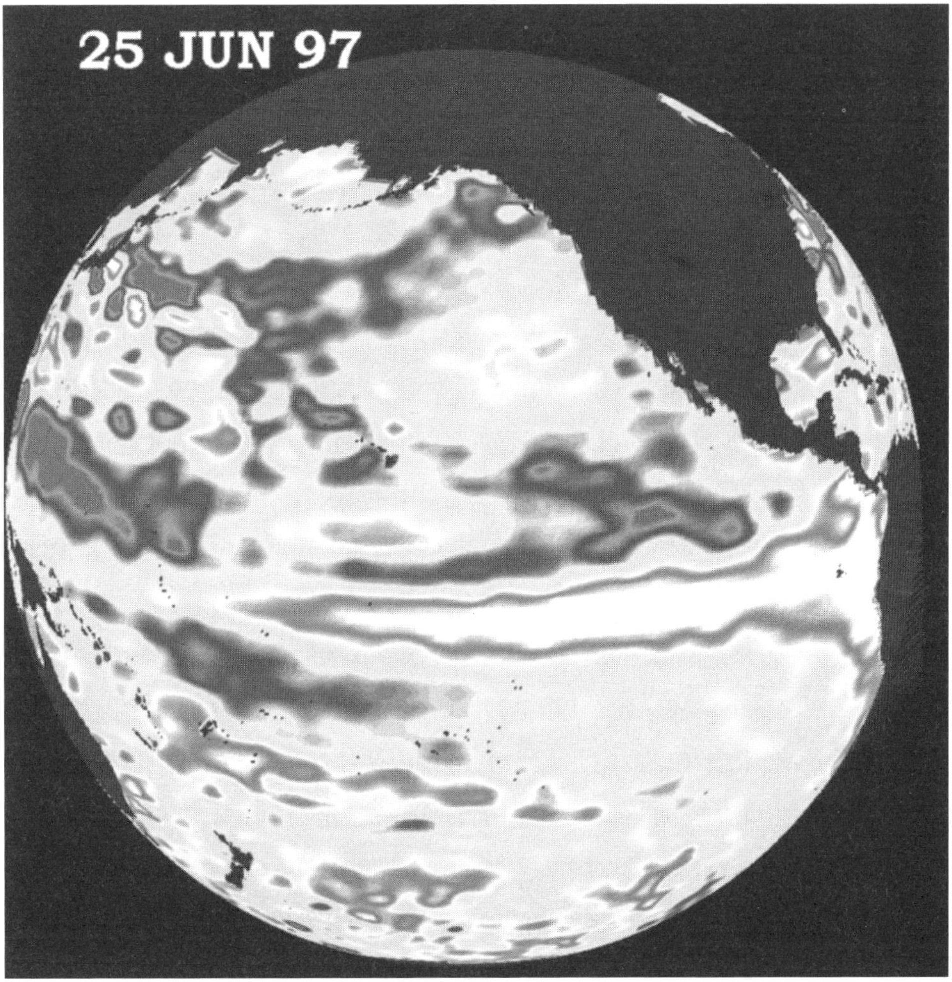

图 1.7　TOPEX-Poseidon 卫星拍摄的太平洋，1997 年。© 美国太空总署喷气推进实验室。

由美国太空总署公开提供的卫星图像似乎呈现了我在本章开始时对海洋感知轨迹的初步终点。海图、地图和卫星数据图像是用来了解和沟通海洋的视觉元素。在 20 世纪后期日益数字化的文化中，视觉取代了触觉和听觉。但海洋素养的威力不在于数据图像，而在于数据档案。标准化和集中的卫星数据相比于卫星图像具有更大的权威性和威力。在遥感技术和越来越强大的计算能力的推动下，数字数据库这种新的操作元素改变了物理海洋学。数字数据库的威力在于数据的多功能性。卫星信息和计算机的能力使得数据可以无限转换、聚合和重组，从而实现海洋—大气预报。更多的数据将会达到更广泛的信息处理，这是海洋学家的乐观希望所在。更好的信息和更好的模拟工具将使海洋学能够转换和重组海洋学数据，使得基于概率模型进行厄尔尼诺事件预测成为可能。

海面温度数据库带来了海洋知识的另一个重要转变，即转向未来海洋预计和预测。卫星海洋学将以前遥远的事件卷入一种新的分析结构中，这远远超过了海洋学家在 20 世纪 80 年代中期所设想的海洋大气环流的“全球天气描述”（Revelle，1985）。美国国家海洋和大气管理局（NOAA）在一个庞大的海洋大气环流数据库中收集了厄尔尼诺现象相关数据。从这些数据集来看，厄尔尼诺现象并不是灾难性
43 的异常，而是准周期性的、有规律的气候模式的一部分。厄尔尼诺现象变成了如今驱动着地球的全球气候系统的名副其实的气候引擎。这个气候引擎由世界气候研究计划（WCRP）于 20 世纪 80 年代在大量参考雅各布·比耶克内斯的理论后发明，被称为 ENSO，即厄尔尼诺南方涛动（Reeves 和 Gemmill，2004）。厄尔尼诺南方涛动成为有关地球气候循环的新兴论述的主要参考。厄尔尼诺南方涛动也从根本上重新定位了人们对世界海洋温度上升和对当前全球气候变化更普遍的理解。

1997—1998 年创纪录的厄尔尼诺冬季被称为“世纪气候事件”（Changnon，2000），这在 TOPEX/Poseidon 提供的图像中，或在卫星数据所带来的谨慎预测中，都很难看到。只有当我们回首过去时，才发现世界经历了有记录的天气历史上最猛烈的冬天之一，当时太平洋地区发生了洪水和干旱、龙卷风和冰暴，同时在全球范围内发生了广泛改变公众对天气和气候看法的自然灾害。虽然厄尔尼诺南方涛动已经成为全球气候模式的主要科学标志，毁灭性的天气事件从那时起就给当地社区留下了深刻的印象，而且随着海洋升温和大气携带更多的水，这种情况很可能会继续下去。总而言之，20 世纪后期以来的物理海洋学通过地球科学和海洋科学以及空间技术所提供的遥感工具增强了人们对地球气候的了解。卫星海洋学进一步将关注点转向基于不断增强的数字数据库的海洋建模和预测，这些数据库在其实际能力中基本上取代了以前的海洋探测和感知工具。但作为一个气候因素，海洋—大气相互作用的科学规律与海洋自身的强大力量似乎特别不协调，在海洋的强大力量面前，似乎任何对于海洋控制的管理或工程思想都变得微不足道。

结论

在整个 20 世纪，物理海洋学编制了数据记录并编辑了更加广泛和复杂的海洋卷册。海洋曾经是一个充满想象力，但在很大程度上对人类来说不透明的广阔领域，现在却变成了一个看似透明的三维物理空间，以海图、地图和卫星图像的形式呈现在人们眼前。回到我在本章开始时提到的海洋素养当代网络和项目，物理海洋学帮助把海洋变成了一个可以辨识的环境。海洋学家的科学工具利用了人类的感官，从触觉到听觉，再到最终享有特权的视觉。测量技术和天气图像创造了始于数字并最终驻留在数字数据集和数据重组潜力中的海洋知识。

海洋学家从不孤立地工作。他们的工作紧密结合了国家、军事、技术和商业方 44
面的工作。他们与电声学、空间技术和信息技术等其他现代科学技术领域的发展紧密相连。此外，他们还帮助建立了网络和框架，在这些网络和框架中，海洋从一个国家享有威望的对象变成一个国际管辖对象，再变成一个全球环境治理对象。海洋学数据集构成了对将海洋作为国家或公司领土的主张提出异议的基础。数据库还为海洋的获取、开采、建模（在最近的碳去除气候变化减缓战略中，还包括海洋工程）提供了可能和便利。本章试图证明，感知架构的变化稳定了科学知识和海洋作为科学对象的易读性。

我们是否了解海洋？如今的自主式水下航行器可以在一个小硬盘上存储数百平方公里海底地形的声呐信息，这些信息都可下载并用于科学、商业或军事用途。但大片海域仍未被探索。人类对月球表面的了解要多于对海洋深处的了解。如果在这一点上有什么值得总结的方面，那就是海洋在科学、文化和社会中的地位和重要性并没有减少，而是增加了。在进入 21 世纪之际，海洋失去了其不可控制的、令人钦佩和恐惧的、被动的、被兼并、被开发和管理的自然属性。海洋自身已经成为一个强大的行为者，在全球范围内造成影响，并控制着全球水循环和全球气候。尽管目前的地球工程计划继续从管理的角度看待海洋，希望利用海洋作为碳储存设施，但今天的海洋在很多方面都不比我们祖先的大海更加弱小，而是更加强大。

第二章

实践

机器人、记忆体、自主和未来

科林·杜威

简介 45

航海技术文化史是理解海洋在现代西方文化中的重要意义的关键。为此，我们需要检视物质实践及其表现、其价值、其过去和现在的执行人①。迄今为止，最重要的海洋物质实践是构成了商业、资本主义和帝国基础设施的实践，并产生了“海事”一词。但是，正如其他基础设施一样，全球海洋运输系统也是“根据历史上特定的社会想象”（Starosielski，2015：30）构建的。海员兼小说家约瑟夫·康拉德在回想起他所经历的纪律严明的严酷世界和有着各种技巧的人们时，表达了他的顿悟：这是“一种艰苦而有趣、最终结果毫无头绪的实践”（1988：31）。但随着20世纪早期机械化推进技术的普遍采用，商业化航海逐渐成熟，成为全球化资本主义的化身，成为一种在密集商业和国际基础设施中运作的物流网络，其中约瑟夫·康拉德所描述的浪漫海洋是一个奇怪而持久的存在。妮可·斯塔罗谢尔斯基（Nicole Starosielski）在描述从地形上重新审视几个世纪前开创的海上贸易路线并反过来构建了帝国电报网络的海底光缆的互联网基础设施时，指出：“新的基础设施通常在现有的……系统之上分层，很少单独开发。”（2015：31）海洋文化是一张实践之网， 46
承载着一种其自身历史永不消失的神秘感觉。对许多人来说，航海一如既往，因为大海还是同一片大海，但航海的文化体验却有了不同②。

---

① 我说的是熟练的水手，他们不同于那些在海上旅行的乘客、移民或俘虏，后者构成了现代性中的许多流散群体。尽管人们在努力改变海上的性别平衡，并已经有所改善，但航海仍然是一个绝对的男性主导的职业。欧洲海事安全局（EMSA）截至2015年收集的统计数据显示，欧盟劳动力市场只有2.15%的官员和3.51%的普通海员是女性（EMSA，2017）。

② 人类活动引起的气候变化、海洋酸化和塑料污染是海洋明显与以前不“一样”的诸多原因之一，但对海员来说，领航和航行的做法基本上没有改变。虽然有电子辅助，但还不能取代古老的技能。

20世纪发生了两次全球机械化战争，即不均衡的非殖民化和帝国最终被全球化资本政权所取代。这种转变的结果之一，就是由当地代理商开发并由不定期货船提供服务的季节性航线网络在中央管理下合并为更有效率的班轮服务。专门的多国方便旗集装箱船、油轮和散货船的出现带来了经济效率的进一步提升。这些变化的实现，部分是由于造船技术的发展，让经营者能够实现规模经济并降低劳动力成本；部分是由于石油作为主要散货和能源的地位超过了煤炭；部分是由于金融和公司商业实践的变化。海上实践的许多创新都是在第二次世界大战期间构想，但只是在大战之后才被完全阐述和“资本化”。国际海事组织（IMO）等咨询机构已经制定了应对灾难性故障和船舶上公开发现的可怕状况或可见环境损害的国际劳工和安全法规，但单个国家的执法阻碍了这些法规的统一应用。有时，监管机构的国际主义目标与成员国（或非成员国）的主权主张及其感知的经济利益发生冲突。

随着这些里程碑式变化的进展，航海对于历史性特定社会想象的体现这一理想海洋主题，诠释了这些变化带来的文化价值。这个理想化主题的特点是在一个敌对和苛刻的环境中自给自足，代表了向海洋历史和实践的转变，我称之为“自主”。个人行动和英雄主义的理想受到康拉德的赞扬，并在文化记忆中留下了深刻的影响。但现在的海船运载着被岸上的人全天候监控和管理的船员和机械，岸上的人扮演着奥林匹亚神的角色，通过电子方式从“云端”指导人类活动。科技的发展使得机舱和航行舰桥上的船员减少，以至于现在有些海员抱怨说，他们花了一生的时间磨炼出来的技能正在消失，他们觉得自己已经沦落到只能扫扫地、监视警报和完成没完没了的文书工作。曾经，“自主”的主题似乎是航海工作的必要条件，康拉德称之为“单枪匹马与比自己强大得多的东西进行的斗争”（1988：31），但在21世纪，物流业却在期待“海上自主水面船舶”（MASS）。“海上自主水面船舶”是一种
47 “在不同程度上可以无需人类干预而独立操作”的推荐船舶类别（IMO，2018）。在这个美丽的新世界，自主是指越来越大的远程操作船舶，甚至是人工智能（AI）控制的船舶，在全球物流链中作为消费品的运输船舶，在设计师的梦想中，这条物流链完全不需要人工干预。随着海上工作人员日益孤立并面临裁员威胁，对效率和监管审查的要求越来越高，这种海事工作者可感受到的紧张关系成为21世纪全球运

输中备受争议的“社会想象”，就像传奇历史上的“木船和铁人”一样。

约瑟夫·康拉德：《吉姆老爷》

约瑟夫·康拉德于1857年出生于乌克兰，原名为约瑟夫·特奥多尔·康拉德·科泽尼奥夫斯基（Józef Teodor Konrad Korzeniowski），父母是波兰人。康拉德11岁就成了孤儿，年轻时他来到了马赛港。尽管康拉德第一次是从法国出航，但他很早就决定，如果要成为“一名海员，那就当一名英国海员，别无他选”（Conrad，1988：119）。在英国商船队将近19年的职业生涯中，康拉德担任过熟练水手、服务员、三副、二副、大副和船长。他坐着帆船、双桅帆船、快船和汽船在英国和欧洲的航线上航行，穿过大西洋，绕过好望角，到达大洋洲和东南亚。1894年，康拉德得到了些许遗产，使他可以从海上工作退休，并开始认真发展沉思的、哲学式的海洋小说风格。康拉德的《吉姆老爷》（*Lord Jim*，1900年首次出版），只是一部半海洋小说，讲述的是一位普通英国商人高级船员的故事，他的职业生涯开始于“对远方大海的梦想以及对冒险世界中激动人心生活的希望”（Conrad，1996：9）。吉姆平凡而可敬的职业生涯结束了，但他担任巴特那号（SS Patna）的大副时，由于认为游轮在下沉，他莫名其妙地抛弃了800名从新加坡前往麦加朝圣的熟睡中的穆斯林。①

《吉姆老爷》是横跨维多利亚时代和现代主义美学的桥梁，开创了一个“通俗文学海洋生活”（Conrad，1996：9）的冒险叙事时代，其中质疑了个人精神和英雄主义。相反，正如弗雷德里克·詹姆逊（Frederic Jameson，1994）所指出的，反英雄（anti-hero）吉姆的情节剧伴随现代主义文学的“分歧”特点而分裂。同时，小说还展示了殖民地商业网络收集和传播信息的效率。20世纪早期，殖民地港口的本

① 1880年7月，新加坡汽船公司的英国轮船“吉达号”从槟城驶往阿拉伯海的吉达。“吉达号”载有将近一千名前往麦加的朝圣者。报道称，8月10日，除了英国船长和他的妻子以及几名欧洲管理人员乘坐救生艇逃生外，“吉达号”和其他所有人都失踪了。“辛迪亚号”救起了救生艇上的“吉达号”管理人员，同时，报道失踪的“吉达号”被“安特诺尔号”拖到了亚丁。随后的听证会得出结论，“吉达号”虽然受到恶劣天气的破坏，但没有沉没的危险。船长和管理人员受到了暂停或吊销执照的惩罚，整个英文文化圈的报纸都报道和讨论了这起事件和审判。参见诺曼·谢利（Norman Sherry），《康拉德》一书中的“朝圣船事件”（1996：319—358）。

地代理商和大城市经纪人组成的网络将遥远的港口连成一体，并将不同民族、航运公司和贸易编织成一个有效的商业网络，产生了巨大的社会和文化影响。

48 吉姆的堕落在小说的开头就已经完成。他被介绍从事一种“美丽而人道的职业”——“水务员”，即东部殖民地港口的船舶代理人。康拉德小说中的讲述者，马洛（Marlow）船长，解释了一个好的水务员对这个行业的重要性：“对船长来说，他像朋友一样忠诚，像儿子一样细心”（Conrad，1996：7）。马洛是他的海洋社区的代表，有着海上传统的，甚至是怀旧的兄弟情谊。小说的大部分篇幅集中在马洛船长如何试图拼凑出吉姆不光彩的表现上。他推断称，毕竟，吉姆“是那种合适的人，是我们中的一员”（50）。对于马洛和他的圈子（或许还有康拉德）来说，吉姆在巴特那号上的经历所造成的共同创伤，代表了一种理想化的、逐渐消失的责任感和荣誉感，与现代主义逐渐渗透的不确定性之间的界线。马洛以一种霸权主义的声音谈到了意识形态上的传统航海技术，他称之为“手艺”，更含糊的是，他似乎想要保留：“我对（吉姆）感到愤愤不平，就好像他欺骗了我，骗了我！使我失去了继续保持我最初幻想的大好机会，仿佛剥夺了我们共同生活中的最后一丝光彩。”（81）马洛和一些读者的沮丧充分说明了这本书如何在人们毫无防备的情形下，并未描述男子汉的奋争、冒险，以及詹姆逊（Jameson，1994：214）所说的“这本书的‘主题’是我们应该从伦理的角度去诠释的勇气和怯懦……”的观念。相反，这个“故事”变成了一个集体误解的案例，故事中的角色不知道他们所占据的意识形态地位不再需要他们的服务，虽然他们所处的行业仍然需要。

玛格丽特·科恩（Margaret Cohen，2010）在《小说与海》中，将“手艺”说成是一种“精神”，以她令人信服的从早期现代商业和探险航行的记录中提炼积累的实践知识和态度为代表。① 科恩把吉姆的默默无闻解读为康拉德对他以前所从事

---

① 水手的手艺是航行、航海和海上工作的“完全、完整或完美的知识”（科恩［Cohen］，2010：40）。它重视集体努力，并且“灵活和务实……随时准备采用任何权宜之计，包括耐心等待、遵循先前智慧、大胆行动或创造性地应急操舵”（58）。然而，手艺也是“非道德、工具化的”（26），具有“用于法律之外的善、恶或非道德行为的潜力”（88），是“一种既可服务于善也可服务于恶的能力”（96）。因此，它不仅为英勇的海员服务，也为海盗及其可能的后代，即资本主义跨国公司服务（参见海耶斯［Hayes］，2008）。

行业的冷酷说法的认可。她写道，“吉姆没有闪耀的光芒，因为手艺已经消失”，但她也意识到一些条件的出现，我认为，这并非预示着手艺在海上的历史或物质“损失”，而是预示着物流和信息化经济出现后海事工作者的实际地位；她写道，“马洛的探索……使得主人公的抗争，如同读者一样，只是在于信息协调”（Cohen，2010：207）。协调信息，即坐标和信息，是20世纪早期通过电报连接的船运代理网络的一个重要方式，在后来的几十年里，它成了现代资本主义商业中互联网驱动的物流网络的模型。这样看来，弗雷德里克·詹姆逊的观点更有道理。詹姆逊写道，作为一个“关于勇气和怯懦的故事，一个道德故事”（甚至是一个关于传统航海方式“丧失”的故事），“小说的表面或明显‘主题’不能只从表面上看，就像做梦者在清醒时对梦的直接感知一样”（1994：217）。

因此，要“疏离”吉姆失败的反英雄主题（而不是与马洛和他的密友混淆）， 49
就是要问为什么我们“假设，在资本主义中，对……荣誉问题的美学演练不需要任何辩解，并应该……会让我们感兴趣”（217）。和马洛一样，康拉德在他自己后来的证据中也抵制了他明知已经广泛开展的航海实践的变化。在小说的结尾，吉姆的悲壮赴死被描述成一件愚蠢的、荒谬且毫无意义的事件。康拉德预见到了资本主义所要求的手艺的世俗化，因为它取代了他把航海作为一种艺术的美学理想，代之以工程师的严格但毫无意义的精确：

> 我想，我可以正确指出昨天仍然和我们在一起的海员以及明天已经获得遗产继承的海员之间的区别……乘坐一艘现代轮船周游世界（尽管我们不能轻视它的责任）并不是同样的性质……它不那么个人化，也是一个更准确的呼唤；不那么艰巨，但也不那么令人满意……它的影响在时间和空间上都被精确测量，而艺术的任何影响都是不可能测量的。
>
> （1988：30）

轮船

对于康拉德来说，帆船的桅杆和帆桁是“船舶机械的高耸结构”，在“船体微

图 2.1　巴拿马货船外观。© Sam Shere（萨姆-希尔）生活画集 / 盖蒂图片社。

不足道的小点”之上（1988：36）。撇开美观不谈，超大型的帆船设备限制了载货空间，并阻碍了下面的甲板。为了货物装卸的方便，轮船的船体被分为几个货舱，每个货舱都有自己的舱口，因此可以在港口同时进入多个舱口（图 2.1）。此外，轮船可以使用安装在甲板上的蒸汽动力吊杆（每个舱口安装 2 到 4 个吊杆）自己快速装卸货物（Woodman，2010：147）。尽管到 20 世纪中叶，海洋工程和技术的新发展速度惊人加快，但其物质基础在 1900 年以前就已经基本就位。19 世纪早期，轮船和帆船一起出现，这两种船在过去的几十年里共享航道，并在贸易上相互竞争。电报电缆很快将殖民地港口与欧洲主要市场连成一体（150）。但 1869 年开通的苏伊士运河以及铁路和蒸汽驱动的不定期货船，最终在 20 世纪初终结了帆船的商业实用性（Miller，2012：69）。随着世界贸易量在 20 世纪初增长近十倍，这些新技术为“常规、更安全、全天候、快速和越来越低成本的运输”打开了世界市场（69—70）。

20世纪轮船的制造是为了装货，而不在乎传统的美观或船员的舒适，水手们 50
抱怨说：“蒸汽船既潮湿又不舒服，根本没有考虑船上的工作和船员的基本需求”（Woodman，2010：148）。康拉德表示了反对：“人与海之间加上了机械设备、钢铁、火和蒸汽。”（1988：72）这一观点也得到了帆船船长查尔斯·布朗（Charles W. Brown）的认同，他在1925年的文章中批评了只知道轮船的年轻水手。布朗船长和许多人一样，也讨厌轮船、憎恶愿意在船舱工作的人，他回忆起童年时与他一起航行过的帆船高级船员和普通船员：“**男人**，大胆、勇敢、冒险的男人。”（引自格力德［Grider］，2014：110—111；按原作者加粗）工程师从一开始就是对传统船上权威的一种威胁，因为“甲板上的高级船员们看到……工程师有‘夺取习惯和传统赋予他们特殊能力的领域’的潜力”（坎贝尔·麦克默里［H. Campbell McMurray］，“海上的技术和社会变化：大约1830—1860年船上工程师的地位和职务”，引自迪克森［Dixon］，1996：232—233）。

船上工程人员有两种类别，“一种是‘铲煤工’，另一种是轮机厂商派遣的人 51
员，具有锅炉厂商、磨坊工人、车工和机械师背景”（Dixon，1996：231）。尤其是后者，被视为设备的一部分，他们本身几乎被当作轮机零件，并非马上被认为是船员。轮船出现之前，船舶上有高级船员、初级船员、普通海员以及木匠、帆匠、厨师等，但轮船需要工程师，以前的全才海员被分为消防员、铲煤工、甲板人员（负责船外工作）、轮机组员（负责轮机工作）和侍候高级船员和乘客的乘务员。“普通”甲板海员变得不那么必要，他们的技能也变得不那么有价值。到20世纪初，“海员只占轮船全体船员的25%左右。简而言之，工程师和消防员取代了真正的‘水手’，水手们有理由担心他们在海上的未来了”（Grider，2014：119）。除了传统的偏见之外，消防员和铲煤工有时比甲板上的同事挣钱更多，还有更大的岸上自由。在发动机室工作通常“报酬更高，但它迫使人们习惯于在船体内陈腐的空气中工作，他们必须在那里学习如何执行新任务”，比如管理燃煤炉以保持燃烧均匀和清洁，以及防止煤炭燃料在一艘颠簸的船上来回滑动（125）。

新的商业模式充分利用了轮船可以向任何方向航行、货物处理方便快捷的巨大优势。轮船快速高效的货物装卸能力和更少的船员减少了在港口的时间，节省了靠

图 2.2　墨尔本维多利亚码头装运的成捆羊毛。© 环球历史档案馆环球影像集团 / 盖蒂图片社。

泊成本，增加了利润空间。今天，与快速集装箱货物装运相比，一大群装卸货物的码头工人似乎表现的是劳动密集型和效率低下，但蒸汽动力散货船却因其实用的设计和以更大的容量实现规模经济而有着显著的优势（图 2.2）。轮船及其经营公司影响了世界经济的发展。在北美或阿根廷种植的大量谷物可以快速可靠地运往欧洲港口，而在缅甸和中南半岛种植的大米则可以散装运往印度、欧洲和美洲市场。但班轮公司对港口及其基础设施提出了很高的要求，而且往往为公共费用。为了使港口能够提供定期班轮所需的大量快速服务，需要在港口设施和内陆运输方面进行大量投资，包括河流或铁路连通、当地劳动力可用性以及足够数量的正确泊位类型和货物处理空间。因此，大型班轮公司被吸引到能够满足这些需求的港口。有能力定期为大量船舶提供服务的港口往往是有着悠久水上贸易历史的城市。在某些情况下， 52
新港口的发展将内陆系统与全球深海运输网络连成一体，但在许多贸易中，现代航运基础设施只是巩固了长期存在的殖民贸易网络（Miller，2012：71）。

马尔科姆·洛瑞：《群青》 53

马尔科姆·洛瑞的半自传体小说《群青》(*Ultramarine*，1933 年首版）以“一战”后远东贸易中的一艘普通煤动力货船上的生活为背景。洛瑞的小说与当时出版的其他小说中的一些正式实验相似，但在他的跨国多语种不定期船——远离原始豪华客轮的世界上，日常实践摒弃了现代主义（和全球主义）幻想的圆滑流畅，揭示了全球首都中心的肮脏和半组织的混乱。洛瑞深受诺达尔·格雷格（Nordahl Greig）和康拉德·艾肯（Conrad Aiken）的影响，这两人都在 20 世纪 20 年代写过以年轻男性为主角的海洋小说（Aiken，1927；Greig，1927）。1927 年，洛瑞从英国剑桥的公立学校毕业后，受到尤金·奥尼尔（Eugene O’Neill）和约瑟夫·康拉德作品的启发，说服父亲允许他在间隔年进行一次海上航行。他的父亲安排了这次航行，但几乎是灾难性地用家里的豪华轿车将马尔科姆送到了船上。小说对这一事件进行了描述，它逗乐了船上经验丰富的水手，但却强化了《群青》中年轻主人公的“局外人”身份（Lowry，2005：5）。洛瑞的航海成长小说从同时接受手艺的模糊性和工业机械的诱惑的后康拉德式立场出发。小说讲述了一艘船到达并短暂停留在一个不知名港口，但船或港口的路线或位置无关紧要。19 岁的英国主人公第一次出海，他叫德纳·希里奥特（Dana Hilliot），取自美国航海成长小说《航海两年》（1840）的作者理查德·亨利·德纳（Richard Henry Dana）。德纳的经验缺乏和“高贵”的教养给被称为“俄狄浦斯王号”上的那些自命不凡更有经验的人带来了乐趣，他们嘲笑他是“纨绔”。那些讲多国语言的船员，虽然主要是欧洲人，嘲笑德纳“没用，我们根本不知道你是哪种人，就是个假娘们”，并嘲弄说，“去海上玩的人会为了消遣而下地狱”（Lowry，2005：16：20—21）。这艘船的跨国历史可以从以前注册处遗留的标志和铭牌中看出：“这艘船首先在特维德斯特兰德注册，然后被一家英国公司购买，进行了重新注册……然后被挪威购回；之后英国再次购买，完成修整后，得到了一份租约。”这艘船再次启航，驶向异国他乡，很少用“Matroser”（丹麦语海员）代替“海员”，也很少用“Fyrbötere”（瑞典语消防员）代替“消防员”（53）。

德纳强烈地感受到劳动给他带来的身体负担，在他邋遢肮脏的工作中没有浪漫或“魅力”，也没有任何手艺的荣耀：

> 汗水中夹杂铁锈和煤尘，我铺好床铺，里面全是我工作服上掉落的碎屑。然后我还得凿绞车的底座……我躺着的麻袋好像在灼烧我的腹部，我的手腕没
> 54 有回旋余地，每次与反向齿轮接触都会擦伤。绞车上的油漆和燃烧的油滴在我脸上，和汗水混在一起。
>
> ——（Lowry，2005：81）

在沉思的时候，德纳对船和海的观察十分简明，但远未到优美或崇高的境界：“在远处，船头做了船头该做的事，向后倾斜，然后又一遍。”船单调的晃动与往复式发动机形成了鲜明的对比，它“在下面的某个地方愉快地跳动着”（Lowry，2005：22）。发动机的“轰隆—轰隆—轰隆—轰隆”贯穿全文。尽管发动机状况不错，但船在航行时当然还记下了海洋环境，小说紧接上一句写道：“无尽的水和垃圾从船生锈的一侧溅向黄海……俄狄浦斯王号从它那巨大的烟囱中喷出黑烟，恶臭的黑烟……这是所有愉悦宁静中唯一的污迹。”（22—23）与甲板上的场景不同，发

图 2.3　拉斯卡（印度或东南亚）的司炉工在半岛东方（P&O）轮船的发动机室加煤烧火。© Reinhold Thiele Hulton Archive / 盖蒂图片社。

动机室里嘈杂、炎热的空间是情色魔力和恐惧的来源（图 2.3）：德纳从上往下注视着发动机，一阵巨大的噪声撞击着他的大脑，

> 看着杠杆的重量和支点的巧妙运作，打开又关闭隐藏的机械装置以如此难 55
> 以理解的精确性运行，真让人感到丢脸！他想起了机械旋转时发出的当啷声，它们用强大的力量镇定地抓紧转动螺丝的穿透轴，给船带来动力和生命。
>
> ——（Lowry，2005：23）

甚至在岸上的时候，他的耳边还是会回响起机器声，表明了一种机械的、尽管只是稍微让人安心的连续性。德纳被他在食堂服务的厨师和海员拒绝后，被发动机室的

消防员吸收，他“似乎从生活中得到的乐趣比海员多，而且不知怎的变得更好，以某种奇怪的方式更接近上帝”（Lowry，2005：23）。“俄狄浦斯王号”的航行是一个过渡过程，虽然洛瑞对实验风格的运用和他对“难以理解的精确”的情爱迷恋激起了康拉德对未来的不屑，但这艘旧船属于过去。1900 年的《吉姆老爷》和 1933 年的《群青》都认为它们所代表的海洋的文化价值已经改变。

全球化、合并和扩张

第二次世界大战前，就像许多工业国家一样，为欧洲贸易公司打开市场的货船也是以煤炭为燃料。但是，用石油代替煤炭进行加热和提供动力的趋势，加上世界汽车市场的兴起，在 1913 年到 1937 年间带动石油消费增加了 6 倍。英国皇家海军于 1905 年开始使用燃油锅炉，并在整个商船队中广泛使用。为确保海军能够获得石油燃料，1914 年，温斯顿・丘吉尔（Winston Churchill）通过谈判获得了英国波斯石油公司 51% 的股份，该公司是英国石油的前身（Paine，2013：543）。在远离欧洲消费市场的拉丁美洲、波斯湾和东南亚等地开发出了油田。1914 年，石油运输约占所有海上贸易的 5%，到 1937 年则迅速上升至 21%（Miller，2012：250）。

海上石油运输有了重要的战略意义，同时为了确保偏远的生产地点与炼油厂和消费者之间的连接，石油公司试图通过建造自己的油船来控制运输基础设施。由于散装液体的运输成本很高，而且用管道将炼油产品输送给消费者也很困难，19 世纪末，俄国的石油生产商率先使用了“储罐船”，即油轮（Tolf，1976：52）。此前，
56 石油生产商一直用桶装或金属罐装方式通过帆船和散货轮船运输产品。为英国标准石油公司建造的“格鲁考夫号”（Glückauf）是第一艘专门建造的远洋蒸汽油轮（尽管是以煤为动力），该油轮在首航中就用大油罐携带了 910221 加仑的石油（78）。英国等容易获得煤炭的国家倾向于更长时间地保留以煤为动力的船舶，而挪威、荷兰、俄国和日本等国因为依赖其他国家为船舶提供动力，因此迅速转向石油和柴油动力。用相对清洁的燃油代替煤炭为船舶提供动力对于船东的好处是，船舶更清洁，船员人数更少。燃油船不需要司炉工和扒炭工为锅炉提供液体燃料。尽管如此，1935 年，煤炭仍然驱动了世界上 80% 的货运和客轮贸易（Paine，2013：544）。

图 2.4　一架由布里斯托直升机集团所有的威塞克斯直升机飞过壳牌公司的梅拉尼娅号（Melania）油轮上空。该集团使用直升机运送机组人员、飞行员和工程师，并向超级油轮发送邮件。© Hulton-Deutsch Collection / CORBIS / 盖蒂图片社。

如《群青》中所述，第二次世界大战有效宣告了小型船舶和小公司的终结。虽然 20 世纪仍然有不定期船和家族式航运公司，但战争确实改变了航运业。迈克尔 · 米勒（Michael B. Miller，2012：282）认为，战争期间的一个决定性因素是成功地组织和应用了海事从业人员的知识："关键问题不在于弄到船，而是要知道如何使用船。"航运和装卸公司的经理是防止港口拥挤、船舶延误、货物和劳动力问题的专家。20 世纪货物运输方面的所有重大变化都源于战争期间进行的后勤实验：受登陆艇启发的滚装船；美国供应服务广泛采用的托盘化；从将一箱箱货物捆绑到船舶甲板上以最大限度提高载货能力演变出来的集装箱化（288）。第二次世界大战结束后，战争中获得的知识，加上过剩的自由船和 T-2 油轮的快速销售，为奥纳西斯、尼查罗斯和麦克莱恩等新船业大亨提供了建立改变全球海洋的庞大船队所需的良好开端。

20 世纪下半叶，油轮船队的扩张占据了世界船舶吨位巨大增长的最大份额（Miller，2012：307—308）。石油和专用干散货船的快速增长改变了船舶设计和公司组织。从 20 世纪中叶到 70 年代，欧洲的石油进口增长了 10 倍。单一产品的液体和干散货船在将单一货物从一个固定地点运送到另一个固定地点时，例如从油田到炼油厂，不需要前几代散货船和小型油轮的多功能性。建造一艘巨型船比建造几艘小型船便宜，而且在减少人员配备和维护规则方面，船员和操作费用更省（308）。20 世纪 30 年代，典型的煤动力不定期货船排水量可能达到 5000—6000 吨，而第二次世界大战时期建造的油轮排水量约为 21000 吨。到 20 世纪 60 年代，新远洋油轮的吨位接近 20 万吨。

57 1979 年，按某些标准衡量是有史以来建造的最大的船——“海上巨人号”油轮下水，装载排水量为 646642 吨（USCG，无日期）。与此类似，典型的干货船的装载排水量从 20 世纪 50 年代的 1.5 万吨增长到 70 年代的 20 万吨。达飞轮船集团的本杰明富兰克林号（Benjamin Franklin）是 2018 年海上最大的集装箱船之一，长 399 米，排水量超过 237000 吨（USCG，无日期），可以装载 18000 个 20 英尺集装箱。但如今海上最大的船舶不是集装箱船或油轮，而是在巴西铁矿和中国钢铁厂之间的固定航线上航行的散货船。362 米高，重达 402347 吨的“巴西淡水河谷号”使早期的货船和油轮相形见绌（Det Norske Veritas，无日期）。随着这些巨型船舶在 20 世纪的发展，船队的数量（和船员）在减少。1968 年至 1975 年期间，英国船队的大型船舶数量从 4020 艘减少到 3662 艘，但总体而言，船队的总载货能力从 2190 万吨增加到了 3320 万吨（DeSombre，2006：80）。

58 集装箱化

1956 年，美国卡车企业家马尔科姆·麦克莱恩（Malcolm McLean）预见到将油轮经营者的逻辑应用于运输散杂货物的价值，他改造了一艘小型油轮，用固定在甲板上的铝集装箱装运单独的货物。他的创新船“理想 X 号”在某种程度上代表了一种革命性的见解，但它是长期发展的产物①。他真正的创新，虽然他当时还没意识到，是把一趟典型的散货航行中无数小的和大的不同种类的货物想象成一种单一的商品。尽管关于麦克莱恩成功的故事有很多版本，但它们都有一个共同的说法，那就是，一个努力工作、沮丧的卡车司机必须等待他的货物被卸下、分拣、装上托盘，然后运到码头边，再装上轮船。关于他的灵感，麦克莱恩后来写道，他想，“如果可以把我的拖车举起来放到船上，而里面的东西不会被碰到，这不是很好吗？”（Allen，1994：13）

19 世纪末，石油公司从用 5 加仑罐装的板条箱运输石油，发展到用专门的船只，再到专门的港口设施来运输大量散装液体货物，集装箱化同样改变了干货运输业。新模式通过专业化的船舶设计，基本上将个别货物视为散装货物的集合。与几百年来货轮用自己的装备来装卸成千上万的产品不同的是，“集装箱船”在一个专门的中心港口使用非常专业和昂贵的设备进行装卸。货物被装入适合特殊导轨尺寸的同等大小的金属盒，导轨采用特殊“扭锁”销进行固定。

麦克莱恩把货运简单地视为“增加产品成本的东西”，在他的职业生涯中，他一直在竭力减少这种附加费用（Allen，1994：15）。随着海陆一体化的出现，集装箱化下的“海事”甚至也有了不稳定的含义（Miller，2012：320）。麦克莱恩的公司名称——“海陆”预见到了物流革命的这种影响。1955 年，麦克莱恩在监管局注册他的泛大西洋轮船公司时表示，他把轮船视为运载拖车的“海上牵引器”，突出了他对海上运输传统的突破。把他的轮船公司的名称从“泛大西洋”改为更为具体的“海陆”是他的第二项重大创新：“多式联运”货运，即仅由托运人包装一次，在客户收到之前不再打开包装。

杂志和书籍大肆宣扬了马尔科姆·麦克莱恩白手起家的故事，但除了给海洋运输带来革命性改变之外，麦克莱恩还是杠杆收购的先驱。这种破坏性金融工具从根本上改变了 20 世纪 80 年代和 90 年代的公司金融以及全球资本主义经济。麦克莱 59

① 有关集装箱的悠久历史和海运集装箱文化后果的近期批判性研究，参见克洛泽（Klose，2015）。其他批评性较弱的关于海运集装箱化的书籍，主要是从美国的角度出发，包括莱文森（Levinson，2016）以及多诺万（Donovan）和邦尼（Bonney，2006）。

恩的泛美轮船公司买下了母公司的所有船舶、船坞和码头，其中他的融资额超过了购买价格的 80%（Klose，2015：89—90）。同样，增加船型尺寸以形成规模经济的趋势导致了集装箱贸易中设备改造的高昂成本，也增加了建造船只所需的资金。以前，船东会用接近 100% 的股权建造或购买一艘船舶，但到 20 世纪 70 年代，银行贷款最高占到了新船成本的 90%。投机性船东建造的船舶越来越大，因为“用一年的航次偿还抵押贷款，然后再把利润投入新船订单中，这并不困难”（Miller，2012：309）。但是，由于航运能力超过了货物需求，20 世纪 80 年代，许多船只被从破产的船东手中收回。由于把收回的船只当废品卖掉没有任何好处，因此这些船只的新船东（政府或银行，而不是 20 世纪上半叶精明的海事运营商）继续使用这些船只，加大了费率的普遍下行压力（DeSombre，2006：80—81）。由于银行家通常对高效船舶运营所知甚少，因此他们聘请第三方管理公司进行运营以获得盈利。这些船舶管理公司很快意识到，扩大船队规模可以获得丰厚的利润，随之出现了专门的子公司来处理船员雇佣（人际关系）、船舶维护以及船队管理等方面的工作。以前是由航运公司办公室或船长直接雇用船员，现在普遍通过委托与海员社区或与海员签订合同的航运公司没有任何关系的独立航运代理机构来雇用海员（81）。

集装箱货运取代了“多式联运”和“物流”的代代相传的传统运输技术和文化方式（Miller，2012：320）。全球化使海洋运输成为运费在其中通常无关紧要的更大运输链中的关键部分，因此，船舶的巨大规模和资本支出使得船舶对全球经济更加重要。但矛盾的是，船舶重要性的基础在于其庞大的规模和低运营成本带来的节省，这些可以使得大宗商品驱动的供应链达到近乎无成本的运营。最终，麦克莱恩和其他人的贡献是“将海洋缩小为一个高速公路系统，从本质上说，是使海洋干涸”（Klose，2015：103）。

国际法规从《国际海上人命安全公约》到国际海事组织

早期的海上运输是在一种自由放任的环境中发展起来的，在这种环境中，人们经常把贸易中的许多危险视为事情的自然过程（Boisson，1999：45）。大多数创建和协调法规的早期尝试都来自历来都尽量保持不受政府影响的私人社区

（Silverstein，1978：11）。最终形成了一种体制，即通过保护船舶和货物、弥补损失来鼓励贸易，其原则是进行商业金融投资的各方必须承担各自的责任，而且在重大环境灾害成为一个影响因素之前，他们被认为是唯一拥有海上损失的任何合法利益的当事人（Boisson，1999：48）。为了管理自身的风险，海事保险公司推动了船级社的发展①。保险公司和船级社共同努力，收集有关个别船舶的情报资料，编制按船龄和船况评级的船舶清单，并向其成员和合作伙伴保证有关特定船舶的风险水平。但是，在协调每个贸易国自有船舶的国家习惯和法律方面，几乎没有开展任何标准制定的工作。整个 19 世纪，各国通过的立法主要是基于对该国所遭受重大损失的反应，而不是对危险和条件的前瞻性研究，“甚至也不是对整个世界船队所遭受伤亡的客观评估”（Cowley，1989：113）。 60

20 世纪早期，火灾和事故导致了岸上工业的重大生命损失，迫使政府对国内工业施加一些控制，类似的海上灾难最终“迫使各国政府放弃某种程度的国家控制，以更多地依赖国际解决方案”（Silverstein，1978：13）。1911 年，纽约三角衬衫厂（Triangle Shirtwaist Factory）发生火灾，导致 146 名制衣工人丧生，其中大多数是新移民，还有很多是儿童。当得知消防出口和楼梯井被锁上以防止工人擅自休息时，公众非常愤怒。一年后，也就是 1912 年 4 月，皇家邮轮泰坦尼克号在纽芬兰岛附近沉没，一千五百多人丧生。当时，有关救生艇数量不足以容纳船上乘客的报道再次令公众感到震惊。美国参议院的罗伯特·拉弗莱特（Robert Lafollette）明确表示了其中的联系：

> 没有人会说，把人们塞进剧院或衬衣厂，然后锁上门是安全的做法。而如果把满满的旅客塞进一艘轮船，却不带任何可以在需要时迅速安全撤离的工具就把它驶离港口，这不是更危险吗？
>
> （引用自 Fink，2011：96）

① 许多船级社今天仍然存在：挪威船级社（DNV；丹麦）、劳埃德船级社（LR；英国）、德国劳埃德船级社（GL；德国），法国船级社（BV；法国），最后是美国船级社（ABS；美国）。

在皇家邮轮泰坦尼克号海难之后，海上安全和劳工改革都取得了不可阻挡的势头（Fink，2011：95）。1914 年 1 月，第一届国际海上人命安全公约（SOLAS）大会在伦敦举行，讨论无线电报、包括救生艇在内的救生设备、船舶的建造和信号协议（《国际海上人命安全公约》，1914）。执法权留给了签署协议的民族国家，而
61 且只能在这些国家的港口和旗下注册的船只上执法。在美国，海员工会领袖安德鲁·弗鲁塞斯（Andrew Furuseth）反对该条约，他预测资本投资将流向成本最低、监管最少的船旗，从而夺走海员的工作以及在使船舶更安全方面取得的任何进展。在参加伦敦会议的 13 个代表团中，只有 5 个国家批准了该公约，即英国、荷兰、挪威、西班牙和瑞典（Phillips & Sirkar，2012：27）。由于第一次世界大战爆发，1914 年的《国际海上人命安全公约》从未完全生效。尽管如此，《公约》鼓励英国、法国、美国和斯堪的纳维亚国家制定更广泛的国家法规，以提升海上安全（Boisson，1999：54；Cowley，1989：114）。随后，1929 年和 1948 年的《国际海上人命安全公约》进一步扩展了 1914 年的公约，首批 18 个国家和随后 30 个国家同意采用国际议定书。

便利旗：巴拿马和利比里亚

由于国际法规主要将执法责任留给了船旗国，《国际海上人命安全公约》等公约无法强制各国普遍遵守。这就推动了弗鲁塞斯所预测的“逐底竞争”，因为船东和货主寻求成本最低、监管最松的船旗，以便在这些船旗下注册船舶并运输货物。战争的危险也鼓励了“船旗出籍”的做法。第一次世界大战期间，石油和汽油成为至关重要的战略商品，油轮成为首要目标。英国和美国通过新的造船计划大幅扩大了它们的船队：美国参战后，为了以“中立”的旗号航行，许多现有的船只都进行了重新注册，主要是巴拿马船旗，也有一些选择了其他中美洲和南美洲国家。

第一次世界大战开始时，全世界的油轮船队大约为两百万吨的运载规模。从 1919 年到 1921 年，仅美国船厂就生产了 316 艘新油轮，总计刚刚超过 300 万吨（Devanney，2006：19）。随之而来的战后供过于求的局面创造了机会，石油公司和投机性独立运营商迅速成为拥有大型船队的全球性公司。巴拿马与美国的密切关系

吸引了被禁止将其新获得的战争盈余船只与其他悬挂美国船旗的船只进行直接竞争的美国船东（Carlisle，1981：20—21）。1925年，巴拿马通过了有利于船东的新法律，巴拿马领事馆为外国公司提供了方便的远程注册。1935年，新泽西标准石油公司（埃索石油）成立了一家新的巴拿马公司，名为巴拿马运输公司，将其船旗从但泽（波兰）转到巴拿马（Carlisle，2013）。在埃索石油船队中获得船只使巴拿马船旗具有全球合法性，因此巴拿马政府努力保留埃索石油船只并吸引其他公司船东（Carlisle，1981：58—59）。到1939年，巴拿马船旗在航运界被公认为“方便” 62
的注册标志（70）。但20世纪40年代的劳工运动和政治不稳定性威胁到这种操作。欧洲国际运输联合会（ITF）在考虑抵制巴拿马船队。同时，1947年的骚乱持续了一周，随后是1948年有争议的总统选举，这让美国船东担心巴拿马方便旗（FOC）系统可能不像他们希望的那样稳定（112）。

第二次世界大战之后，就像上一代的做法一样，美国有外交政策关系的油轮船东为了寻求更有利的条件，在西非国家利比里亚设立了新船旗。战争期间，美国官员担心利比里亚会成为通过巴西入侵美洲的“跳板”，因此美国海军建造了一个小型设施，保护蒙罗维亚的主要港口。1947年，罗斯福（Franklin D. Roosevelt）时期的美国国务卿爱德华·斯特提纽斯（Edward Stettinius）拥有的一家公司与利比里亚政府达成了一项利润分享协议，该公司的子公司“利比里亚公司”在利比里亚开展业务（Carlisle，1981：116）。1947年到1949年，斯特提纽斯和他的助手一边经营巴拿马注册的美国海外油轮公司（AOTC）（120），一边积极撰写《利比里亚海商法》。该文件经过精心设计，以满足战后石油公司和油轮船主的需要，并在由埃索石油和美国其他航运和银行利益集团的高管审查后，于1948年12月成为利比里亚法律（Carlisle，1981）。

船舶注册贸易的繁荣已经蔓延到巴拿马和利比里亚以外的地方，尽管这两个国家今天仍然是主要的“方便旗”国家。对于船东和提供“方便”旗的国家来说，这是实实在在的好处，许多公司如雨后春笋般出现，以在监管松散的国际贸易环境中分一杯羹。伊丽莎白·德桑布雷（Elizabeth R. DeSombre，2006）写道，21世纪初，巴拿马的船舶注册费占了国家预算的5%，而在利比里亚，在内战（1989—2003

年）之前，注册收入占国家预算的 10%，在内战期间则高达 90%。最近的数据显示，利比里亚注册收入占全年总收入的六分之一。塞浦路斯注册每年的价值为 1000 万美元。提供便利旗服务的国家通常会聘请专业船舶注册公司来管理其账户，其中许多公司在美国以外运营。“国际注册处”是一家总部位于弗吉尼亚州的公司，负责马绍尔群岛船旗的日常业务，直到最近还负责利比里亚的日常业务。该船舶注册公司除了向船旗国提供资金外，也是一家盈利的企业；国际注册机构从总收入中获得 18% 的佣金。对于那些实行所谓“开放”注册的国家而言，目前几乎没有什么缺点（DeSombre，2006：78—79）。

63 弗朗西斯科·戈德曼，《普通海员》

在《责任与叛变》一书中，杰夫·奎利（Geoff Quilley）提出了一个在 21 世纪和 18 世纪都正确的观点：“作为一名职业生产劳动者，（水手）必须与社会分离。从这个意义上说，他的文化身份被定位于某种程度的想象。”（2000：82）当物流公司宣传风一般的连通性和无摩擦、几乎零成本的运输服务时，海员被推到了公众代表和社会的边缘。现在，孟加拉国吉大港和印度阿朗的有毒海滩上，破损船只搁浅和其他船只被“回收”的标志性新闻图片已经取代了 18 世纪的英雄般船只的画像。海事工作者“在物质和体力劳动被抹去的同时，模糊地保留了视觉痕迹”（Naimou，2015：49）。

21 世纪的第一部海洋小说是弗朗西斯科·戈德曼的《普通海员》，虽然早在 1997 年就已经出版。小说描述的是一群中美洲人被派往停泊在纽约布鲁克林的一艘船上的故事。迎接他们的是“亡灵之船”，一艘“死船，一堆形似船的惰性铁”（Naimou，2015：54；Goldman，1997：38）。他们的新家是一艘被烧毁的巴拿马籍沿海货船“乌鲁斯”（Urus），由两名美国人在拍卖中买下，他们希望在阿丘亚尔公司的掩护下迅速获利。没有经验的船员带着很高的期望过来，他们认为这艘船很有前途。主人公埃斯特班（Esteban）看到的是“一艘外观完美、坚固、功能强大的船，他将在船上成就一番作为。谁会在意它停泊在荒凉的地方？再过几天，他们就要出海了，但这又有什么关系呢？”（Goldman，1997：20）

然而，对美国人来说，这种冒险从一开始就是一种骗局，其基础是利用国际监管的弱点和船旗国控制的漏洞。阿丘亚尔公司在开放注册的迷宫中运作，这是支持全球资本的复杂法律基础设施的一个方面。安吉拉·奈穆（Angela Naimou）写道：

> 在便利旗下注册船舶的交易是在正式经济中发生的交易，但其作为交易的价值来自它为船东提供的在非正式经济行为范围内经营的正式掩护，即从雇佣非法劳工到扣薪，再到用暴力手段控制劳动力。
>
> （2015：71—72）

在书中，船东兼未来船长伊莱亚斯（Elias）用一种令人窒息的乐观态度描述了这个计划，让人想起了年轻的“吉姆”对他想象中的海上冒险生活的迷恋。在这种对康拉德作品的模棱两可的主人公的呼应中，航海冒险英雄的意识形态立场的毒性跃然纸上。伊莱亚斯无可救药的计划徒劳无功，但这并不能减轻对所涉船员的致命 64
后果。伊莱亚斯阐述道：“在那些廉价的便利旗国家中选一个注册公司。招聘最便宜的船员，甚至让他们自己支付机票，在一个月到六周的时间内夜以继日地工作，快速修船。把开支控制在最低限度，让债务堆积如山。”（Goldman，1997：276）尽管他们的计划借鉴了经典海上探险的元素和美国“白手起家”的故事，并拐弯抹角地承诺将惠及所有人，但他们从未想过要实际将这艘船用于贸易。他们的故事是一个关于企业掠夺者的传说，一个来自20世纪晚期特定社会想象的人物。一旦船修好，伊莱亚斯和他的伙伴马克（Mark）就会马上将船卖掉，迅速获利：“这样一条像样的船**至少**能让（我们）得到50万美元。**然后**就可以支付船员、港口、设备租金和其他一切费用。”（276，原作者加粗）船员得到了很快就要起航的承诺，但目前他们必须留在船上，留在严酷和不断恶化的环境中，像囚徒一样，留在20世纪90年代末闭塞、偏远和危险的布鲁克林。

由于天气寒冷，没有电力和水，船员们只能靠越来越少的大米和罐装沙丁鱼维持生活，他们胡乱修理着被烧毁的控制发动机运转的电器面板。他们意志坚定，但是缺乏经验，他们“不知道真正的船和真正的船长究竟是什么样，他们表现得好像别无选择，只能相信船修好了就会起航。看看船上所有的工具！……这些都是在干什么用的，老哥？不然我们怎么会在这里？”（Goldman，1997：58）正如奈穆解释的那样，上了这艘船后，船员们变得“有点像”在不同类别身份之间漂泊：“他们变成了奴隶，但并不是真正被奴役；他们变成了海员，却没有起航，也没有收到工作文件；他们就像是没有国籍的人，但并没有正式失去他们各自中美洲国家的公民身份。”（2015：54）

《普通海员》虽然是一部小说，但它名不虚传：“普通海员”是船上甲板部门的入门级、技能最低的职位，遗憾的是，戈德曼小说中人物的经历并不普通。正如1999年海上保险会议上的一名演讲者所阐述的那样：“那些负担不起（或不愿）花钱维护船只的船东往往也不会在船员身上花钱。”（引自国际劳工组织和“海员国际研究中心”，2004：159）据估计，在欧洲港口定期交易的船舶中，有10%处于“不合格”状态，但仍在继续。国际劳工组织警告，“非洲、拉丁美洲、中东和远东许
65 多地方的水平必须大幅提高”（161）。虽然无良船主和共谋船长很容易受到指责，但国际劳工组织指出，问题是结构性的：“航运业的历史监管结构……已经支离破碎，因为船舶移籍到了没有能力复制老牌海运国家协商网的主权国家。”（163）弗朗西斯科·戈德曼在其致谢词中讨论了《普通海员》的背景。他在1982年写道，《纽约每日新闻报》上一篇关于废弃船只的船员报道引起他的注意。随后，在访问这艘船和位于曼哈顿下城的海员教会研究所时，他开始了《普通海员》的研究。后来他发现，真正的船主逃过了起诉，虽然被利比里亚登记处禁止再以该旗帜注册，但他们并没有停止努力：“令人感到惊奇的是，这艘船曾被扣押并作为废品拍卖给了布鲁克林的一家机械公司，然后又被那些倒霉的船主重新买了回来；还有一次，他们在史坦顿岛企图用同一艘船布置同样的骗局；然后又在加勒比海地区被抓到。”（1997：384）

在小说结尾，一次绝望的反抗行动中，几个骨干船员最终启动了轮船的引擎，将乌鲁斯号的缆绳从停泊处割断：“托马索（Tomaso）喊道，‘这就是为什么我们要偷这该死的船！让那个浑蛋船长陷入更大麻烦！’‘我们要回家了’，托马索·托斯塔多（Tomaso Tostado）又笑着高喊，金牙闪闪发光。”（Goldman，1997：376—377）尽管无人驾驶的船只是漂过盆地并撞上另一个破旧的码头，大多数船员都消失在布

鲁克林的街区中，但小说通过这种虚无主义的反叛行为拒绝边缘化或顺从化，向人们呈现出在 21 世纪美国的边缘地带，这些男性所被赋予的唯一叙事方式。《普通海员》是一部海上小说，摒弃了海洋、船舶、航行甚至是晚期资本主义的后国家主权思想的陈词滥调，以歌颂获得解放的船员的激进和集体自主性。

以物流为本体

物流承诺通过流动且无形的全球网络，实现货物、人员和信息的即时无缝沟通。正如一个供应商的广告所吹嘘的那样："物流使市场**活**了起来。"（Cowen，2014：203；原作者加粗）"物流空间" 力求让空间和距离变得更短。地理学家克里斯・康纳利（Chris Connery）观察到，物流本体论，他称之为 "湮灭主义"，"以 1990 年美林公司的广告为例，一张两页的公海海景照，上面写着 '对我们来说，这并不存在'。对于完全连接的控制论世界来说，纯海洋距离的物质性的确是需要被取代"（2006：497）。亚历山大・克洛泽（Alexander Klose）巧妙地总结了从物流角 66
度看到的 "世界图景"：

> 在货物和信息运输网共同创造的世界图景中，物质世界几乎是无实体的。如果互联网作为非物质的通信系统的概念成功隐藏了成千上万吨的电缆、电路板和外壳，那么集装箱世界的愿景就会使数百万吨重的金属像被施了魔法一样，仿佛没有重量和摩擦地在移动。最重要的是，正是通过这种标准化容器形成无摩擦、有秩序的组织形象，容器作为一种结构性隐喻才如此吸引人，唤起一个中性媒介的形象，一种信息、生产和消费在系统回路上的纯粹运动。
>
> （2015：75—76）

随着信息网的文化意义上升，供应链管理和物流公司迅速采用 "干净耐用的技术……最终将以很少的成本推广到各地"（Starosielski，2015：13）的互联网来比喻国际货运。政府监管部门和企业管理者一致认为，应尽可能清除全球物流系统中的干扰：就像电子电路中的 "噪声" 一样，这些干扰——无论是事故、设备故障或损

图 2.5　2011 年 10 月，悬挂利比里亚船旗的丽娜号因导航错误而搁浅，2012 年 1 月，该船在新西兰附近解体，导致 350 吨燃油和 100 个集装箱泄漏。© Handout Getty Images News / 盖蒂图片社。

坏、劳资纠纷，还是政治和环境抗议者的行动，都对系统的安全构成明确威胁。而另一些人，例如艾伦·塞库拉（Alan Sekula），坚持认为我们“要反对上流社会的白日梦，即信息是关键商品，计算机是我们进步的唯一途径”（2002：582）。

尽管现代人努力将海洋的不可预测性纳入“基于风险、分层和网络化安全的国家及国际一体化架构”（Cowen，2014：89），但海洋仍然是一个根本不稳定的空间。理想情况下，公众永远不会注意到海洋运输系统，但如果注意到了，那么它就会非常引人注目。社会和环境灾难让这个重要但基本看不见的商业基础设施大白于世（Klose，2015；Virilio，2007）。那不勒斯（MV MSC Napoli）号和丽娜（MV Rena）号的沉船事件（图 2.5）向电视观众诠释了环境破坏的毁灭性场面，瓦解了无摩擦运动的神话，因为那不勒斯号的航运集装箱被冲到岸上，致使消费者和个人家居用品散落在岩石遍布的英国海岸线上。塞库拉指出，“过去几年主要的大众经济斗争来自运输部门”，海洋世界是一个这样的世界，它“不仅有庞大的自动化，而且持续工作，有孤立、匿名、隐蔽的工作，伴随着巨大的孤独感、流离失所和与家庭分离”（2002：582）。

结论：机器人和记忆体 67

异托邦图像学的悠久历史，以及实际海上航行与浪漫或冒险情节在形式上的相似性，使得航海与个人奋斗和民族荣耀的英雄叙事联系在一起。然而，在全球化时代，“船即国家”的隐喻已动摇。21世纪最著名的海洋“文化幻想”是在充满怀旧的感性模式下诞生的，看似无休止地重复着航海幻想，例如《加勒比海盗》（2003—2017）、《黑帆》（2014—2017），甚至是极受欢迎的帕特里克·奥布莱恩（Patrick O’Brian）的奥布里-马图林（Aubrey-Maturin）系列历史小说（1969—2004）（2003年电影《怒海争锋》的灵感来源），在重新定义英雄幻想的同时，掩盖了当代海洋商业的现实，通常歌颂个人主义和男子气概行为实现的政治民族主义。另一方面，持异议的当代干预措施，即使是那些具有激进意图的干预措施，也会被卷入“一种危险的对物流抽象空间的设计和功能的模仿或复制”（Toscano，2018），并将工人感性地渲染为被异化或受害的劳动群体①。

海洋话语充满了浪漫和怀旧的色彩——每当把记不清的英雄主义浪漫化时，就 68
会抹去海员的生活经历。当考虑目前的情况时，批评者也不应该过多谴责许多改变，这些改变使得海员的生活变得更好、更安全、与家庭和社区更加紧密相连。“传统”为这个奇怪、孤立、短暂居住社区的许多元素赋予了价值。自给自足、个人成就和古老技艺的光环，可以吸引新人加入海上生活，但这些也可以掩盖持续存在的性别不平等、欺凌、性虐待和社会疏离，造成不可磨灭的伤害。英国海员代表团报道：“国际海员的自杀率是岸上工人的3倍，在工作中被杀的可能性是后者的26倍。”（The Mission to Seafarers，无日期）此外，全球化准数字基础设施的运作，引用罗斯·乔治（Rose George）最近关于该主题的畅销书标题，《一切的百分之九十》

---

① 有关那些有时能成功穿越这个危险空间的艺术家的信息，请特别参见塞库拉（Sekula）、布赫洛（Buchloh）和特德维茨当代艺术展览中心（1995）；塞库拉等（2010）；英塞尔曼（Inselmann）等（2007）；法夸森（Farquarson）和克拉克（Clark）（2013）。

图 2.6　2008 年 10 月 24 日，菲律宾海员职业介绍所的员工在马尼拉海员公园的招聘处工作。©Luis Liwanag AFP/Stringer/ 盖蒂图片社。

（2013），仍然取决于这个稀少且不断减少的男女群体的技能和孤独的坚持。尽管海上自主性的理想有所改变，但是船舶的日常运作在很大程度上仍是由船长和船员独
69 立负责。在美国、英国和许多西欧国家，这些吃香的高薪职位，需要广泛的专业和学术培训。许多东欧国家里，在海事大学接受培训可以拥有满意的职业，收入远远高于国内平均收入。来自菲律宾和亚洲的人喜欢具有挑战性但富有成效和相对赚钱的工作，也可以赢得理解工作压力和牺牲的家庭和社区的尊重（图 2.6）。

即使有了机械化的推进，现代化的货运工具，以及逐渐可靠的导航、通信和管理系统——有些人会说这是侵入式的，船舶仍以许多方式使用与几个世纪前相同的技术继续航行在同样的航线上。康拉德在 19 世纪末预言，航海“是一门艺术，其精美的形式似乎已经从我们前往阴暗的遗忘谷途中消失”（1988：30），虽然在 20 世纪并没有应验，但对许多业内人士来说，自主权从有充分船员和自给自足的商船转

移到自动化的“海上自主水面船舶”，感觉就像“在征服世界的路上又向前迈进了一步”(31)。更令人不安的是，“第一世界”船舶之间的差距越来越大，这些船东有能力按照现代国际标准维护和配备船员，而长期不合标准的船队，其船员往往忍受着难以想象的条件，而他们的船舶在港口之间勉力航行，为无形的贸易公司挣取收入。海员数量在减少，而货物吨位却在继续上升；他们远离人口中心和自己的社区，使得他们在全球化贸易的当代体制中愈发变得不真实（imaginary)。许多人想知道除了机器人和记忆体，这个世界还会留下些什么。①

① “机器人和记忆体”以及本章的结语来自诺亚·拉夫（Noah Luff)，他曾是我在加州州立大学海事学院举办的“海洋文化”研讨会的一名学生，现在是世界海洋某处一艘船上的三副。感谢他和他在加州海事学院的同学们，在过去的五年里，他们的工作和见解极大地丰富了我对海洋问题的思考。

第三章

网络

海洋外交的流动文化

约翰娜·萨克和安娜·卡塔琳娜·沃布斯

20世纪，有关世界海洋的全球环境制度出炉。本章聚焦于对海洋治理的话语、 71
法律和物质框架的发展起到决定性作用的网络过渡和日益增加的网络互联。这一发展的关键是认识到，迄今为止被理解为无限领域的海洋已变成脆弱的实体，因为它们已经成为诸多新出现的使用类别的对象。作为一个争议日益激烈的领域，海洋也是多种世界观和利益、资源梦想以及生态整体概念的投射面。

网络一词在隐喻上有歧义，一方面，它意味着管理地球海洋的利益集团之间的合作；另一方面，它又使我们想起航海和开发海洋的两种方法：网络不仅是一组相互联系的人，也是一组相互交叉的水平线和垂直线的排列，即一种绘制海洋地图和避免在这些广阔开放空间中迷路的方法。还有最有效的捕鱼工具渔网本身等诸如此类的网。这种模棱两可性及其有些矛盾的内涵为阐述地球海洋不断变化的解释和管理方法提供了一组适当的参考，影响国际辩论和话语的网络必须整合这些经常相互冲突的优先事项。我们认为，全球海事公域的概念是20世纪由海事外交网络传播的一个指导性的主题，这种网络将海洋构建为一个连接领域，并受到如何处理海洋的竞争概念的挑战。

海事外交和法律不一定是封闭的司法专家圈子的结果。它从反映人们对共享空 72
间的兴趣日益增长，以及对此前被忽视的超越国界的蓝色星球的不断变化的态度的公共话语中演变而来。因此，这不仅仅是政府外交官的事务，而且也是越来越多的利益相关者，包括参与海洋谈判和制度建设的海洋企业、环保主义者和科学家的事务。这些参与构建海洋概念的人是谁，他们如何相互联系，如何建立联盟？是谁制定了将海洋作为共享领域和共同遗产进行讨论的议程，是谁对海洋的叙述和想象定下了基调？海事网络文化经历了哪些变化？

我们对网络的兴趣建立在环境和外交的历史上。通过研究国际组织的辩论和非政府组织的交流，我们可以确定行为者、它们的网络及其不同类型的辩论。此外，随着时间的推移，我们可以追踪到不断变化的叙述和相互竞争的概念。我们认为，20 世纪由于海洋用途类别的增加和新行为者的发展导致的海事网络多样化，催生了与将海洋建构为共同财产相竞争的概念。

全球公域的概念已经走过了漫长的道路（Löhr and Rehling，2014）。它最初表示地方社区共享和根据一组规则使用的领域和范围。在当前跨国交流和全球联系加速的时代，它在学术和政治话语中激起了新的兴趣。1968 年，美国生物学家加勒特·哈丁（Garrett Hardin）发表了一篇名为《公域悲剧》(1968）的文章。该文章显然是受到关于人口增长、自然资源减少和环境恶化的辩论的启发，它认为，任何不受限制的开放进入制度都必然会因为资源减少和个人用户最大化自身利益而造成公域损毁。虽然哈丁的解读十分悲观，但全球公域的概念是一种共同遗产，因为它在专注于寻找和建立使用共享自然资产的可靠规则的各个国际的政府间组织和非政府组织中得到了推广和讨论。此外，全球公域和共同遗产的概念提供了一个将人类作为一个行为者、将地球作为一个共享领域的虚拟支撑。这种全地球式的方法和普世人性的概念与围绕 20 世纪 60 年代末的全球公域辩论而演变的道德经济制度有关。这种规范体系要求普遍监管，并强调“互惠、合作、透明、互助、公平分享资源、风险和责任”等价值观（Disco and Kranakis，2013：42）。20 世纪以来，海洋成为谈判和管理围绕开放海洋空间演变的规则、价值观和维度的试验场。

73 本章还强调了辩论的环境和物质方面。一方面，海洋哺乳动物、鱼类和矿产资源在界定海洋为无国界和超国家领域方面发挥了重要作用，这实际上推动了非常具体的管辖。环境辩论与同时代被浩瀚的海洋连成一体的设想全球社区的愿景有关。另一方面，它们受制于不同利益网络之间的冲突，揭示了如何处理渔业资源国有化等其他观点的相互竞争的概念。

首先，我们要看一看自世纪之交以来，对无管制的海洋开发战略日益增加的批评。科学家、通俗作家和自然爱好者提出了管理七大洋的新方法。他们把海洋构建为一个相互依赖的系统，通过跨越海洋的人类旅行和交流以及生态关系将海洋联系在一起。特别是鲸鱼，它已经成为全球濒临灭绝的生物的象征，需要各方采取一致行动。由自然资源保护主义者和鸟类学家组成的国际网络将石油污染确定为第一个全球性环境问题，这种话语在国际联盟中得到回应。该组织进行了通过提出国际管辖权来适应这一跨国领域的各种尝试。这些倡议为国际联盟的继任者——联合国继续就海事法进行辩论和谈判铺平了道路。

由于全球化加速和技术进步，20 世纪下半叶出现了网络的制度化和多样化。网络制度化和多样化围绕新的海洋问题建立，或随着海事法的改革进程扩展和精简。国际主义者伊丽莎白·曼·博格斯以个人关系为基础，有意在自己周围建立起一个非正式的网络，并试图利用这个网络来推动对海洋的改造构想，而绿色和平组织是一个不断壮大的不墨守成规者的社区，是植根于与世界各地的民间社会和名人结成网络的反主流文化的组织。其他的海事网络甚至在具体的冲突中形成，例如，反对深海开采的南太平洋岛屿社区联盟，它反过来是工业网络加强的结果。

本章阐明了在流动网络中工作的多个行为者和利益相关者提出或质疑的以海洋作为公域的全球乃至全球本土化框架的许多不同的方法。

海洋和平：共同遗产的早期概念 74

今天，全球公域和人类共同遗产的概念提出了重要但不断受到挑战的、由国际机构协商和管理并受到国际公约保护的法律原则。构建这种超国家领域并建立一个协商个人和普遍利益的网络的想法由来已久（Löhr and Rehling，2014）。首先，我们来探讨这些关于海洋的概念是如何产生的，以及是谁最先提出的。19 世纪末和 20 世纪初，这些期望建立一个全球海洋管理制度的概念得到了加强和加速发展。1861 年，广受欢迎、读者众多的法国大革命历史学家儒勒·米什莱（Jules Michelet）出版了另一本畅销书：《海洋》（*La Mer*），这是一部对人类与海洋的互动做出杰出分析的书。他着手将海洋领域纳入影响深远的史学中，考虑到了海洋资源的开发和保护、工业社会技术的兴起以及关于健康和休闲的理论等方面。米什莱不仅探索了人类和海洋之间的多维关系，而且致敬了地球实际上被水覆盖和主宰的事实。但这位历史学家挑战了当时盛行的海洋无限的观点。他读到了时代的印记：在他的有生之年，化石燃料的使用大大加速了对海洋生物的开发。轮船和铁路将鲜鱼运往内陆市场，现代英国拖网船队成为工业捕鱼和捕鲸业扩张的榜样（Roberts，2007：136—137）。看到海洋开发的根本性变化后，米什莱呼吁建立对海洋的国际管辖权，以结束不可持续的使用，并尊重“温和”和“仁慈”的海洋。在他看来，海洋不仅是灵感和娱乐的奇妙来源，而且是资源的提供者。但根据米什莱的说法，人类在利用这些财富时并没有考虑到海洋的慷慨是有限的。为了说明他的论点，他把注意力放在生活在七大洋中的平和而又脆弱的海洋哺乳动物上。捕鲸和捕海豹在许多国家的经济中起着决定性的作用，并已经成为脂肪和油的重要来源（Tønnessen and Johnson，1982）。在他看来，海洋哺乳动物和鱼类都是现代社会贪婪和放纵的受害者。他发现鲸类动物和海豹的数量正在减少，因此他大声疾呼：

> 和平！我再说一遍，鲸、海牛、海象需要和平；所有那些被不人道的人类几乎灭绝的珍贵物种需要和平。应该给予它们长久、神圣的和平……鱼类或两栖类都需要一个完美的休息季节，就像神命休战（Truce of God），在古代，它阻止了欧洲骑士精神下的互相残杀。
>
> （Michelet，1861：324）

75 各国必须想办法保证海洋生物享有这样的和平时期和空间，并在海上，包括公海上，建立封闭季节和保护区。米什莱的假设反映了对于民族国家管理海洋的道德、文化和政治义务等方面看法的根本转变。海事领域的框架即将发生根本改变，海事科学开始系统化研究海洋栖息地的多样性和相互关联性。海岸沿线的实地考察站向公众讲授新生命形式、水母的美丽，或迁徙物种的奇迹（De Bont，2015；Egerton，2014）。米什莱关于共同责任和约束力法规的全面概念，表明海事领域的空间和文化解释与政治行为有关。单个作者或单本书都不能构成一个网络，但米什莱的论点和比喻预见到了协调治理的必要性。鲸鱼、海豹和鱼类数量减少的事实带来了一些地方和多边法规的制定和更系统化的研究（图 3.1）。海洋科学日益促进国际合作，特别是经济严重依赖渔业的北欧国家，它们寻求务实的解决方案来防止欧鲽鱼、鳕鱼和鲱鱼资源的枯竭。1902 年，国际海洋考察理事会的成立表明

图 3.1　围观者查看一头被屠杀的须鲸尸体，英格兰，1900 年。© 环球历史档案馆 / 环球影像集团 / 盖蒂图片社。

了处理在鱼类和鲸鱼眼中没有国界这一事实的相当务实的方式（Kurlansky，1999；Rozwadoswki，2002），其方法侧重于为国家经济设定鱼类上岸配额和管理海洋资源。

1910 年，瑞士的绅士科学家保罗・萨拉辛（Paul Sarasin）在奥地利举行的国际生物学家会议上提出了由于过度开发导致鲸鱼和海豹种群数量下降的问题。他向同事们呼吁，不仅要表达对野生动物未来的普遍关注，还要建立网络，参与有关资源问题的政治辩论，其结果是，1913 年在伯尔尼召开了一次国际会议，建立了一个有关自然保护的全球公约（Wöbse，2012）。

第一次世界大战使大多数跨国合作陷入停顿，但米什莱的观点将重新出现在国际议程上。巴黎和会的结果之一是国际联盟的成立，它的原则代表了外交史上的一个根本转变，它是第一个以确保集体安全，采用谈判、仲裁和合作而不是侵略和对抗来维护和平的国际组织。然而，似乎没有人认为管理海洋是国际社会的一

76 个共同的自然领域。1920 年成立时，该联盟无意将全球海事公域等空间和文化问题列入议程，但很快它就清楚地看到，必须处理有关公海的法律问题所引起的辩论。利用海洋资源和争夺捕鱼权已经引起外交谈判，并构成一个与联盟遏制冲突和促进国际和平的义务相对应的潜在问题（Juda，1996）。两个核心问题引发了上述辩论：海洋资源和石油污染。1924 年，国际联盟理事会成立了一个专家委员会，以“准备一份国际法主题的临时清单”。委员会成员之一，著名的阿根廷法学教授何塞·莱昂·苏亚雷斯（José León Suárez），坚持要将海事资源的开发问题纳入其中（Wöbse，2012：174—202）。委员会于 1926 年指定他就该问题提出报告。苏亚雷斯的报告是对有关全球公域使用的不断演变的辩论现状的非凡和杰出的分析。他将道德与经济和生态问题相结合，将海洋及其水生生物构建为人类的遗产：“从限制在一个地区或纬度的角度来看，由深海生物构成的财富并非固定不变，而是根据影响它们所生活的浮游生物的生物、物理和化学环境而逐年变化。”①

77 人们对海洋动物复杂的迁徙模式所知甚少（Morais and Daverat，2016）。但苏亚雷斯有充分理由认为，在起草任何未来的海事管辖法时，必须考虑到，迁徙物种的“生物—地理亲和关系”“应该在我们所从事的国际法领域的法律亲和关系中找到对应物”。② 他不仅提出了对共同遗产进行国际治理的新方法，即“如今，它已成为所有人的不受控制的财产，不属于任何人”，而且还提出了一项确保鲸鱼的可持续利用和保护的管理计划。苏亚雷斯的愿景显然受到了不断发展的国际主义的启发，他预见到了尊重海洋动植物的界限并相应地以一个超国家的制度来管理海洋的挑战。

委员会最杰出的成员之一，著名的德国国际法专家沃尔瑟·舒金（Walther Schücking）赞扬了这种广泛的方法，但其他法律专家还在犹豫是否支持苏亚雷斯的雄心（Schrijiver，2010：25—26）（图 3.2）。如何处理如此庞大愿景的想象力已经有着过重的负担，但委员会还是同意“迫切需要采取行动”，由于缺乏任何专业知识，它发出了一份调查问卷，以征求国际联盟成员国的意见。

① 国家联盟档案馆的苏亚雷斯报告，C.P.D.I.28，日内瓦，1928 年 1 月 8 日：4。

② 国家联盟档案馆的苏亚雷斯报告，C.P.D.I.28，日内瓦，1928 年 1 月 8 日：2。

虽然大多数国家同意，这些问题必须在国际上讨论，但各国需要确保它们的利益范围不受影响。从长远来看，由于捕鲸是一个高利润的行业，苏亚雷斯的总体规划被缩减为一个相当贫乏的监管捕鲸的草案。显而易见的是，这一经济分支极易受到正在进行的过度开发的影响，并有可能引起国际和经济冲突。因此，一个合乎逻辑的全球海事管理计划的最初方案被放弃（Cioc，2009：127—129；Dorsey，2014；Juda，1996）。 78

这产生了长期的影响：由于没有设立管理海事领域的一体化机构，捕鲸和捕鲸监管问题由国际联盟经济部处理。1934 年，英国政府向国际联盟秘书处寻求解决快速加剧的石油污染环境问题，这些问题主要是因为以煤驱动的船只向以石油驱动的船只转变而引起，因为以石油驱动的船只沿着海岸冲洗油罐，并把淤泥泵到船上。英国人呼吁制定一个跨国解决方案。国际联盟秘书处没有将该问题与管理渔业和捕鲸问题关联起来，而是将其转到负责过境和通信的部门处理。国际联盟委员会再次

图 3.2 讨论国际水域未来的外交网络：国际联盟国际法编纂委员会成员，沃尔瑟·舒金（左第一排）和何塞·苏亚雷斯（右第一排）。© 日内瓦联合国档案馆。

很快同意，石油污染是一个具有高度相关性的问题。

多年来，英国各种鸟类和动物保护的非政府组织观察并评论了越来越多受到污染威胁的受害者——海鸟。活动人士发起运动，提高公众意识，并迫使政府将这个问题提交给日内瓦。很快，这些强调迁徙鸟类保护的跨国性质的运动得到了欧洲和美国相应组织的支持。国际联盟秘书处开始收集数据、专业知识和建议。早在 1935 年，专家委员会就提出了一份公约草案，这是一份相当软弱的妥协方案，该方案禁止在沿海地区倾倒石油，鼓励航海业安装分离器并引入“石油日记”。非政府组织要求采取更激进的措施：根本不应该让石油进入任何水域，或正如他们所说，“可以这么说，任何国家都不能把石油‘扫’到海洋中央，然后把石油留在那里”。[①] 海上石油的跨国特性肯定使他们认为公海显然是一个受到威胁的共享领域，而这个领域的海鸟和海洋动物等生物应该受到保护（Wöbse，2008：527）。最终，就连该妥协方案也没有生效，因为世界政治中的侵略日益增长，国际联盟日益陷入瘫痪。

但国际联盟无疑在鉴定因使用或滥用海洋资源而引起的冲突方面发挥了重要作用。国际联盟的两项举措都是为了解决海洋问题，并开始构建人类自然遗产的概
79 念。国际联盟有史以来首次提供了至少一个政治论坛，讨论后来被建构为全球公域的问题。国际联盟开设了一个讨论跨国思考新方法的论坛。该论坛包含了关于“人类”及其遗产的许多新观念。历史学家、考古学家和文学研究推动了从人类文化遗产的角度思考的观念。保护主义者开始将自然遗产纳入这些遗产中，特别是风景秀丽的景观和濒危物种（Rehling，2017：263—266）。此外，正如施赖弗所指出的，这一时期标志着“条约制定时代的开始，在此期间，国际组织在促进多边公约的起草和缔结方面发挥了作用，并……担任条约登记机构”（Schrijver，2010：27）。国际联盟为开放外交提供了一个可见、可及和可靠的空间，或者，至少这是它的意图。因此，讨论规范和价值至关重要，但国际联盟未能将它们转化为跨国政治行动。事实上，国际联盟变成了一个由各国政府自身利益驱动的政治策略主导的舞台。国际联盟未能发起或实现任何基本的海洋环境管辖权的原因之一在于国家利益占主导地

① 英国皇家鸟类保护学会，《鸟类笔记与新闻》第 10 辑第 2 期，1992：18。

位，同时也缺乏一个促进解决此类问题的中央机构。恰恰相反的是，由于国际联盟的行政缺陷和本身专门知识的缺乏，它助长了该领域的分散：捕鲸问题在经济部门讨论，石油污染在运输和通信部门讨论，有关自然保护区和自然遗产的问题由知识合作部门处理。

作为国际联盟辩论特征的各种利益相关者之间的冲突在第二次世界大战后再次出现，对海洋领域共同承担责任的理想与开发海洋财富的国家和个人利益相冲突，新兴的网络也是如此，它们都是按照相互冲突的理想和利益的路线而组织起来的。

战后海洋中的“资源转向”

第二次世界大战中断了许多涉及海洋利益的外交倡议，大片海域变成了战场，一些此前承受严重压力的种群出现恢复，然而，只有欧洲西北部海岸最常捕捞水域的部分水域完全禁止捕鱼。但第二次世界大战有助于改进海洋开发技术，并对战后立即出现的市场问题作出了政治反应。资源稀缺和饥饿的经历不仅会提升民族国家的兴趣，也会促使国际组织将海洋定位为获取蛋白质、石油和矿物的领域，并为 1945 年后的“大加速”奠定了基础（Holm，2012）。第二次世界大战结束后，国际 80
联盟的继任者——联合国接管时，很快就面临着战前时代未解决的问题。在有关人类和平未来的基本问题中，许多问题都以某种方式涉及环境方面。石油污染并没有停止，当鲸鱼在战争期间享受类似“停火”的安宁时，饥饿的欧洲人口却在等待廉价脂肪的喂养。战争的环境阴影是巨大的，因为重建和重组导致对各种资源的需求不断增长。

环境问题和资源问题的全球维度成为联合国教育、科学及文化组织（教科文组织）、联合国粮食及农业组织（粮农组织）和世界卫生组织（世卫组织）等国际论坛讨论的议题（Sluga，2010；Speth and Haas，2006；Staples，2006）。网络的组成将在未来几十年发生变化，联合国等国际组织变成了表达对资源和领域管理的关切的重要中心。20 世纪 50 年代和 60 年代的运作中，联合国机构，特别是联合国教科文组织，让日益发展的民间社会的倡导者加入了对于自然世界的现状以及人类利用自然造成的冲突的讨论（Wöbse，2011）。讨论海洋问题的网络变成了多层次结构网络，非政府组织不断增加的投入至少平衡了与海洋有关的国家和经济利益。

关于海洋使用和解释的特权的斗争几乎在战争一结束就迫在眉睫。例如，1949年夏天同时召开的两次联合国会议，即联合国经济及社会理事会召开的联合国节约和利用资源科学会议（UNSCCUR）以及教科文组织和国际自然保护联盟（IUPN，后来称为世界自然保护联盟）召开的保护自然国际技术会议的会议纪要，标志着迈向海洋综合和可持续治理计划的外交途径的一个决定性时刻（McCormick，1991：136—138）。两次会议都受到战争使得资源普遍被过度开发的观念的影响，都对于如何应对这一问题提出了相互矛盾的解释（UN，1950；UNESCO and IUPN，1950）。联合国节约和利用资源科学会议的专家表现出大规模规划的强烈倾向，在农业管理方面提供普遍指导，并提倡开发“捕捞不足”的海洋或“广阔的”热带雨林。国际自然保护联盟和联合国教科文组织的小型保护网络中的保护主义者和生态学家仍在努力阐明人类与生物圈之间复杂而未知的相互作用。前者要求加速目前的
81 行动路线，后者则坚持减缓某些技术干预的速度。普遍的发展模式通常依赖于强制使用化学品、大规模规划项目以及引进外来和富含蛋白质的物种。相反，生态学家则呼吁在将这些策略应用到所谓的不发达国家之前进行基础研究。回顾过去，这两次会议体现了联合国及其现代化承诺所固有的对立性（Linnér，2003；Mahrane 等，2012；Wöbse，2012）。

例如，就海事制度而言，联合国粮农组织促进了世界各地捕鱼船队的扩张和工业化，并与联合国教科文组织合作，实施了将深海作为尚未开发的蛋白质储备进行测绘的项目。同时，联合国各专门组织以网络为特色，不仅表达对环境的关切，而且提供经验证据和科学知识来支持这一关切，并将其列入议程（Schrijver，2010：121—122）。

国际体系的发展支持了海洋作为一个资源宝库的概念。随着非殖民化进程的开展，新兴国家进入了非殖民化阶段，并声称有权将土地资源国有化，以便不仅在政治上而且在经济上获得独立。“资源主权”成为一个突出的术语，并延伸到海洋。从这个意义上说，国有化意味着在发展中国家水域杜绝发达国家的“捕鱼帝国主义”。因此，海洋资源成为道德经济的一部分，在联合国论坛上以“国际经济新秩

序”为名被讨论（Gilman，2015）。

尽管米什莱和苏亚雷斯等全球环保主义的先驱选择鲸鱼作为探讨治理共享领域问题的切入点，但这些魅力非凡的动物现在似乎被归结为纯粹的资源。当时盛行的是管理而不是保护公海海洋资源的制度，捕鲸很快又变成血腥而有利可图的生意。因此，成立于 1946 年的国际捕鲸委员会变成了当时反对（过度）捕鲸的机构，并确保任何有兴趣开发蓝鲸和座头鲸的国家都能分得一杯羹（Epstein，2008）。

就石油污染而言，环保人士和他们的组织很快重新活跃起来：1952 年，国际鸟类保护委员会英国分会成立了独立的石油污染咨询委员会，并获得了其他非政府组织的合作。1953 年，该网络在伦敦召开了一次有 28 个国家参加的国际会议，讨论化石燃料污染公海的问题。这无疑促使英国政府组织了一次有 42 个国家参加的国际会议。经过几年的谈判，《防止海洋石油污染国际公约》（OILPOL）于 1958 年生效，这是第一个关于海洋的国际环境协定。1958 年，联合国国际海事组织负责处理 82
该公约事宜（Campe，2009：145），国际捕鲸委员会处理捕鲸问题，联合国粮农组织则着手制定全球渔业制度。理想主义似乎已经失去了它的可信度，国际组织和经济网络似乎更注重管理海洋资产，并未考虑治理全球公域和保护人类遗产的大局，而这些都是早期辩论中遭到石油污染的鸟类和鲸鱼的缩影。

但是，国际组织的作用有着矛盾之处：它们肯定为将海洋界定为全球空间提供了一个中心舞台，并设法至少部分地解决了有关利用海洋财富的一些紧迫问题。似乎在国际组织和民间社会中倡导全球海洋制度的早期人士预先阻止了未来的海洋议程，并预见到了全球化经济和开发可能产生的许多有害影响。但事实证明，这种影响的范围以及海事论述和实践的根本变化比他们所设想的更为剧烈。

海洋问题多样化

20 世纪下半叶，海洋成为加速技术变革的场所。工业捕捞在全球范围内不断扩大，因为在海上可以立即冷冻鱼类，这使得捕鱼船队可以到遥远的地区去开发新的资源，例如南极水域的磷虾（Heidbrink，2011；Kehrt，2014）。这不仅适用于生物资源，而且，海洋技术和海洋学方面的创新带来了开发海底财富的新机会。随着海上钻探可能性的不断增加，石油行业的利润预期升温，甚至促使美国总统杜鲁门（Harry S. Truman）宣布大陆架为国家领土。海洋的“第三维度”成为科学家和工业界关注的焦点。当约翰·梅洛（John L. Mero）出版有关深海海底矿产的经济潜力的书籍后，这种趋势得到了加强（Mero，1965）。资源梦想被转移到三维的海洋空间，促成了“海洋工程”的建立，这似乎是发达国家工业界的一个很有前途的活动领域。此外，参与有前景海底矿产的开采意味着工业化国家内部资源独立的希望，这在新兴的“南北冲突”和对年轻的发展中国家政治不稳定的担忧的背景下，似乎变得十分必要（Sparenberg，2015b：154）。

83 这种对海床资源的开采有两个副作用。首先，从 1958 年和 1960 年举行的两届联合国海洋法公约大会（UNCLOS，第一届和第二届）开始，它引发了长达数十年的海洋法改革进程。在“海洋自由”的背景下，“公域悲剧”显而易见：这一塑造了几个世纪的航海业并因此确保了不受限制获取海洋资源的概念，在新的利用机会面前似乎已经过时，因为其承诺的是促使国家采取扩大领海范围等单边行动（Wolf，1981：48）。

由于第一届和第二届联合国海洋法公约大会未能提供法律确定性，马耳他驻联合国大使阿尔维德·帕尔多（Arvid Pardo）捕捉到了海床问题。1967 年，他在大会上请求宣布海底及其资源为人类的共同遗产。他认为，共同遗产是管理资源的一项原则，应该以托管取代传统的财产概念。这涉及了代际和同代人之间的资源公平，因为海床资源应由人类为包括其后代的人类管理，并考虑发展中国家的特殊需求来进行管理（Pardo，1975）。因此，人类共同遗产的概念包含了全球公域的概念，似乎是海洋自由原则以及国家或私人财产概念的替代草案。前者主要得益于其技术优势，而后者必然会因领土要求而遭到资源排斥。帕尔多的公域概念和共同遗产原则为两者提供了另一种方法。帕尔多的讲话成为第三届联合国海洋法公约大会（UNCLOS，III）召开的最初导火索，该大会于 1973 年至 1982 年举行，最终达成了《海洋法公约》（1994 年生效）。帕尔多的概念在许多方面呼应了苏亚雷斯的愿景：两者都呼吁对海洋进行超国家的监测和管理。然而，他们都把建议缩小到特定的海洋问题，苏亚雷斯缩小到海洋物种，帕尔多缩小到海底。每种情况都是对挑战公域概念的利益损害并让尽可能多的海洋行为者能够坦然接受的反应。这一根本问题也反映在最终承认“海洋空间的问题是密切相关的，需要作为一个整体来考虑”，并认可“有必要为海洋建立……法律秩序，以利于国际通信，并促进海洋的和平利用、资源的公平和有效利用、生物资源的养护，以及研究、保护和保全海洋环境”（联合国，1982）的《海洋法公约》中。虽然这听起来像是公域的胜利，但实际上只是口头上的承诺，因为共同遗产原则只适用于海底及其资源。尽管海洋环境被认为是全球共同的问题，这是20世纪70年代环境意识增强的结果（Macekura，2015），但蛋白质供应、航运和海上工业化等困难问题阻碍了其作为国际法和实践的指导原则的确立。

网络多样化 84

伴随着这些发展的第二个副作用是海事网络的转变。第三届联合国海洋法公约大会的谈判涉及从渔业和深海开采到环境保护和海洋科学的几乎所有与海洋有关的问题，这些多种海洋用途反映在海上外交网络所涉行为者的多样化上。这在所谓的“海洋和平大会”（Pacem in Maribus）期间得到了显著的体现，“海洋和平大会”是与第三届联合国海洋法公约大会类似的论坛。其目的是在编织一张海事外交官和专家网络的同时，推广海洋是共同遗产的理念。

伊丽莎白·曼·博格斯的海洋

海洋和平大会由伊丽莎白·曼·博格斯发起，她是德国小说家托马斯·曼（Thomas Mann）的小女儿，执着于世界新秩序问题。受第二次世界大战诸多令人不安的事件和流亡经历的影响，20世纪40年代，她与丈夫吉塞佩·安东尼奥·博格斯（Guiseppe Antonio Borgese）和其他学者一起在芝加哥大学撰写了一份“世界宪法草案”。帕尔多的演讲让她震撼不已，因为他的演讲反映出地球、水、空气和能源等人类资源为“人类共同财产”的芝加哥小组的主张（Committee to Frame a World Constitution，1948；Holzer，2003）。

对伊丽莎白·曼·博格斯而言，海洋是建立世界新秩序的一个大实验室：把海洋作为一个整体来考虑，建立一个新的“海洋制度”，让地方到全球的所有各级利益相关者都参与进来，这可能是启动全球变革的第一步。对她来说，海洋是建立一种新的全球秩序的伟大实验室，其宗旨在于实现资源的公平分配并建立一种新的国际经济秩序（Borgese and Pardo，1975）。从这个意义上说，海洋不仅是一个值得保护的自然空间，而且还有着巨大的资源开发潜力，人类有必要利用它来满足世界人口对蛋白质和能源日益增长的需求：

> 但却无人能够严肃认真地建议停止海洋工业化。海洋的“零增长经济”是所有乌托邦中最不切实际的，更糟糕的是，这是富人的梦想，但对大多数需要充分开发世界资源才能生存下来的人来说，这个梦想只是噩梦一场。卢德运动在陆上行不通，在水下也行不通（Borgese，1970）。

85 对于伊丽莎白·曼·博格斯来说，海洋提供了至少能够在合理开发的情况下解决全球不平等问题的方法。因此，这种方法必须接受综合和职能管理，并考虑到与海洋事务有关的所有利益相关者。所以，她的“海洋戏剧”中的演员（行为者）包括海员、渔民、石油企业家、矿工、工程师和科学家（Borgese，1976）。

海洋和平大会反映了行为者的多样性：有渔业专家、采矿和石油公司的代表、知识分子，以及同时参与第三届联合国海洋法公约大会谈判的代表。

海洋和平大会的目标是“比官方思维提前三年思考”，并提供一个非正式框架，以更跨学科的方式思考海洋问题。这些会议成为各种海事外交官之间频繁交流的论坛。一些常客穿梭于国家外交领域和非正式外交领域，例如，第三届联合国海洋法公约大会主席兼国际海洋研究所董事会主席汉密尔顿·阿梅拉辛哈（Hamilton S. Amerasinghe）大使（图 3.3）。该研究所也由伊丽莎白·曼·博格斯发起，并作为海洋和平大会的规划委员会（图 3.4），在第三届联合国海洋法公约大会上获得了非政府组织观察员地位（Borgese，1993）。

尽管这个围绕伊丽莎白·曼·博格斯的海洋外交官网络是公众和外交领域的融合，但它主要是一个基于个人关系、或多或少与社会运动网络或公民网络分离的精英网络（Heine，2013）。在后者试图通过道义呼吁或向代表提供信息从框架外影响

图 3.3　在海洋和平大会上向第三届联合国海洋法公约大会主席汉密尔顿·阿梅拉辛哈大使（前排右中）致意，伊丽莎白·曼·博格斯就坐在他旁边，1973 年。伊丽莎白·曼·博格斯，MS-2-744，178 号箱，31 号文件夹，© 哈利法克斯达尔豪斯大学档案馆 / 新斯科舍。

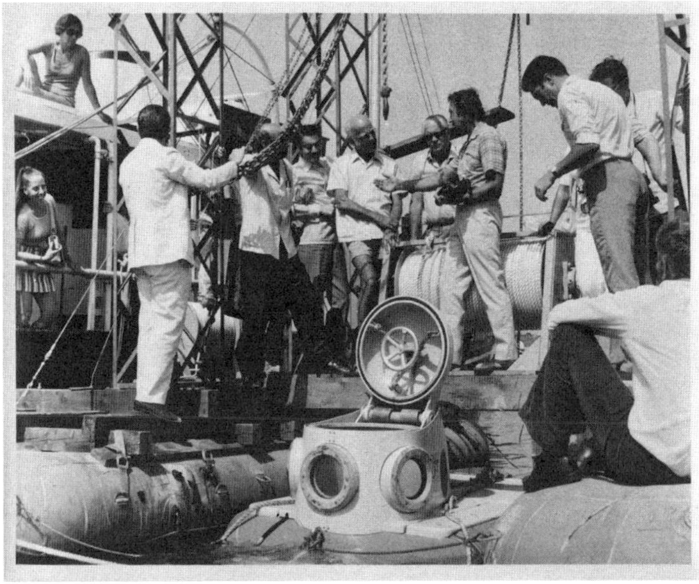

图 3.4　马耳他“海洋和平大会”参会者。摄于 1971 年第二届海洋和平大会。伊丽莎白·曼·博格斯，MS-2-744，169 号箱，28 号文件夹，© 哈利法克斯达尔豪斯大学档案馆 / 新斯科舍。

谈判（Levering and Levering，1999）的同时，伊丽莎白·曼·博格斯努力利用其网络来动员相关人士支持其海洋制度构想。此外，从1978年开始，在国际海洋研究所的援助下，她为发展中国家的专家设立了培训方案，以确保他们不仅参与全球公域，而且参与行政管理机制。因此，对未来深海开采、渔业管理和海洋研究的“培训”也是一种在海洋资源、海洋技术和海洋管理知识共享的意义上落实人类共同遗产的动员（Chircop，2012）。为了让发展中国家的专家能够获得这些集中在发达国家的知识，国际海洋研究所与来自高度工业化国家的行为者合作，例如与德国矿业公司普罗伊萨格（PREUSSAG）和亚琛工业大学等提供技术事实的研究机构合作。[1]从这个意义上来说，不仅海洋资源是公有的，而且有关海洋资源开发技术解
87 决方案的知识也是公有的。在伊丽莎白·曼·博格斯看来，人类共同遗产的理念提供了一个为了全人类的利益并让所有利益相关者参与进来、将全球海洋共享的机会。在这方面，工业界、科学界和民间社会之间的伙伴关系反映了不同海事部门之间的相互关系，同时也揭示了海事网络的多样化，是对于伊丽莎白·曼·博格斯所发现的海洋问题相互联系的回应。

尽管博格斯多利益相关者网络整合了科学、经济、国家外交和世界主义的不同部门，并因而回首再看时，它似乎是对今天海洋综合治理努力的预测，但把这些系列事物概括为20世纪下半叶的情况却是错误的。在获得关于海洋及其资源的解释权和保持自给自足方面，不同的海上网络往往最终会成为对手。由于海洋有着不同的“社会结构”（Steinberg，2001），海事网络在不同的运作和意识形态框架内演化，很难协调。

我们将通过另外两个案例来说明它们的形成条件、目标和网络结构，从而展示海事网络的各种景象。

矿工的海洋

采矿是检查行业间关系的一个适当例子。20世纪60年代末，深海海床成为资

① “规划委员会第十五届会议纪要草案”，迪翁-莱-班斯（Divonne-les-Bains），22.4.78，课程项目，出自：《伊丽莎白·曼·博尔基斯选集》，达尔豪斯大学，哈利法克斯/加拿大，MS-2-744，38号箱，10号文件夹。

源梦想的投射面，开启了“锰结核研究的黄金时代”（Glasby，2002：162）。锰结核含有镍、铜和钴，因此为工业化国家提供了不再依赖作为镍、铜和钴初级生产者的非殖民化国家的机会。这在1973年欧佩克国家的抵制政策期间变得更加重要，该等抵制政策表明了所谓的发展中国家的资源力量（Dietrich，2017）。这也是对资源枯竭的假设和对“增长极限”担忧的反应，丹尼斯·梅多斯（Dennis Meadows）和他的同事们在为罗马俱乐部所做的著名研究中曾对此提出过警告（Hays，1998；Meadows 等，1972）。海洋矿产资源似乎为陆地上日益减少的资源提供了另一种选择。此外，由于大多数锰结核位于国家管辖范围以外的地区，因此深海海底采矿可以不使用货币。因为海洋被视为一个有前途的资源储备区，因此矿业公司获得了勘探采矿地点和技术的政府财政支持，德国就是这样。为了分散风险并从其他公司的 88
专业能力中获利，这些矿业公司结成了联盟，起初是全国联盟，后来当它们意识到这是一项非常大的业务时，便选择了国际合作。1975年，海洋管理公司（OMI）成立，它是1974年至1982年成立的6个主要从事跨国深海采矿的联合财团之一。海洋管理公司的合作伙伴包括一家德国矿业公司财团、一家日本公司、一家加拿大镍生产商和一家美国海上钻井公司（Sparenberg，2015a：132）。它们用高科技考察船和改装的钻井船在太平洋克拉里昂-克利普顿区进行海底探险，并进行了试点采矿试验。1978年，它们在第三届联合国海洋法公约大会上证明海底采矿大抵可行，从而加大了潜在冲突，因为当时，外交家们正在就公司是否以及在何种条件下应该获得“人类共同遗产”进行谈判。但由于不成比例的支出、法律和政治保障的缺失以及全球市场上镍和铜的价格下跌，这些合资企业和财团在20世纪80年代初放缓了工作步伐（Sparenberg，2015a：138—140）。

这一产业间关系框架下的经济网络实例揭示出海洋经济网络的一些可概括的特征。首先，这些网络是以营利为目的而建立的。如果海洋财富的增长因为恶劣的环境而变得十分复杂，此时就会给由几个合伙人组成的安全网似的个体公司网络带来风险。这些网络可降低成本和风险，并有助于开拓新市场。其次，海事经济网络受到结合点的制约。当公司意识到在不久的将来不会有盈利时，它们就会放松网络节点。它们的网络是动态网络，因为它们必须适应新的环境，无论这种环境是以新的海洋资源潜力形式出现，还是伴随海洋法的发展出现。

当加拿大鹦鹉螺矿业公司（Nautilus Minerals Inc.）获得巴布亚新几内亚海域海底采矿许可证时，民间活动家提出了反对，他们于2008年组建了“俾斯麦和所罗门海土著人民理事会”。他们觉得在向各国出售部分共同遗产的过程中被忽视，并宣布：“我们的生计和文化都基于这些海洋，这是我们文化身份和生活方式不可分割的一部分。我们的生命与海洋的循环联系在一起，它是我们的日历，我们的生存依赖于它。”（Schertow，2008）这一声明表明，底层群体网络是在共同海洋理念的基础上建立的基于主题的网络。对他们来说，海洋不仅是资源的宝库，是生态完整的象征，也是他们生存的基础。

这与海洋管理公司财团等网络的议程一致，与海洋作为一个资源储备和经济价值领域的观念密切相关。

89 因此，它就像是暗示需要保护的生态整体观念的对应物，它还同意托管这一想法，这是伊丽莎白·曼·博格斯的人类共同遗产观念中所固有的想法。

由于人们对环境恶化、资源枯竭和人口增长的认识日益增强，70年代出现了一种前所未有的环境意识。在国际政治中，这一点从1972年有一千多个非政府组织参加的斯德哥尔摩人类环境会议就可以看出。最明显的是，在发展中国家，不断壮大的民主化和自由化社会不仅呼吁和平，而且呼吁要改变对待自然及其宝藏的方式（Kupper，2003）。

绿色和平组织的海洋

随着20世纪70年代新社会运动的兴起，不同的海事网络从基层出现，并将海洋概念化为人类环境的一部分，既陌生又熟悉，因为它代表着“生命的子宫”，承载着与人类天然共存的动物。当一小群嬉皮士和贵格会信徒自创“绿色和平组织”，并搬到北太平洋反对核试验后，他们开展了和平运动和环境运动。他们采用了被创始人之一鲍勃·亨特（Bob Hunter）称为“思维炸弹”的新行动形式。通过大众媒体，这一小型团体与越来越多的志同道合者交流，策划了他们的行动，他们假设有一个“地球村”会从引人注目的图片中收到了他们的信息，从而引发思维的转变。

这确实不同于“传统”的议会和国际组织游说，特别是当亨特发现这种游说十分疲弱并几乎没有希望之后（Zelko，2014：38—39）。在他们的反捕鲸运动中，他们专业化了这种公共行动方法。而塞拉俱乐部等“传统”的环保主义者虽然也致力于保护鲸鱼，但他们发现，只要物种没有灭绝，则可以合法地将它们作为资源进行利用，绿色和平组织的成员则将鲸鱼神话化为生态完整和“自然智慧”的象征。在他们看来，捕鲸不仅破坏生态，而且是一种道德上应受谴责的人类傲慢和残忍对待自然的表现（7—8）。

这种接近海洋和海洋哺乳动物的方式在他们针对北极地区海豹的运动中也变得很明显。在北极，他们以良好的姿态上演了一场反对血腥屠杀海豹幼崽的战斗，他们邀请碧姬·芭铎（Brigitte Bardot）等名人来参加以吸引关注。绿色和平组织成立早期，他们的网络由温哥华创始人周围的核心活动人士组成，但与知名人士有联系，与世界各地以绿色和平组织的名义开展的其他草根运动也有松散的联系。随着 90
海洋是需要保护的脆弱生态系统这一观念的统一，这个跨地方的网络不断发展，绿色和平组织的子公司也制度化了，这些专业化和传播的过程伴随着合并的要求而来。必须将该网络的各个松散端捆绑在一起，以保留绿色和平组织的品牌（如他们的标志性船只上所示，见图 3.5）。因此，绿色和平组织从一个跨地方的草根运动网络，转变为一个具有中心结构和总部在阿姆斯特丹的国际组织（Zelko，2014：269）。这种“非政府主义化”（Kaldor，2003：92）为绿色和平组织提供了新的机会，他们将直接行动和“思维爆炸”的方法与传统的游说工作结合到一起。他们成为全球市民社会的重要代言机构，绿色和平组织的网络结构转变为全国性的分支机构，再细分为区域和地方组织以及个人联盟，所有这些都在中央委员会的保护之下（Zelko，2014：272—274）。

绿色和平组织的“万维网”在 1995 年的布伦特史帕尔（Brent Spar）运动中变得十分明显。当壳牌公司决定将其位于挪威峡湾的海上设备布伦特史帕尔弃用时，绿色和平组织认为其化学残留物的风险将影响北海的海洋环境。为了引起人们对这 91
一危险的注意，它们开始了一项基于有效图片和公共信息的运动，引发斯堪的纳维亚和德国的政治干预。在德国甚至出现了消费者对壳牌的抵制（Owen and Rice，

图 3.5　哈利法克斯港 / 新斯科舍省的绿色和平组织“极地曙光号”。© 约翰娜 · 萨克（Johanna Sackel），2016。

1999）。布伦特史帕尔运动突出了跨国公司因利润利益造成的公域污染。同时，它们建立了消费者和海洋之间的直接联系，在壳牌公司加油的人对海洋污染和共同利益的破坏负有共同责任。在这场运动中，“全球公域”的概念熠熠生辉，但绿色和平组织宁愿把自然视为其自己的利益相关者。对它们来说，它是一个有自己利益的实体，人类则是它的代理人。

尽管媒体有效的直接行动仍然是绿色和平的品牌本质，但该组织的专业化和官僚化显然表明，需要一个强大的网络作为游说工作的后盾，并向国际组织和各国议会提供专家知识。此外，这种强大的网络有助于获得信誉，这是在国际一级制定准则和影响全球民间社会所必需的。

虽然绿色和平组织不是一个海事非政府网络的原型（各种不同的组织不可一概而论），但它的历史在某种程度上结合了两种海事网络。一方面，它可能代表了在多层次系统内行动的（国际）非政府组织的不同领域；另一方面，它们早期的组织结构尤其代表了基于主题相关性的跨地方网络的发展。

海事制度网

我们可以确定五种不同类型的海事网络：外交网络、专家网络、草根网络、非政府组织网络和以利润为导向的经济网络。所有这些网络都是基于利益的网络，但它们的利益取决于对海洋的不同观念，即作为人类全球公域和共同遗产的海洋，作为资源宝库的海洋，作为生态圈的海洋，以及作为生计来源的海洋。

自 1994 年《海洋法公约》生效以来，海洋就成了加强海洋综合利用管理工作的主题。这种类似于伊丽莎白・曼・博格斯的海洋制度设想的功能上的分化，发生在公约的框架内，但超出了法律层面。因此，国家管辖范围之外的海床由国际海底管理局管辖，200 海里（370 公里）以内的专属经济区基于领土原则由沿海国管辖。此外，还有管理生物资源、防止污染以及管理海洋研究的功能机制，如区域渔业机 92
构和管理组织（Mondré and Kuhn，2017）。这一海事制度网不仅表明了海洋问题的相互联系，而且意味着从地方到国家、区域和全球各级不同网络的行为者之间的交流日益增加。但是，一个像海洋这样的多利益相关者体系也包括很多目标冲突，例如，绿色和平组织反对捕鲸者和石油污染的例子已经变得很明显。由于不同的海事网络的海洋观念不同，它们之间的纠缠都在个案的基础上发生。由于网络与共同价值观和规范紧密相连，因此交汇点仅仅沿着相似利益发展（Schulz，2007）。根据这一理论，如果会议符合不同网络的参与者的特定利益，就会举行会议，正如私营经济和非政府组织之间的合作，或有着相关目标的不同非政府组织之间的合作。尽管有这些接口，但它们的网络仍然保持连贯性。

事实上，真正的流动海事网络往往是官方外交官的网络。由于他们对海洋及其资源本身没有重大或具体的利益，所以作为过境者的他们只是从上方俯瞰风景。对大多数人来说，海洋是全球公域的概念源于他们自己的世界性生活方式和一种“理性思维”，这意味着，只有在所有利益相关者参与管理的情况下，才能达到平等和公正地管理海洋的目的。

结论

全球公域的概念成为国际海洋辩论的历史主题，它以各种形式出现，从“生物—地理亲和关系”（苏亚雷斯）到“人类遗产”。这些概念从来都是有争议的，因此，我们永远无法平息不同利益相关者对海洋的不同指责。

从 19 世纪末开始海洋资源被加速利用，因此，随着水生生物和财富的利用而产生的各种利益谈判的需求越来越强烈。伴随从远洋拖网到海底采矿等新技术的应用，利益相关者的数量稳步增长，对海洋生态系统脆弱性的担忧也同样加大。除了环境问题之外，有关公平和公正分享海洋财富的辩论已成为全球议程上的议题，经济方面和道德方面都不能仅通过双边或多边协商来处理。海洋的生物复杂性要求以新的方式协商人类如何找到维持海洋作为生计来源和资源储备的方法。

93 利益相关者的数量随着时间的推移在增长，他们的网络也在增长。这些网络寻找将他们的问题转化为全球政治议题的方法。早期的公域倡导者为辩论此类概念提供了平台，但没有设法建立起有影响力的网络。直到第二次世界大战后，这些外交网络才聚集起来，并巧妙地利用了国际海事组织的制度化。随着人类共同遗产概念的提出，全球公域在海事法和政治事务中占据了突出的地位，但同时也受到经济欲望和精神观念的挑战。

20 世纪末，随着参与海洋治理谈判的众多网络的涌现，我们看到了利益和海洋制度的大规模分裂。这一点在 2017 年的海洋会议期间变得十分明显，当时来自各种海事网络的参与者齐聚斯德哥尔摩，就保护海洋环境进行谈判。在斐济底层公民以传统仪式举行会议、赞美海洋是生命的赐予者的时候，非政府组织和经济行为者举行了有关深海海底采矿、“蓝色经济”和海洋治理未来的边会（UN，2017a）。因此，国际组织及其外交官可以为分离的网络提供公开论坛，但海事网络文化有着多样性和对究竟如何定义“公域”展开持续争论的特点。

第四章

冲突

平静海浪之下

西蒙妮·穆勒

简介

海水缓慢吞噬勒巴隆·拉塞尔·布里格斯号（LeBaron Russell Briggs）的巨大钢结构时，水面十分平静。海浪轻轻拍打轮船的外壁，到处都有水花，但几乎看不见一个白色的波峰，太阳闪闪发光，映照出自己的影子，仿佛千百倍出现在海面，海水在周围的人看不见的情况下从人类故意制造的裂缝中贪婪地涌入船体。爆炸迅速又规模巨大，爆炸的蛮力撕开了船体，海水漫入。冰冷的海水缓慢而执着地灌满布里格斯号的船舱，把这艘旧的自由轮和船上危险的货物拖进了海洋坟墓的深处（US Naval Photographic Center，1970）。

几百英里外的大西洋上，平静的海洋风光掩盖了美国五角大楼“凿洞沉底”任务在陆上引发的强烈兴奋。凿洞沉底（CHASE）是一项秘密军事任务的缩写，是指美国销毁库存中的过时化学武器，这种做法在世界各地的军队中都很常见。布里格斯号上有 418 个钢护套混凝土拱顶，里面装有 12500 枚含有沙林神经毒气的 M55 火箭和一个维埃克斯毒气容器。1970 年 8 月 18 日，美国陆军在佛罗里达州肯 96
尼迪角以东 282 英里处将该船拖出，并在 16600 英尺（4900 米）深的水中将其凿沉（Sherman，1972）。他们希望，船和货物沉到海底后会从人们的视野和记忆中消失，而且在理想情况下，也不会造成伤害。然而，对海洋生态系统的广泛关注引发了一场关于倾倒有害物质的国际辩论，并为 1972 年《伦敦倾废公约》的通过铺平了道路。这是联合国第一个关于全球海洋保护的治理框架，“凿洞沉底 13”也是最后一个此类任务。

整个 20 世纪爆发了无数与海洋空间有关的冲突。在 20 世纪不同的军事冲突中，海洋空间始终是军事交战的重要舞台（Lehman，2018；Morison，[1963] 2007；

Roy，1995；Symonds，2018）。同样，国家、企业或个人也在争夺从鱼类到石油和矿产的庞大海洋资源（Holm、Smith and Starkey，2017；Heffernan，1981；Hook，2012；Jónsson，1982；Steinsson，2016）。面对英国和冰岛的大规模鳕鱼战争以及美国和墨西哥的金枪鱼战争这两次海军大战，等等，我们很容易忘记20世纪十分普遍的更安静、更缓慢的环境冲突，即，将海洋空间作为垃圾场的战斗。有关海洋空间究竟是需要人类保护的原始自然，还是一个似乎具有无穷同化能力的巨大垃圾场的争论，与现代环保主义的兴起、海洋科学的发展和扩张以及古老和神秘深海想象的破灭都密不可分。它与现代生产和消费工具的成本以及谁来承担这些成本的问题密切相关，并证明了社会将废物外部化的做法（Lessenich，2016）。最后，有关利用海洋空间作为垃圾场的缓慢而激烈的环境冲突，象征着人类如何理解他们所谓的自然、如何定义自己与自然的关系以及他们是否将自己视为自然的一部分。①

特别是工业国家与其他国家、非人类行为者以及未来几代人竞争，一方面，它们将世界海洋作为栖息地和资源，另一方面又将海洋作为垃圾场。海洋不仅为人类提供了食物和矿产资源，而且还具有无穷无尽的吸收越来越多废物的能力。20世纪，军队、市政当局或工业的各种行为者有意转向世界海洋，寻找最终的垃圾处理场所（Tarr，1996）。他们通过管道或驳船，将污水污泥、化学品、低或高水平核材料、疏浚弃土或过时的化学武器等不需要的物品运至海域，运往指定的倾倒区域。通常也只是简单地任由洋流和风把它们带向任何地方。

97 在开放水域倾倒垃圾的做法的依据在于，海洋能够将不需要的物品放在看不见、够不着的地方，同时减轻陆地倾倒垃圾的潜在冲突。海水的流动性质、不透明性质、深度，尤其是海洋的巨大容量使它看起来就是一个完美的终极容器。海洋倾倒似乎是一种自然的人类活动，②通常，由于缺乏数据，很难证明事实并非如此。此外，对于海洋是“可以洗去所有罪恶的海洋”的世纪历史文化指代，让人们认为

① 在这种环境视角下，本章与分析海洋中元素、海洋生物和人类活动之间复杂关系的日益增长的史学相一致，参见博尔斯特（Bolster），2006；吉利斯（Gillis）和托玛（Torma），2015；马涅斯（Máñez）和波尔森（Poulsen），2016。

② 这一视角并不仅限于海洋，参见穆勒和斯特拉德林（Müller and Stradling），2019。

海洋倾倒是无害于环境的（Patton，2007）。当被问及“凿洞沉底”时，美国陆军代理助理部长查尔斯·普尔（Charles L. Poor）解释说，军队一直将海底视为“一个遥远而不可接近的‘戴维·琼斯的箱子’，‘可以将东西放在那里，然后遗忘’”（Selin and VanDeveer，2013：499）。

到 20 世纪 60 年代末，社会各阶层和世界各区域的人们越来越想知道海洋吸收能力的极限。由于海洋科学的发展和扩张，以及在电影中对深海生物了解的增加，海洋空间已经不再是一个未知领域。尽管现代环保主义主要的关注点在陆地，但它也认识到保护海洋的必要性。水的流动性以及其他化学物质在水中扩散的能力，使开放水域成为有问题的处理场所。不想要的物品可能会隐藏起来，但它们不太可能留在原处（Müller and Stradling，2019）。在较小的水域，开放水域倾倒垃圾的做法已经导致了一系列引人注目的污染事件，例如伊利湖、莱茵河和纽约湾的鱼类死亡（Cioc，2002；Egan，2017；Langston，2017；Stradling and Stradling，2015）。一些科学家说，海洋很快也可能成为一个死亡区。对海洋生态系统的关注促成了一系列区域和国际海洋保护条约的签订，如《伦敦倾废公约》（1975）、《奥斯陆公约》（1972）、《科威特公约》（1979 年）和《阿比让公约》（1984）。至 20 世纪 90 年代，一些跨国环境保护治理体系覆盖了几乎所有海洋区域，但海洋倾倒做法及相关争论并未真正停止。

本章主要阐述与海洋倾倒有关的较为隐秘的环境冲突及其固有的缓慢暴力（Nixon，2011）。本章从对海洋倾倒行为的疏忽开始，讨论了一个世纪以来关于海洋文化的陈词滥调如何影响海洋倾倒行为，使海洋倾倒看起来似乎对环境无害；然后介绍了旨在防止海洋空间倾倒的不同国际规则，如《伦敦倾废公约》和《奥斯陆公约》。本章最后一节讨论了被倾倒的物质以及倾倒本身问题的持续回归。

戴维·琼斯的箱子 98

1946 年，美国军方发起了一项名为“戴维·琼斯的箱子”的秘密任务。军方用这个名称唤起了航海迷信的可怕历史。至少从 18 世纪开始，“戴维·琼斯的箱子”就成了“海底”的惯用表达方式。这个术语描述的是水手恶魔戴维·琼斯

（Davy Jones）统治的一个遥远的地方，那里淹死的水手和沉船永远不会再浮出水面（Bane，2014）。1946 年，当美国军方计划丢弃过时的、有缺陷的或缴获的“二战”军火时，这个术语就变成了沉入海底危险废物的委婉说法。把这次行动称为“戴维·琼斯的箱子”表明了军方以及工业界、科学界或地方和国家治理者等众多团体对深海和海洋空间的看法。许多人认为有权利把海洋作为最终的垃圾处理场所。最终，正如美国环境保护局（EPA）的威尔逊·塔利（Wilson Talley）1975 年所称，海洋是“陆地上产生的废物的倾倒场所，把它用作垃圾场是一个自然的选择”（塔利［Talley］引自 Subcommittee on the Environment and the Atmosphere，1975：196）。

开放水域倾倒源于人类最早的水上定居。19 世纪后期，紧随着合成化学革命和第二次世界大战，物品的数量和毒性急剧上升。工业生产和合成的消费品、海洋贸易基础设施和城市扩张的残余物都进入了世界海洋，包括市政当局倾倒的污水、工兵部队的疏浚物、工业部门处理的化学废物、军队使用过时的化学武器等。一些行为者在国家领土内的沿海水域和大陆架倾倒，另一些则在大陆架以外的国际水域倾倒。有些会标记倾倒物品的地点，但很多并没有。

世界上的军队可能是把 20 世纪的激烈冲突与海浪下悄然发生的事情紧密相关的最隐秘的行为者。这些军队积累了从炮弹到橙剂的数百万吨的化学武器，有些是陈旧的和废弃的化学战剂，有些是在冷战不断升级的报复和遏制战略过程中新生产和储存的化学战剂（Hart，2008：55；Müller，2016：264，275；Souchen，2018）。所有这些化学战剂的问题在于，它们不能持久或无限期地存放。随着时间的推移，许多化学品变得不那么稳定，它们的容器更容易泄漏（Christianson，2010：132）。最终，军队需要处理库存，让这些库存不会伤害到人，也不会被敌人得到。

99 军事官员将海洋，尤其是北大西洋、波罗的海和北海，作为最终处置场，因为这些水域很容易从主要战场进入。早在 20 世纪 20 年代，比利时当局就系统地收集了第一次世界大战的战争物品，并将其倾倒进海洋或凿沉船只。这些物质大多在北海一个叫作马市（Paardenmarkt）的浅水地区倾倒（Hart，2008：55）。同时，盟军将缴获的德国糜烂性毒剂库存空投到地中海、爱尔兰海和大西洋（Mitchell，2013；Peterkin，2005）。随着第二次世界大战的结束以及德国和日本的有序非军事化，海洋倾倒变成了大规模作业（Arison，2014：20）。

不知不觉中，英国、美国、法国和俄国军队将许多战争遗留的物品倾倒在开放水域。1945年至1949年间，英国在其位于挪威、瑞典和丹麦之间连接北海和波罗的海的斯卡格拉克占领区处置了约12万吨垃圾，并在爱尔兰附近沉没了几艘驳船（图4.1和图4.2）。美国军队也在斯卡格拉克海峡倾倒了垃圾（Plunkett，2003a：7）。二战后最大的垃圾倾倒事件发生在1946年至1948年间北大西洋的南卡罗来纳

图4.1 一艘正驶往苏格兰凯安附近的博福特堤坝弹药倾倒场的驳船。© 伦敦帝国战争博物馆，H 42204。

100

图 4.2　英国皇家陆军军械兵团将弹壳放在重力辊道上，使之从船舷滚入海中。© 伦敦帝国战争博物馆，H 42208。

州海岸附近（Christianson，2010：132—134）。第二次世界大战之后，太平洋也成为倾倒垃圾的场所，许多物品被倾倒在日本和澳大利亚海岸附近（Mitchell，2013；Plunkett，2003a：8—12）。

101 冷战期间发生了更多的海洋倾倒事件。朝鲜战争结束后，美国军方下令大规模销毁其库存中过时的刘易斯毒气武器，并在距离弗吉尼亚州钦科蒂格和马里兰州阿萨蒂格的旅游海滩约 185 公里处建立垃圾场（Christianson，2010：134）。20 世纪 60

年代中期，美国陆军发起“凿洞沉底”行动以清除北大西洋新聚集的化学武器库存（Müller，2016：274）。冷战全面展开后，老化和腐蚀的武器似乎数不胜数，最终不得不进行处理。

将大海视为最终倾倒场的远不止军队。最古老的海洋倾倒方式可能是污水倾倒。倾倒污泥的人通常首先用管道接入开放水域，最后用驳船，在明确标记的倾倒地点卸下物品。20 世纪，随着污水处理设施的出现和不断改进，污水中含有越来越多的有毒物质，如镉、多氯联苯或汞。这反过来又促使全球各地的市政当局将其污水倾倒场移至更远的海上。例如，纽约市在 20 世纪 80 年代中期将一个 22 公里外的倾倒场移至 196 公里外（Subcommittee on Environmental Pollution，1985：11）。整个 20 世纪上半叶，世界各地的市政当局、行业和联邦机构都在扩大开放水域倾倒场，例如，在纽约湾、墨西哥湾或圣莫尼卡海底峡谷。到 1972 年，在美国海岸附近有近 250 个官方垃圾场（大西洋 122 处、墨西哥湾 56 处、太平洋 68 处），用于处理各类物质（Council on Environmental Quality，1970：1）。

除了污水和其他城市废物外，大量工业废物，如有机氯化物、多氯联苯或尾矿，也进入了海水。例如，截至 1938 年，太平洋的查纳拉尔湾成为智利北部两个安第斯矿场大量废物的倾倒场。仅从 1938 年到 1962 年，就有大约 1.25 亿吨的尾矿被倾倒在那里。随着时间的推移，该倾倒场变成了一个 10 公里长、面积超过 4 平方公里的人工海滩。直到 1989 年，在经济合作与发展组织（经合组织）将该做法归类为太平洋海洋污染的严重事件之后很久，在发出司法命令后才停止垃圾倾倒（Cortés 等，2016：19；Paskoff and Petiot，1990）。在整个 20 世纪，挪威成为最大的尾矿倾倒场之一，其大西洋海岸线上有七个官方尾矿倾倒场，内陆峡湾还有更多（Friends of the Earth Norway，2015：2）。

疏浚弃土是倒入海洋的最大的一类废弃物。疏浚弃土源于港口或水道水下清除碎片或沉积物的做法，是指“由岩石、土壤或贝壳材料组成的松散、随机混合的沉积物”（欧洲海洋观测和数据网络，2018）。随着航运业的大规模扩张和集装箱船的 102
出现，港口试图容纳越来越多的更大的船舶，使得疏浚成为一项定期和必要的活动。根据美国的一项研究，到 20 世纪 60 年代，疏浚弃土重量约占大西洋、太平洋和五大湖中开放水域倾倒物质的 80%，到 20 世纪 70 年代中期上升至近 90%。疏浚弃土的问题在于，它们含有源自早期环境破坏和农业、工业或市政排放到海水中的受污染的沉积物。约 34% 的疏浚弃土被污染（商船和渔船委员会，1980：3，48；环境质量委员会，1970：3）。

最后，放射性废物也进入了海洋。放射性废物来自核能、核动力船舶、工业、医院、科学研究中心或核武器设施。著名的核设施有英国的塞拉菲尔德、法国的拉格以及苏格兰的敦雷，这些地方的污水管道通常直接流入大海（Hamblin，2008）。1946 年至 1993 年间，从美国、苏联和英国开始，到 20 世纪 50 年代又有法国、瑞士、荷兰、日本、新西兰、韩国、意大利和瑞典（以及其他国家），14 个国家使用了大西洋、太平洋和北极的 80 多个地点来处理放射性废物（国际原子能机构，1999：12；Vartanov and Hollister，1997：7）。倾倒的物质包括液体和固体废物以及带有或不带有燃料的核反应堆容器（国际原子能机构，1999：6）。最初，这种核废料倾倒完全在国家当局的管辖下进行。1968 年以后，欧洲国家转向每年在同一地点进行联合倾倒行动，并在经合组织的欧洲核能机构内组织开展（Calmet and Bewers，1991：417—418；Hamblin，2008：8）。

与倾倒到海洋中的大多数其他危险材料相比，放射性材料并非不加区别地倾倒或未经政治辩论就倾倒，但苏联除外（Aust and Herrmann，2013：2）。整个 20 世纪 50 年代和 60 年代，苏联利用这个问题“作为对西方发动宣传战的工具”，特别是对美国和英国。颇具讽刺意味的是，当苏联发出最强烈的反对声音，指责西方国家毒害海洋这一共享资源时，他们自己也在秘密地做同样的事情。直到 20 世纪 90 年代初，鲍里斯·叶利钦（Boris Yeltsin）总统才透露，除了污水和包装垃圾外，苏联还倾倒了 16 个来自潜艇和破冰船的核反应堆，有些还装有核燃料，其中大部分都倾倒在不到一百米深的水中（Hamblin，2008：2—3）。

103

大海可以洗去所有罪恶

地球表面的 70% 以上都被水覆盖，其中 90% 以上是海水。科学家通常将世界海洋分为几大洋，例如太平洋、大西洋、印度洋、南部（南极）海洋和北极海洋，以及较小的海，例如地中海、波罗的海和北海。平均海水深度接近 3700 米，海和洋的平均水深区别很大。有一些水域，比如太平洋，平均深度达到 4000 米，地球最深处的马里亚纳海沟达到 10911 米。而波罗的海的平均深度只有 52 米，比平均深度为 86 米的安大略湖要浅得多（Charette and Smith，2010；Czub，2018：1485）。用一个涵盖所有海洋空间的词语来说，**世界海洋**是 23 万种已知物种的栖息地，但由于其中大部分尚未被探索，因此海洋中存在的物种数量可能超过 200 万种（Drogin，2009）。

尽管海洋科学在整个 20 世纪取得了迅速的进步，但我们对这个广阔的海洋空间以及人类存在和干扰的影响仍知之甚少（Haward and Vince，2008：9）。事实和假设、硬数据和虚构想象等方面的知识对于海洋倾倒的研究起到了关键作用。人们在向海洋倾倒各种各样的物质时，并不一定对于海洋环境或倾倒所造成的潜在危害有所了解。相反，他们这样做是基于对海水质量和海洋空间吸收能力的主观臆断。① 辩论双方都很难获得确切的数据，在整个 20 世纪，关于海洋倾倒的影响和滥用的冲突引发了许多科学争论。

对海洋空间及其巨大的吸收能力的想象与古老的海洋空间观念以及 19 世纪海洋艺术和文学的文化转向，三方面错综复杂地联系在一起。最为明确的是，画家约瑟夫·玛罗德·威廉·透纳（J. M. W. Turner）和温斯洛·霍默（Winslow Homer）没有将他们的艺术目光停留在代表海洋空间的港口或船舶的古老描绘上，而是率先在画布上描绘出光和运动（Gillis，2013：11）。透纳和霍默的画作将观众的目光引向巨大的海洋空间，而在文学作品中，海洋作为想象现代性的空间也越来越受到关注（Cohen，2010）（图 4.3）。这两种艺术形式都表达了人们对海洋的普遍新觉醒的认识和热情，在整个 19 世纪和 20 世纪促成了海洋人文和科学知识的广泛扩展，使得人们把海洋视为“一个具有历史、地理和自身生命意义的三维生命体”（Gillis，2013：12）。同时，他们也表达了人们对广阔海洋的迷恋，而一个世纪后，这成为吸引开放水域倾倒的核心因素。

① 艺术和文学提供了了解海洋的其他方式，蓝色人文学科也是如此（Gillis，2013）。

图 4.3　J. M. W. 透纳（J. M. W. Turner），“海景”，1828 年。© 泰特。

104 当谈到海洋倾倒时，人们看到的是广阔的海洋空间和有限的陆地空间。特别是日本和英国等“有着抵制陆地倾倒活跃群体、人口密集或地质不稳定国家”的决策者，他们发现海洋倾倒更有吸引力（Hamblin，2008：28；VanDyke，1988：82）。例如，20 世纪 70 年代中期，日本开始计划进行低水平放射性废物的海洋倾倒，日本放射性废物管理项目主任石原武彦（Takehiko Ishihara）辩称，由于太平洋有着广阔海域，而日本陆地领土空间有限，因此日本选择海洋倾倒“相当自然”（引自范戴克［VanDyke］，1988：87）。同样，纽约市认为，由于市内缺乏倾倒污泥的足够土地，因此必须将污泥倾倒到纽约湾。纽约的污水污泥中含有重金属，因此无法将任何可能用于农业用途的土地作为潜在垃圾场。相反，用于倾倒污泥的土地必须永远指定为非农业用途，而这种土地很难在纽约市找到（自然资源、农业研究和环境小组委员会，1981：4）。最终，仅仅因为有“更多的海洋”，许多决策者认为海洋空间似乎是“一个合乎逻辑的倾倒场”（VanDyke，1988：82；环境污染小组委员会，1985：6）。

除了海洋的广阔空间外，水的流动性质也是导致海洋倾倒的一个至关重要的方面。在人类历史的大部分时期，流水是最理想的废物处理地点，因为水可以冲走废物。早在古希腊时期，人们就信奉欧里庇德斯（Euripides）的说法：“大海可以洗去所有罪恶。”金伯利·巴顿（Kimberly Patton）说，纵观历史，“各种文化都将海洋神圣化，相信它能冲走危险、肮脏和道德污染的东西”。他们认为海洋使“陆地保持纯净，从而可以孕育陆地上的生命”（Patton，2007：护封）。20世纪污染海洋的做法部分继承了这些信念。 105

一般来说，许多人遵循的前提是“解决污染的方法是稀释”，并且认为大型水体通过可获得的绝对水量稀释了放入水体的任何物质（环境和大气小组委员会，1975：101）。海洋空间代表着一个“无限的……废物吸收库”，这种普遍的信念一直延续到20世纪70年代和80年代（渔业和野生动物保护小组委员会和海洋学小组委员会，1971：138）。例如，科学家们假设，距离纽约市海岸196公里的垃圾场中，城市污水污泥在理想情况下，“在倾倒后的几分钟内会稀释5000倍或更多，在1或2天内会稀释10万或100万倍”。然后，这些物质将“在不到一周的时间内从倾倒场被冲走”（自然资源、农业研究和环境小组委员会，1981：23）。工业界对海洋也有类似的理解。杜邦公司环境事务主管威廉·加洛韦（William Galloway）说，海洋有“巨大的同化能力”，是“人与自然的水性残留物的天然和最终储存库”（环境和大气小组委员会，1975：77）。1971年，当被问及“凿洞沉底”行动时，美国陆军副部长撒多斯·比尔（Thaddeaus Beal）辩称，将过时的化学武器“浸泡”在海水中可以“在化学试剂从容器中逸出时将其稀释和解毒”。虽然军方不能保证“绝对不会对处置场的环境造成影响”，但他们认为这“无关紧要”（海洋学小组委员会，1970）。同样，英国供应部为其1949年倾倒核废料所提供的辩词是，废料数量“太少，不会对鱼或人的生命产生任何有害影响”（英国供应部，1949，引自汉布林［Hamblin］，2008：27）。尽管对于海洋倾倒的知识还处于初级阶段，但即使是对海洋学家理查德·弗莱明（Richard Fleming）这样的科学家来说，海洋倾倒往往也是最安全、最经济、最环保的处理包括放射性废物在内的许多危险废物的方法（Bearden，2007：8；Hamblin，2008：29，34）。

最后，对于社区、工业和政府机构来说，海洋倾倒的吸引力在于“它的相对轻松、明显的便利性及其经济效率”（Weinstein-Bacal，1987：887）。历史上，许多城市都位于海岸线上，因为这样的位置带来了交通、食物和生态效益。产品和资金会通过港口流入这些城市，从而滋养它们的发展。

106 今天，世界上最大的十个城市中有八个位于沿海，包括东京、孟买、圣保罗、纽约、上海和拉各斯（UN，2006—2016）。20世纪上半叶，这些海洋城市面临着“现有处置设施容量不断减少、附近陆地场地缺乏、购买新场地的成本很高以及政治问题”，因此，简单地将物资卸入附近水域是非常方便的方式。正如1966年海洋倾倒问题国际会议的一名与会者指出的那样，向近岸水域排放城市污水、工业废物或疏浚弃土的“巨大经济性”是“与生俱来的”。如果到达这些水域“在经济上可行，昂贵污水处理厂的恐怖幽灵将变得越来越暗淡……让那些不得不为此买单的……人非常满意”。最后，“这项工作由善意、古老的海洋免费完成”（引自渔业和野生动物保护小组委员会和海洋学小组委员会，1971：138）。

未知领域

直到20世纪60年代及以后，包括科学家在内的世界各地的人们都认为在开放水域倾倒垃圾不会对海洋造成任何环境损害，或仅有很少的环境损害，而人们也往往在没有适当的科学知识基础的情况下怀有这样的假设。虽然海洋科学和海洋生物学在20世纪有了很大的发展，但在有关海洋倾倒对环境的短期或长期影响的公众和治理辩论方面，它们却几乎没有什么建树。各类物质的排放限值是多少？物质起初应该如何排放，在什么深度，以什么速度排放？倾倒在浅水和深海中的物质衰变有何不同？科学家如何追踪多氯联苯或汞等污染物？应该如何监控倾倒者和垃圾场？1975年，国家野生动物联合会的环境活动家肯尼斯·卡姆莱特（Kenneth Kamlet）警告称，“在（人类）能够回答关于自然过程和海洋环境中污染物的命运和影响的所有问题之前，（海洋早就成了）一片巨大的荒地”（引自渔业和野生动物保护小组委员会，海洋学小组委员会，1971：26）。

这种知识的缺乏往往是由于缺乏基本研究，这与几十年的疏忽、保密行为和海洋本身的特殊性等方面有关。直到20世纪60年代末，军方和民间都很少记录他们倾倒了多少物资或具体倾倒在哪里。时至今日，许多早期垃圾场的精确坐标仍然虚无缥缈。同样，倾倒者也不一定能确定该物质是否对人类健康或海洋环境有影响，是否会溶解在开放水域中，或是否会留在原地（Bearden，2007：11）。最后，在卫星支持导航之前的时期，许多倾倒者不确定他们是否在指定的倾倒地点倾倒了物质，因为海洋空间不是一条可以轻松导航到确切地点的高速公路（“海底倾倒上诉”，1970）。

在军事倾倒行动中，保密因素起到了特别重要的作用。军事机构几乎从未公布过他们倾倒垃圾的信息，许多记录直到新千年才被解密（Christianson，2010：134）。1970年出现了一个罕见的透明时刻，当时英国军方承认，前年他们倾倒的垃圾中泄露的毒气可能导致了爱尔兰海岸一万七千多只海鸟死亡。另一次是美国军方不得不在同一年向美国国会报告其“凿洞沉底”任务（Anable，1970；Furphy，Hamilton and Merne，1971：34—40）。但公众直到2001年才了解到，美国在1970年之前在海洋中处置化学武器的做法比人们所认为的要更为普遍，在地理位置上更广泛。五角大楼还报告说，一些倾倒的武器在处置时已经损坏或泄漏（美国陆军研究、发展和工程司令部，历史研究和反应小组，2001）。1997年，当人们得知爱尔兰海的博福特堤防也曾被用作英国放射性废物的垃圾场（这与过去的说法截然相反）时，整个英国一片哗然（“爱尔兰海被倾倒放射性废物”，1997）。

同类事件，不管原因是否相同，在民用领域也同样不乐观。1971年，作为世界上最早开始考虑海洋保护的国家之一，美国没有一个专家知道“过去几年里倾倒在海洋里的废物数量”（渔业和野生动物保护小组委员会，商船和渔船委员会海洋学小组委员会，1971：1）。环境质量委员会只能追溯到1968年（两年前），估计美国仅在那一年就向海上倾倒了约4800万吨废物（1970：1，10）（图4.4）。其中一个问题是，关于海洋倾倒影响的问题“几乎没有”被提出，“而且只被一群鲜为人知的科学家，即生态学家提出”（渔业和野生动物保护小组委员会，商船和渔船委员会海洋学小组委员会，1971：1）。1972年，美国通过了《海洋保护、研究和保护区法》，又被称为《海洋倾倒法》，因为美国“认识到人们对海洋的同化能力知之甚少”，要求“严格限制或禁止”海洋倾倒，并扩大海洋研究（Lee，［1981］1983：1）。

在国家和国际海洋倾倒法规制定和研究项目建立之后，知识差距继续存在。对1975年的情况进行评估后，海洋活动家肯尼斯·卡姆莱特（Kenneth Kamlet）得出

图 4.4　运往海洋垃圾场满载灰烬的驳船，1973 年 5 月。© 大学园美国国家档案馆，照片编号：412-DA-5412。

结论表示，严重的信息不足问题仍然与《伦敦倾废公约》（1972 年；1975 年批准）之前一样存在。科学家艰难地把海洋倾倒的影响同更广泛的海洋污染问题分开（环境和大气小组委员会，1975：50），同时，排入海洋的污水污泥或疏浚弃土的数量不断增加。1973 年，美国倾倒了 430 万吨污水污泥；1982 年为 730 万吨。到 1982 年，也就是《海洋倾倒法》颁布十年后，"近十年的研究" 未能为政策制定者提供 "用以评估当前和提议的海洋倾倒政策的有连贯性的数据"（Lee，[1981] 1983：1）。研究人员敦促各国政府资助更多的基础科学研究，同时承认这类研究往往进展缓慢（环境与大气小组委员会，1975：170）。

放射性废物倾倒是第一种引发对排放标准和阈值作出要求的海洋处置方式。20 世纪 50 年代初，美国原子能委员会和美国国家标准局都曾向海洋学家理查德·弗莱明（Richard Fleming）施压，要求他们确定向海洋倾倒放射性废料的安全阈值。起初，这位海洋学家在这项任务上毫无起色。当时 "放射性废料影响方面的知识很少，而且他对放射性废料会安全地消失在海洋中而不会产生重大后果的想法感到不安”。尽管缺乏数据，弗莱明最终还是在一份文件中建议，“当然，某些放射性废物可以扔进海里”（Hamblin，2008：11）。在考虑这种有害物质的精确数量时，当时的科学家 109
们遵循了一种关键途径方法，即假设这种物质的放射性水平对人类安全，则它对海洋生物同样安全。因此，排放应受到特定环境中放射性水平可能进入人体的途径的限制。海洋空间本身并不值得保护，但在涉及人类的时候需要（219）。

继弗莱明之后，欧洲共同体委员会于 1985 年启动了评估欧洲人在北欧周围海域受到的辐射的 Marina 项目（Hamblin，2008：252）。然而，尽管开始了一些更细致的监测，许多关于放射性废料倾倒影响的问题仍然没有得到解答。20 世纪 80 年代末，出现了让科学家们感到困惑的事情，1979 年在大西洋比斯开湾的一个主要垃圾场采集的海葵样本中，锶 -90 和铯 -137 的浓度至少比 1966 年采集的样本高 10 倍，虽然在此期间已经停止使用该场地。一种可能的解释是，有害影响可能需要数年时间才能出现。但在那个特定垃圾场所做的研究“过于粗略，无法给出明确的答案”，而且之前关于倾倒物质的数量和位置的不准确性也一直困扰着后来的科学家们。当时他们也无法知道废物发生了什么问题。最后，他们警告说，由于 20 世纪 70 年代前的遗留问题，以及他们的“（海洋生态系统）知识仍然有限，因此（不可能）注意到干扰，除非是（巨大的）干扰”（VanDyke，1988：91）。然而，他们并未填补现有的知识空白，而是出现了相反的情况。1993 年，《伦敦倾废公约》的签约国投票通过了一项全面禁止在海上处置放射性废物的决议，并将每二十五年重新评估一次。作出该决议的同时，他们还终止了监测现有垃圾场的相关研究项目（Aust and Herrman，2013：9）。

保护海洋

20 世纪 60 年代和 70 年代，伴随倾倒物质的重新出现、现代环保主义的兴起、一系列的海洋环境灾难以及一种能让普通人看到海浪下面情况的水下摄影遗产，人们开始意识到海洋倾倒物质的危险。所有上述四个因素都让陆地上的人类感受到了与覆盖地球大部分地区的巨大栖息地的联系（Alaimo，2014：188）。

水下活动图像的黄金时代始于20世纪30年代，当时大量的技术和科学创新使110 潜水员和摄影师能够捕捉到水下生物的丰富多彩。战后，这种水下活动图像渗透到社会中。1956年，雅克-伊夫·库斯托（Jacques-Yves Cousteau）的电影《沉默的世界》以变幻万千的水下世界的生动色彩打动了全世界的观众（Cohen，2018：81）。几乎同时，海洋生物学家兼作家雷切尔·卡森出版了她的著作《我们周围的海洋》。1953年，根据该书改编的电影获得了奥斯卡最佳纪录片奖（Carson，［1952］1961）。这些作品不仅展示了浩瀚海洋的丰富性，也强调了保护海洋的重要性。尽管20世纪60、70年代的现代环保主义主要关注陆地问题，但库斯托和卡森已经让人们意识到海洋环境也需要保护。一系列备受瞩目的海事事故和事件让人们看到了国际海洋保护管理的必要性。1967年，托雷峡谷号油轮在英国海岸附近失事，说明了湿地的脆弱性；1969年，圣巴巴拉县石油泄漏事件进一步强化了这一信息（Simcock，2010：29）。

倾入海洋的物质再次出现后，海洋倾倒首次受到审查。例如，并非所有倾倒的弹药都真正地消失在了人们的视线之外。一般来说，化学武器制剂的密度比海水大，因此通常会留在海底，而不是漂浮到较浅的水域（Bearden，2007：9）。但它们多次被冲上岸，或者像在斯卡格拉克和波罗的海的浅水中一样被意外打捞上来。1968年到1970年期间，斯堪的纳维亚国家提交了几份关于游泳者和渔民被烧伤的报告，这显然是因为芥子气从海底倾倒物中泄漏而引起的。西德渔民在打捞上来一个奇怪的罐子后暂时失明，5个在吕贝克附近玩海藻的孩子的皮肤被烧伤（Anable，1970）。

化学战剂并不是唯一回现的物质。1975年，参议员劳滕贝格（Lautenberg）向国会讲述了他飞越纽约湾的经历，他目睹了在海洋中存留了很长时间的污水污泥残留物以及“变异的海洋生物”（环境污染小组委员会，1985：7）。污水污泥的另一个问题是会形成由天然泥底、人的头发、卫生巾的纤维和各种处理过的污水混合而成的黏液。渔民报告称，这种黏液会缠在他们的渔网上，有时甚至会撕破渔网。他们在离海岸130公里远的某些地方也发现了黏液（27）。随着这些关于物品回现的报道，人们开始意识到，物品被沉入海底后，不太可能待在原地不动。1977年的电影

《蚂蚁帝国》中，好莱坞对这种从海洋坟墓中再次出现的潜在影响产生了一种不断增长的恐惧，该故事围绕着佛罗里达大沼泽地里因一个被冲毁的放射性废物罐产生的一群巨大的蚂蚁展开（Hamblin，2008：3）。

倾倒物品的回现、污水污泥上岸以及黏液问题引发了全球海洋国家的一系列反 111
应，以缓解赞成和反对海洋倾倒的人们之间的冲突。例如，20 世纪 60 年代，联邦德国发起了一项寻找并清除第二次世界大战期间倾倒在波罗的海的毒气的行动。他们从海底捞出了一些，把它们转移到大西洋更深处的倾倒场（Anable，1970；“气井动了”，1960：39；波罗的海海洋环境保护委员会，2018）。1968 年，随着德国“马蒂亚斯一号”的推出，联邦德国和其他欧洲国家转而将海洋焚烧作为海洋倾倒的替代方法。海洋焚烧的物质主要是在陆地上处理起来既困难又昂贵的有机氯化物废物。到 1973 年，每年焚烧的废物超过了 8 万吨；到 1981 年，共焚烧了 11.7 万吨，所有焚烧船都在北海作业（Suman，1991：562—563）。向海洋焚烧的转变是我们远离将深海理解为可以随意倾倒各种物品的广阔空间的第一步。

相比之下，澳大利亚对海洋垃圾回现的应对措施比全球其他任何国家都更为严格，也早得多。早在 20 世纪 20 年代，污染物就冲上了悉尼、墨尔本和阿德莱德周围的海滩，因为船只经常在海岸附近倾倒大量垃圾。在悉尼，这些废物包括动物内脏、有机垃圾、市政委员会收集的废物和灰烬。除了造成污染之外，这种海上废物倾倒也给澳大利亚最近建立的深海拖网业造成了缠网问题，并可能阻碍日益繁忙的航道。为对抗污染，澳大利亚联邦政府 1932 年推出了《海滩、渔场和航道保护法》，以控制倾倒船只，并禁止在指定的禁区倾倒“任何垃圾、杂物或有机废弃物”。澳大利亚的这项立法在国际上首次采取控制海洋倾倒的措施的四十年前就已经颁布（Bearden，2007：9；Plunkett，2003a：7）。

国际上，20 世纪 60 年代末，当有关“凿洞沉底”行动的新闻爆出后，环保主义者和各国政府都开始考虑，无论人类存在与否，广阔的海洋都需要保护。五角大楼向北大西洋倾倒 22000 吨毒气弹的计划所“搅动的不只是几条受惊的鱿鱼”（Anable，1970；Müller，2016）。英国政府代表巴哈马群岛和百慕大群岛政府向美国表示了“日益严重的关切”（“英国对神经毒气表示关切”，1970）。通过墨西哥湾

流与佛罗里达海岸的垃圾场有直接关系的冰岛向华盛顿抱怨称，神经毒气会“损害
112 冰岛的渔业”。此外，冰岛推动联合国和平利用海床委员会召开国际会议，起草一项防止海洋环境污染的条约。该委员会在冰岛的带领下，呼吁各国政府“不要把海床和洋底作为有毒、放射性和其他有害物质的倾倒场”（“冰岛呼吁禁止海床污染谈判”，1970），这是迈向1972年《伦敦倾废公约》的第一步。

恰在世界各国都对美国向海洋倾倒垃圾的任务感到不满时，“凿洞沉底”行动更是引发了已经呼之欲出的焦虑情绪。在欧洲，人们已经敏锐地意识到，不仅北大西洋受到危险化学物质的污染，他们自己的水域也比当时专家们所认识到的要严重得多。赫尔戈兰海洋生物研究站的负责人奥托·金恩（Otto Kinne）称北海是“欧洲的工业污水池”，他的记录显示，每天大约有1200吨的硫酸被倾倒在离他的研究站22公里以内的地方；记者们进一步披露了一家罐头厂每年在挪威海岸处理18000吨福尔马林的故事；同样，海洋学家指出，波罗的海的海底之所以被他们称为“死亡之地”，就是因为那里也存在着类似的污染（Anable，1970）。在世界另一边的日本，公众对工厂向东京湾和其他水道排放镉和汞等危险污染物的担忧与日俱增（Müller，2017）。

一年中，全世界达成了一项共识，即海洋倾倒是整个国际社会极为关切的一个问题。1971年9月，海星圣母号（Stella Maris）试图在北海倾倒650吨有毒化学物质，来自挪威、冰岛、爱尔兰和英国的反对迫使这艘荷兰货船返回母港（Simcock，2010：29；Suman，1991：562）。同年，挪威邀请一些欧洲国家参加奥斯陆会议，起草第一个国际倾废公约。大西洋彼岸，美国制定了《海洋保护、研究和保护区法》，也就是众所周知的《海洋倾倒法》，并于1972年10月通过（Weinstein-Bacal，1987：898）。1972年12月，在伦敦、渥太华、雷克雅未克和斯德哥尔摩举行了一系列会议之后，有80个国家在联合国框架内通过了《防止倾倒废物和其他物质污染海洋的公约》，即通常所称的《伦敦倾废公约》。该公约于1975年8月30日生效（Chasek，2010：58—59；Hassan，2006：80）。

20世纪70年代初，这些不同的海洋倾倒公约建立了一套防止海洋倾倒的海洋保护制度，同时认识到海洋也可能会吸收某些物质。他们既没有禁止海洋倾倒，也

没有禁止所有物质。例如,《伦敦倾废公约》就采用了基于黑名单和灰名单的监管结构。黑名单，即被禁止的名单上，可以看到高放射性废料、化学和生物战剂、高浓度重金属和合成化学品等物质。污水污泥或疏浚污泥等倾倒灰名单上的物质，则在倾倒者获得特别许可证后才有可能倾倒（Suman，1991：568；Zeppetello，1985：620）。1996年,《伦敦倾废公约》签约国通过了1996议定书，对《伦敦倾废公约》进行了更新和完善，并最终取代了它。《伦敦议定书》通过十年之后，于2006年3月24日正式生效（Hong and Lee，2015）。 113

《伦敦倾废公约》的一个重要方面是鼓励签约国制定防止海洋倾倒的区域协定。第一个上述区域协定是1972年2月谈判达成的《奥斯陆公约》，甚至早于《伦敦倾废公约》。1992年,《奥斯陆公约》通过《保护东北大西洋海洋环境公约》(OSPAR）进行了更新（Du Pontavice，1973：126；Suman，1991：564；UN，2017b：380）。1974年，波罗的海沿岸国家通过了《赫尔辛基公约》。同样，由于地中海生态状况的恶化，这一水域的15个沿岸国家于1976年签署了《保护地中海不受污染公约》(《巴塞罗那公约》)。该公约两年后生效（Suman，1991：569—571）。如表4.1所示，若干有关保护海洋环境免受污染和海洋倾倒的区域公约已于20世纪80年代生效，或在20世纪90年代进行了原有公约的修订。今天，大多数国家都加入了一个或几个与海洋倾倒有关的公约。世界上最大的20个经济体中的一些国家以及一些太平洋岛国是例外，这些国家虽然遭受了放射性废料倾倒的最大影响，但它们认为各类公约均不够强大（UN，2017b：382；VanDyke，1988：86）。

潮水回流

20世纪末和21世纪初，我们目睹了海洋倾倒的漫长历史上的又一次转折，写下了既连续又充满变化的一章。时至今日，海洋倾倒仍然是合法和常见的做法；时至今日，由于倾倒垃圾场数据的缺乏、对深海及其海洋环境的了解不够以及国际社会不愿正视这两个问题，仍然难以评估海洋倾倒的数量或影响。例如,《伦敦倾废公约》和《伦敦议定书》都要求其签约国就海洋倾倒活动提交年度报告，但大多数签约国对此反应迟钝。从提交的报告中，我们了解到海洋中倾倒的最大数量的物质

114 **表 4.1　现有国际和区域海洋倾倒公约**

公约名称	关注领域	通过日期	生效日期
《奥斯陆公约》	北海和大西洋东北部	1972 年 2 月 15 日	1974 年 4 月 7 日
《伦敦倾废公约》	全世界	1972 年 12 月 19 日	1975 年 8 月 30 日
《赫尔辛基公约》	波罗的海	1974 年 3 月 22 日	1974 年
《巴塞罗那公约》	地中海	1976 年 2 月 16 日	1978 年 2 月 12 日
《科威特公约》	波斯湾，阿曼湾和北阿拉伯海	1978 年	1979 年
《阿比让公约》	西非和中非区域大西洋沿岸的海洋环境	1981 年	1984 年
《利马公约》	东南太平洋	1981 年	1986 年
《吉达公约》	红海和亚丁湾	1982 年	1985 年
《卡塔赫纳公约》	大加勒比地区的海洋环境	1983 年	1986 年
《布加勒斯特公约》	黑海	1992 年 4 月	1994 年
OSPAR	东北大西洋	1992 年	1998 年
《伦敦议定书》	全世界	1996 年	2006 年
《安提瓜公约》	东北太平洋的海洋和沿海环境	2003 年 11 月 14 日	2010 年 8 月 27 日

仍然是疏浚弃土，而污水污泥的数量已经下降，因为各国认识到这种物质是富营养化问题的潜在因素（UN，2017：383）。同样，尽管有新技术，但许多海洋垃圾倾倒场，如那些存放经合组织国家的放射性废物的倾倒场，在很长一段时间内都没有受到定期监测（Aust and Herrmann，2013：9）。

115 与此同时，人们不愿面对海洋，特别是在 20 世纪的最后十年，一些国家已经开始使用新设备和新技术重新审视它们的海洋垃圾场，并对水下的情况进行好奇的窥探。以化学武器为例，特别是在 21 世纪初，世界各地的行为者开始试图绘制现有的化武倾倒地点，并对世界各地不同的军队在哪里倾倒了什么以及多少化学武器进行分类。其中一个位置绘制项目由波罗的海海洋环境保护委员会（HELCOM）实施，另一个由 OSPAR 实施（UN，2017：384）。通常，正是军方自己想要知道海面之下究竟隐藏着什么（Plunkett，2003b）。收集这些信息的目的是进行适当的监测，并在可能的情况下采取补救措施，但直到目前都几乎没有什么结论。谁应该负责清理倾倒地点以及如何承担责任的问题由于若干因素而变得复杂，这些因素包括时间的推移、做法的共性、倾倒活动与战争进行之间的联系，或安全和工程问题（Baine，2004：2）。

同样，自 20 世纪 90 年代以来，放射性废物倾倒问题也曾两次激烈地回到台面上来。第一次，1992 年冷战结束后，苏联（的相关人物）披露，自 20 世纪 60 年代以来，它已向北冰洋浅水倾倒了大量高放射性废物时，那些拥有北极海岸线的国家尤其感到担忧。挪威和俄罗斯联合成立了一个委员会，调查垃圾场的放射性污染，一个科学家团队多次前往各个垃圾场，从海底和海水中提取样本（UN，2017：384）。第二次，2011 年，福岛核电站事故再次提高了公众对辐射污染海洋的意识，将垃圾场的监测重新提上了不同海洋保护公约的议程（Aust and Herrmann，2013：9）。当公众抗议倾倒放射性物质时，要求重新调查该问题的压力进一步加大。与 20 世纪早期的讨论和争议相比，福岛核事故后关于海洋倾倒的一般性辩论仍然没有进展（O’Connor，2017）。

随着时间的推移，人们发现了许多支持和反对向海洋倾倒废物的做法的论据。本质上，这些理由均围绕着海洋学者杰克逊·戴维斯（W. Jackson Davis）和约翰·范戴克（John VanDyke）在 1982 年提出的主要争议点：（1）海洋是一个有生命的、相互联系的环境，可以通过海洋食物链将废物返还给人类；（2）海洋是一个可怕的环境，会破坏人类的放射性废物容器等结构；（3）尽管最近海洋科学取得了 116
快速的进步，但海洋在很大程度上仍然是一个未知的环境；（4）海洋代表着全球资源，是所有人及其子孙后代与生俱来的资源权利；（5）少数人对全球公域的破坏违反了国际法原则（Davis and VanDyke，1982）。时至今日，我们仍未得到对于上述五个争议中的任何一个具有意义的答案，这些问题使得海洋倾倒成为一个“漂泊的荷兰人”，注定会不断回到政治辩论以及社会和环境争议的桌面上来。

第五章

岛屿和海岸

太平洋战争

丽贝卡·霍夫曼

全球时代的岛屿

全球时代标志着向世界海岸迁移的加速，以及充满冲突的发展的开始。已经有超过 6 亿人（约全球人口的 10%）居住在海平面以下 10 米的沿海地区（海洋会议，2017），预计到 2060 年这一数字将上升到 10 亿（Berger，2015）。正如环境历史学家约翰·吉利斯（John Gillis）所言："我们已经习惯了大海冲击海岸，但现在是人类浪潮第一次冲向大海。"（2012：187）但在 21 世纪，人类冲向海岸与海平面上升、海浪和风暴活动加剧等不断积累的环境挑战发生冲突。围绕气候变化的讨论将岛屿划为特别脆弱的地区，许多岛屿的陆地海岸线比例高、资源有限、选择不多，因此，这些岛屿社会已经成为气候变化的首当其冲的受害者。

岛屿及其居民的命运对居住在大陆上的人们来说一直十分神秘。现在和过去的文章对于岛屿，尤其是较小的岛屿，都是一种不是世外桃源，就是毁灭之地的矛盾描述。这些岛屿通常一直是研究生物物理学和社会动力学的完美方便的小实验室（Hofmann and Lübken，2018）。随着 20 世纪 70 年代环境问题全球化，"地球号宇宙飞船"被描绘成我们在宇宙中的小岛，这种矛盾的认识甚至被扩大套用到了我们
所在的星球上（Hoehler，2008：69）。但到最后，认为岛屿很小、孤立、距离遥远 118
的幻想仍然占主导地位，忽视了岛屿在过去一个世纪的世界政治中所发挥的作用。在对于殖民主义、非殖民化和解放的叙事中，世界各地的岛民在建立国家和追求自身身份的过程中，一直在努力摆脱外来者给予他们的生活世界和他们作为岛民的边缘化地位。讲述岛屿和海岸故事，从而讲述海洋文化史的新方式是受到建议将"岛屿"用作动词的已故太平洋学者特蕾西亚·特艾瓦（Teresia Teaiwa）的启发。她认为，动词"岛屿化"打破了诸如孤立或脆弱的描述，因为投射对象消失了。与大陆

形成相反，岛屿化还调解和强调了岛民的能动性和力量。本章通过概述太平洋群岛及其海岸在战争和冲突过程中成为世界政治和全球发展中心的文化史，挑战了太平洋群岛（也称为大洋洲）作为一个孤立的乌托邦的想象。

充满战争的大洋洲

太平洋比大西洋大两倍，比大西洋多两倍的水量。太平洋包括巴厘海、白令海、阿拉斯加湾、北部湾、珊瑚海、东海、菲律宾海、日本海、南海和塔斯曼海。在澳大利亚、菲律宾和美国之间的太平洋热带海域，有约 7500 个岛屿、珊瑚礁和环礁，陆地面积约 130 万平方公里，散布在面积约 7000 万平方公里的海域中。海洋岛屿的存在时间由地壳构造和火山活动、长期和短期气候条件以及人类活动所决定，通常都十分短暂，其中约 2100 个岛屿容纳了约 1700 万人口（Mückler，2009a：15），主要是聚集在波利尼西亚、美拉尼西亚和密克罗尼西亚这三个由欧洲探险家划分的原始文化地区内（图 5.1）。联合国预测到 2050 年这一数字将达到 3150 万（Ortmayr，2009：190，220）。由于气候变化，他们可能很快失去自己的岛屿，成为没有国家土地的公民，这当然是一种生存威胁，但不是太平洋岛屿居民面临的第一场战斗。早在第二次世界大战和随后的冷战期间的激烈场面上演之前，岛民们就陷入了彼此之间的交战争端，当然还有与欧洲和美国殖民者、传教士和商人的交战争端。总的来说，被葡萄牙探险家费迪南德·麦哲伦（Ferdinand Magellan）于 1520 年称为“Mare Pacifico”（太平洋）的世界上最大的海洋的水域并不平静。

119 大洋洲是世界上最后一个被人定居的大洲。大约两千年前，当海平面达到现在的水平时，大多数太平洋岛屿已经适合人类居住。尽管早期的理论将这些岛屿的定居归因于一系列风暴和海流驱动的巧合，但人们普遍认为定居者都是有意为之，他们在独木舟上装载牲畜和植物，在新的土地上定居，扎根于那里并建立归属感。由于四面环海，他们还发展出了有着极其复杂的航行和航海技术的海洋文化。因此，大洋洲的生活世界是人口流动和对住地的依恋的结合，岛民认为这两者是互补的，并塑造了他们的身份认同。岛屿的海岸从一开始就是到达和离开的地方，因此见证

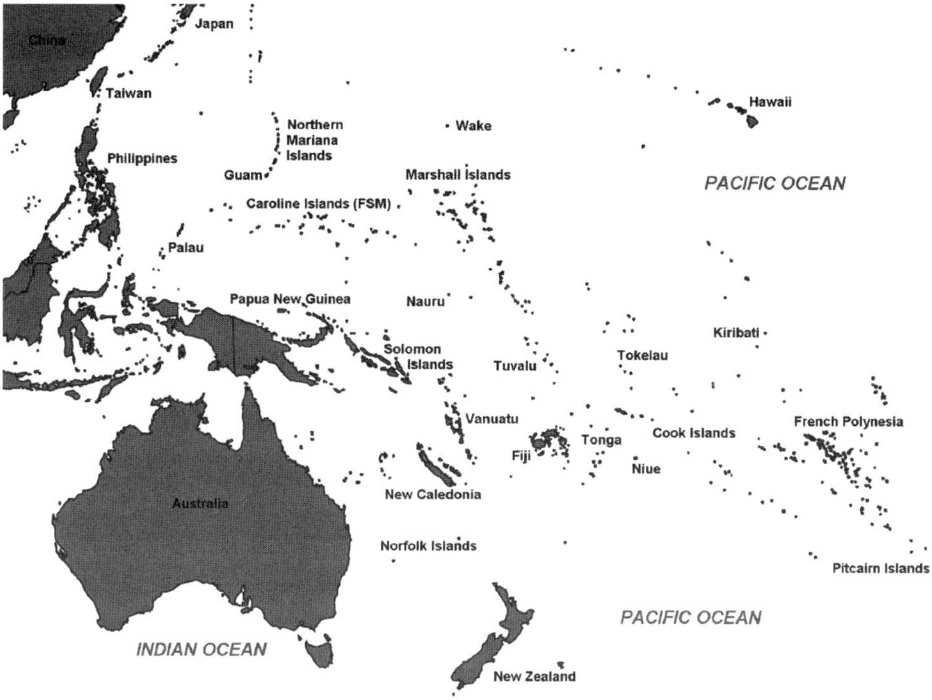

图 5.1　大洋洲的岛屿。弗洛里安·加希克（Florian Gaschick）制图，2016。© 维基共享资源（公共领域）。

了快乐和悲伤的场景。当人们在公海上待了几周后声称拥有土地，或者当家人随后来到时，他们就会举办庆祝活动。直到今天，作为他们的土地权利、政治主张和家族历史的基础的登陆地点和抵达群体的年表，仍对人民具有特殊意义。但当人们因为好奇、缓解过度拥挤或被驱逐而离开时，海岸见证了告别的泪水；海岸还吸干了定居者和新来者之间战斗的鲜血。海岸上，来自不同岛屿的贸易伙伴或部族成员聚集在一起，巩固彼此的忠诚，交换彼此岛上稀缺的商品，确保了在大洋洲岛屿上的
生存。米克勒（Mückler）表示（2009b：138），贸易活动是氏族之间唯一的和平相 120
遇，否则他们就会陷入永久的战争。

海上岛屿发生战争的主要原因是对于土地的争夺。大洋洲的历史也可以解读为一些辽阔的王国或主要的自治领（dominions）（这至今仍为该地区的特征）的出现和衰落的战争故事。比如，基里巴斯的军事岛屿文化就包括用椰子纤维或动物毛皮

制成的盔甲，覆盖整个身体，用干黄貂鱼或河豚鱼皮制成的头盔，配备满是鲨鱼牙齿的矛和剑（Mückler，2009b：266—267）。此外，成功且勇敢的战争行为是大洋洲男人获得社会地位的一种方式，例如，美拉尼西亚的猎取头颅者实际上是在追求声望。早在人类活动造成的全球变暖的严重影响出现之前，气候和环境条件就已经在影响着定居者群体之间的社会文化发展和主要竞争。海洋考古学家认为，由于环境压力和食物短缺，"物资丰富的时代"和"物资稀少的时代"已经导致了定居结构和饮食的变化，以及社会凝聚力和政治组织的加强，特别是在小冰期（1350—1800年）（Carson，2014；Nunn，2007；Nunn and Britton，2001）。

从16世纪开始，欧洲传教士、海滩流浪者、商人和士兵带着武器和关于权力的新观念来到了这里，给岛屿战争带来了新的动机和新的性质。然而，第一次殖民遭遇可能是在双方都充满好奇和敬畏的情况下发生的，当代欧洲目击者的浪漫主义描写最初塑造（shaped）并传播了对于这些岛屿是理想住所的想象，其中卢梭（Rousseau）的"高贵的野蛮人"展示出了与当时旧大陆截然不同的生活选择，正如对塔希提岛屿社会的评价所证实的：

> 但我可以告诉你，这里是世界上唯一的在人们的生活中没有邪恶、没有偏见、没有需求、没有纷争的地方。塔希提岛的居民出生在最美丽的天空下，以不需要人类劳动的肥沃土地上的果实为食，由家族长辈而不是国王统治，除了爱，他们不知道其他的神。(《塔希提岛或新喀里多尼亚》，主编：济特·N. 赫鲁贝尔［zit. N. Hérubel］，《乘坐科学考察船布德斯号［La Boudeuse］环航世界》，摘自比特利［Bitterli］，1980：250；翻译：R. H.）

然而，另一些人则把这些"小"和"孤立"的岛屿视为一种几乎不可能的生活方式，严酷而又充满了匮乏，因此，只有以内部野蛮或外部依赖为代价，才能维持生存。欧洲人对美拉尼西亚社会的印象尤其令人震惊。早期的描述称："几百年前，这个叫作新几内亚的国家在地图上被涂成黑色，被称为坏人群岛。"（比弗
121 ［Beaver］，1920：40；摘自可诺夫特［Knauft］，1990：251）美拉尼西亚人成为未

开化社会的原型，那里充斥着野蛮、残酷的战争行为、猎取头颅和在威廉·戈尔丁（William Golding）的反乌托邦小说《蝇王》(*Lord of the Flies*，1954）中描述的同类相食行为。当然，越来越多的欧洲人和美国人在岛上建立自己的企业，加上新的疾病和不正当的贸易做法或直接剥削，让岛民滋生了复仇和报复的观念。

整个20世纪就是一段大洋洲岛民和外来者之间贸易和暴力的辩证关系的历史。在殖民主义的过程中，欧洲列强已经把这些岛屿变成了成熟的商业前哨，拥有可以取代全球范围内不断减少的鲸油资源的高产椰子干（干椰子肉）种植园。与此同时，新的经济和政治体制加剧了对领导职位的争夺，如下所述的群体内部和群体之间的忠诚和部署（这在今天的内乱中仍在上演）被重新安排。因此，贸易和殖民主义促成了遥远太平洋上的岛屿与世界其他地区之间的联系。但最终，战争才是将这些岛屿带入全球历史的真正原因。

例如，在密克罗尼西亚，日本在1914年第一次世界大战开始时从德国殖民统治下夺取了这些岛屿，当时他们还入侵了美国统治的关岛。战争结束时，联合国的前身——国际联盟根据凡尔赛条约的授权将日本的主权要求正式化，日本的目标是建立一个移民殖民地，作为日本向南扩张政策的一部分。他们的目的是让这些岛屿适应日本文化，并积极致力于发展经济，带来有薪劳动力机会、日本人的文化和习俗，但同时也与世隔绝，为日本人的大量移民做准备。随后，日本人的人数很快超过了太平洋岛屿上的居民。虽然这产生了巨大的社会文化影响，但这些只是第二次世界大战的持久影响和意义的一个缩影。在“二战”中，这些岛屿、它们的海岸以及它们之间的水域和它们上方的空气都变成了太平洋战区的一部分。尽管太平洋战争的军事史被精心记录，但对岛民处境和观点的描述主要是通过岛民口述的历史获得，岛民以代代相传的方式保存了他们鲜为人知但往往十分残酷的经历。因此，下面的叙述描绘了以前想象的天堂成为来自遥远彼岸的战争牺牲品的历史。这些岛屿位于美国和日本之间的交叉线上，在第二次世界大战中曾发生过一些最激烈的战斗。在密克罗尼西亚发生的军事行动不仅对太平洋战场起了决定性作用，而且也决定了整个战争的走向。

122 两个敌对世界之间的太平洋岛屿：第二次世界大战

从20世纪20年代初开始，日本对岛屿的政策由殖民帝国主义转向岛屿军事化。1933年，日本正式宣布退出国际联盟。随着这些岛屿上民政管理的终结，日本人开始扩大其统治范围，并在大洋洲各地建立了重要的军事哨所（Mückler，2012：216—221）。日本的重装防御工事导致了岛屿景观的重大变化。例如，在楚克潟湖（今天的密克罗尼西亚联邦境内），为了建设一个机场，人们被迫将半个岛屿夷为平地。油罐、煤库、道路和航道进一步改变了岛屿的景观，岛民仍然记得森林被砍伐之前的岛屿山丘的景象，之后那里被用作发射火箭和导弹的地方。虽然现在树木已经又长起来了，但洞穴、隧道和生锈的武器仍然可见，仿佛在提醒着人们（图5.2）。此外，整个周围的珊瑚礁都被炸毁，以供大型战舰通过。楚克潟湖不再是伊甸园，而是成为"太平洋要塞"（Poyer，2008：226），日本海军主力在这里，对当地岛民造成了严重的后果。

图5.2　日本"二战"时期在楚克潟湖的大炮。© 丽贝卡·霍夫曼，2012。

因此，一些岛屿充当农业供给站，为军队提供物资或种植经济作物，几乎完全变成了农田和种植园。对岛民而言，这意味着强迫劳动、没收土地和房屋、排干芋头沼泽，以及砍掉面包树和其他果树，这是他们饮食的重要组成部分，因此导致了严重的食物短缺，这已经成为当地一个重要的战争遗留问题。

1941 年 12 月 7 日，日本轰炸机袭击了美国位于夏威夷的珍珠港军事基地，摧毁了美国的太平洋舰队，巩固了日本在太平洋的统治地位。此后，楚克潟湖永远铭刻在了战争的历史中。珍珠港事件使得美国正式参战，大洋洲最终也被卷入其中。太平洋标志着一个新的军事时代的开始，其水域遍布着航空母舰和潜艇，而太平洋上的岛屿则变成了外来者战争战略中的棋子。为报复珍珠港事件，美国空军于 1944 年开始对楚克潟湖的日本海军陆战队进行压制性空袭，开始了近两年的持续轰炸。最后，几乎没有椰子树幸存下来，大部分珊瑚礁遭到破坏，这里到处都是饥荒和令人难以置信的苦难（Poyer，2004）。同年，美军还开始向关岛和北马里亚纳群岛进行轰炸，随后发动了两栖攻击，以夺回这些岛屿。令人印象深刻的是布满岛屿的军队和物资的数量。战役期间，535 艘载着 127570 名军事人员的美国军舰接近塞班岛和天宁岛。为准备两栖登陆，伴随着为期两天的猛烈海空军轰炸，大约 18 万枚炮弹落在了岛上。今天走在路上，人们还能发现炮弹坑和使用火焰喷射器驱走隐藏在洞穴中的士兵时被烧黑的岩石。

为纪念塞班岛和天宁岛（北马里亚纳群岛联邦）战役六十周年，2004 年，来自幼儿园和学校的学生们听他们的长辈讲述他们自己在战争期间的经历，或者听他们的父母和亲戚讲述历史。在对往事的回忆中，当时还是孩子的目击者报告了他们是如何看到自己的父亲、怀孕的母亲、兄弟姐妹和亲属在交火中受伤或被打死，他们如何成为轰炸的牺牲品等。当日本人把当地查莫罗人赶进山里时，所有受到攻击的目击者在身体或心灵上都留下了伤痕，他们不得不在洞穴和掩体中忍受极度的饥饿、干渴和恐惧（图顿-帕克特［Tuten-Puckett］和太平洋之星青年作家中心，2004）。

最后，3426 名美国士兵阵亡，13099 名士兵受伤；日本方面，24000 名士兵战死，1780 名士兵被俘。约 8000 名日本人在把家人从塞班岛北端的悬崖上推下后，

124 自己也跳下悬崖以逃脱监禁；将近一千名岛民没有活到解放。当这些岛民终于可以离开他们在袭击后被分配到的营地后，他们发现自己的岛屿已经被摧毁，房屋和树木被夷为平地。无论是太平洋战争还是第二次世界大战，塞班岛战役和天宁岛战役都起到了决定性作用，因为 1945 年 8 月 6 日，美国艾诺拉·盖号轰炸机从天宁岛起飞，向广岛投下了第一颗原子弹（图顿–帕克特［Tuten-Puckett］和太平洋之星青年作家中心，2004：vi—vii）。

第二次世界大战将太平洋水域和岛屿变成了美国和日本士兵的万人坑。因此，大洋洲与各个国家历史有着不可分割的联系，美国和日本的退伍军人和阵亡士兵的后代都参拜这些岛屿以纪念他们的父辈。如上所述，岛民还将战争积极地作为他们集体文化记忆的一部分，尤其是由于大洋洲的时间观念和历史性不同于西方线性时间进程的观念："我对一场发生在我出生之前的战争也有记忆。"（Diaz，2001：155）密克罗尼西亚历史学家维森特·迪亚兹（Vicente Diaz）用这句话告诉我们，即使是年轻一代，也仍然能感受到战争对这个岛屿的影响，因为战争的记忆被保存和存放，并通过当地的故事和歌曲流传。"这些故事占据着我的身心"，迪亚兹继续说道，同时，他"越来越意识到这些记忆的政治代价，以及他们为了巩固美国在这个岛上的霸权而编织的叙事"（155）。因此，战争遗留问题在今天整个大洋洲的岛屿生活中仍然是多方面的突出存在。

战争遗留问题

在关岛，每年的 7 月 21 日都会举行多姿多彩的游行、集会和其他事件，以纪念和庆祝 1944 年美国军队登陆并从日本手中成功夺回该岛。但"解放日"让当地历史学家维森特·迪亚兹思考了美国军事行动的动机，这是出于战略原因，而不是为了解放查莫罗人。因此，对他来说，庆祝活动涉及非殖民化和查莫罗人身份的问题。"如何解开这一天的复杂含义?"（Diaz，2001：157）他想，这对不同的人意味着不同的东西：对一些人来说，这是对美国持续忠诚的象征；另一些人则用它来展示他们对美国在该岛上持续的军事存在的抵抗，并将这一天重新命名为"重新占领日"（169）。迪亚兹将这种矛盾心理解释为后殖民主义的过程：尽管当地的互惠原则告诫查莫罗人，要用忠诚、热爱和土地来回报美国人在军事干预后带来的解放和实际食物，但他们越来越失望，因为互惠似乎永远不会结束，永远不会回来。相反，美国持续的战略利益导致了对用于军事用途的土地的争夺，并不断将这些岛屿推向其他国家的军事游戏中（162，169）。例如 2017 年，朝鲜威胁要对美国在关岛的军事设施发射核导弹，以回应美国总统特朗普（Trump）的挑衅。[1]

最奇特的对来自岛屿海岸之外的物质和行为方面的本土化挪用，尤其是在太平 125
洋战争期间，可能就是美拉尼西亚所谓的“货物崇拜”。在美拉尼西亚，殖民主义者和士兵们带给这些与世隔绝村庄的物品（货物）及其数量，以及看似浪费的货物使用，都让当地人感到敬畏。在战争期间，盟军带来了大量的军事和其他技术设备、冰箱、收音机、罐头食品和其他货物。他们飞到岛屿上空，把货物用降落伞空投到岛上，给岛民留下了深刻的印象。在没有任何其他解释的情况下，岛民清楚地知道，他们的祖先是能够完成这项任务的唯一力量，因此，外来者必然与其祖先有着特殊的关系。战后，当新货物运送停止时，当地人在克里斯玛型人物的领导下，试图通过模仿士兵的行为和做法来诱使祖先投下更多货物。他们建造木制飞机和天线，修建新的飞机跑道，重新设计制服，点燃信标，然后等待。在某些情况下，他们对货物重返的信念非常强烈，以至于他们放弃了园艺和其他习俗，导致发生深远的社会文化变化（Diaz，2001：116）。

因此，对太平洋岛民来说，战争代表了一种休止，正是这种休止带来了新奇和破坏、唤起、挑战并最终改变岛屿以前的结构。但在战后，岛民被重新分配到以前的殖民地，同时，对于其可供采矿的土地、可供捕鱼的水域和整个岛屿建立军事设施的开发利用，都仍然延续着殖民主义的经济和政治逻辑。由于岛民对自身在政治上依赖外来者、在经济上被外来者剥削的状况越来越不满，他们开始发起独立运动，抗议外来者在他们的海岸和岛屿上的活动。尽管逐步的政治解放被人们当作一

① 纪录片《岛屿士兵》讲述了来自科斯雷的密克罗尼西亚士兵为美国军队作战的精彩当代经历，并为有关太平洋军国主义和后殖民从属关系的批评性讨论提供了素材。有关综述，请参见基伦（Kihleng）、尤穆拉拉普（Yow Mulalap）、利奥塔–穆阿（Leota-Mua）和迪亚兹（Diaz）（2019）。

种新的太平洋生活方式的曙光进行庆祝，但正式非殖民化也带来了暴风雨。从 20 世纪 50 年代末开始的分裂主义运动和国内动荡表明，当不同的利益必须被整合时，建国的过程有多么艰难。

美拉尼西亚尤其如此，因为它是大洋洲人口最多以及种族、文化和语言最多样化的地区。无论是 1988 年至 1999 年巴布亚新几内亚与布干维尔岛居民之间的内战（Mückler，2000：13），还是斐济的军事政变，似乎大多数种族冲突无外乎为了权力、就业和资源而开展的争夺，都是各种后殖民发展的结果（13）。例如，在所罗门群岛，来自瓜达尔卡纳尔岛的岛民反抗马莱塔岛的岛民，因为后者在经济活动中
126 占据最重要的地位，而来自瓜达尔卡纳尔岛的岛民很少或根本不参与经济活动。这种情况可以追溯到美国军队从日本手中夺回瓜达尔卡纳尔岛，随后建立了一个大型军事基地，之后该军事基地变成了首都霍尼亚拉。该军事基地建造期间，雇用了大量来自邻国马莱塔的岛民，从那时起，他们就一直迁往瓜达尔卡纳尔岛。然而，尽管首都霍尼亚拉和周边其他岛屿之间失衡，同时瓜达尔卡纳尔岛的土地权利争端加剧了冲突，但这也只是各岛屿群体之间表面上的竞争，实际上有着长久的历史原因，也与殖民时期的复杂性和战后发展有关联。米克勒在详细分析中指出，这是因为许多分散的岛屿均各自为政，均为小规模社会结构，在 1978 年所罗门群岛成立之前，这些岛屿很少合作或完全敌对。

对于大洋洲的一些岛屿来说，具有悖论意味的是，战争也带来了当今唯一有价值的旅游项目，那就是潜水。在瓦努阿图的圣埃斯皮里图有一个名为“百万美元点”的潜水点，这是战后数百辆汽车和数吨其他物资被沉没的地点，因为沉没比回程运输成本更低（Mückler，2009b：115—116）。在密克罗尼西亚楚克潟湖（美国 1944 年曾在这里发起“冰雹行动”，消灭了日本海军），多年来，船只和飞机残骸再次被征服，这一次是被珊瑚和其他海洋生物征服，因此造就了一些世界上最好的潜水地点（图 5.3）。但目前，沉船变成定时炸弹、波纹状的材料开始释放机械的重油和其他污染物，标志着潜水寻宝时代的终结。

127 这些战争遗留问题说明，政治和社会文化进程真正将太平洋群岛同世界历史联系到了一起。然而，特别在战后，世界分裂为东方和西方，美国和苏联之间的冷战

图 5.3 旧金山丸号上的船首炮。© 布兰迪·穆勒（Brandi Mueller）/ 盖蒂图片社（Getty Images）。

深刻改变了大洋洲的历史，并将它永远与世界其他地区连成一体。例如，随着第二次世界大战的结束，密克罗尼西亚群岛处于联合国独特的“战略”托管之下，由美国海军管理。太平洋岛屿托管领土（TTPI）不是作为其他托管领土向联合国大会负责，而是向美国行使否决权的联合国安理会负责。美国现在视昔日的敌人日本为盟友，密克罗尼西亚群岛作为美苏意识形态之间的堡垒，扮演着重要的军事战略角色，极大地影响了地区发展。1941 年，日本袭击珍珠港的第二天，美国海军委托人类学家和耶鲁大学等著名大学的科学家收集有关密克罗尼西亚群岛的一切可用信息，并编写有关该地区的军事手册（Kiste and Falgout，1999：11，17）。然而，该地区不仅具有军事战略意义，而且已经成为美国的一个很有前途的市场。1946 年，美国商业公司进行了一项经济调查，提供了劳动力、农业、林业、海洋资源、矿产开发、运输等方面的额外数据（Hanlon，1998：88）。到 1980 年，美国跨太平洋贸易额超过了跨大西洋贸易额（MacIntosh，1987：1）。因此，就像殖民时期一样，商人和士兵再次携手行动，美国将太平洋视为一个可以任意支配的“美国湖”。但又一次，岛民仅从中得到很少的好处，因为尽管美国把其他外来者挡在门外，但太平洋岛屿内部的发展受到军事政策的限制，托管领土很快就变得更像一块“生锈的领土”。因此，太平洋岛屿除了作为美国和苏联之间的军事堡垒，似乎已经再次被移到世界边缘。当统治权转移至民政管理机构时，这种情况也没有改变，当代作家威拉德·普莱斯（Willard Price）总结道：

> 它们由美国内政部管理，但它们就像任何外部土地一样遥远。它们难道是在外部的内部管理土地？国家政府的国内机构不会碰它们，因为它们在外部。它们没有资格获得外国援助，因为它们由美国内政部管理。
>
> （Price，1966：217）

128 太平洋岛屿在世界上地位的最终确定也伴随着始于20世纪60年代的政治独立辩论。由于六个岛屿地区的代表无法就密克罗尼西亚独立的共同解决方案达成一致，他们与美国进行了单独的谈判，双方都知道对方对自己的重要性。密克罗尼西亚人已经开始依赖外部资金来资助他们的政府和国家服务，而美国则热衷于保留过境和港口权，以及他们的军事基地和试验场的土地使用权。最终，他们缔结了《自由联合条约》，然而，该条约体现和延续了新殖民主义，即美国以资助政府作为条件，获得了全部国际国防和安全机构管理的权利①。

随着1945年长崎和广岛的原子弹爆炸，第二次世界大战几乎突然就结束了，至少在官方和直接战争行动方面是这样。然而，太平洋岛民再次置身于继续无视或公然无视岛民的生命和岛屿环境的相互竞争和冲突的国家之间。仅仅三个月后，美国决定实施原子弹计划“十字路口行动”，并于1946年7月1日在比基尼环礁引爆

① 随着冷战的结束，西方在大洋洲的利益大幅下降，为以前在该地区有利益或新近被太平洋市场和政治机会吸引的其他国家腾出了空间。因此，近几十年来，日本、韩国、中国、菲律宾等主要亚洲国家以及以色列等国的援助不断增加。例如，年轻的独立国家密克罗尼西亚长期以来对美国的承诺和幻想感到失望，并愿意在政治上进入新的国际水域。

了第一枚原子弹。英国和法国在大洋洲也有核计划。因此，第二次世界大战的结束并不意味着太平洋岛屿内乱或军事化的结束。事实上，“二战”的结束预示着冲突和军事历史的新层面，其中最黑暗的一章可能是核试验那些年，太平洋岛民“已成为东西方对抗的卒子”（McIntosh，1987：7）。

核太平洋

> 我的岛屿已经被污染。我长了三个肿瘤（原文如此），我很害怕。我不知道是否应该要孩子，因为我不知道是否会生出一个像“水母宝宝”一样的孩子。我只知道我必须环游世界，告诉大家我们这里的炸弹故事，这样我们就能在炸弹找到你们之前予以阻止。
>
> （达琳·克朱［Darlene Keju］，马绍尔活动家和教育家，1951—1996 年，摘自麦克莱伦［Maclellan］，2014）

2014 年，大洋洲人民纪念“喝彩城堡”（Bravo）核装置爆炸六十周年，其威力是广岛原子弹的一千倍，是美国历史上引爆的最大、威力最强的原子弹。1954 年 3

图 5.4　1946 年 7 月 25 日在密克罗尼西亚比基尼环礁进行的核武器试验。© 约翰·帕罗（John Parrot）/ 斯托克特累克图片社（Stocktrek Images）/ 盖蒂图片社（Getty Images）。

月 1 日，在马绍尔群岛的比基尼环礁（属于密克罗尼西亚）引爆了该颗原子弹（图 5.4）。马绍尔群岛军事总督、海军准将本・怀亚特（Ben Wyatt）要求 150 名比基尼岛民在一个月内撤离该环礁，因为在他们的土地上，需要进行“为了人类的福祉和结束所有战争”的试验（Niedenthal，2002）。

129 此外，“喝彩城堡”在比基尼环礁上的爆炸表明了美国对剥削人民健康和福祉的狂妄自大。与美国的公告相反，风将数吨受污染的放射性沉降物吹向了当时已被清空的比基尼环礁和邻近水域的南部，而不是北部。5 厘米厚的放射性尘埃落在有人居住的朗格拉普环礁上，但环礁上的居民在几天之后才被疏散。死亡尘埃也到达了其他环礁，影响了美国服务人员，并导致该地区的一名日本渔民死亡（McIntosh，1987：125）。数年后的 1982 年，美国国防原子能机构承认早在核试验进行的大约六小时前就知道风向发生了变化，但并没有停止核试验。据报道，被污染的岛民在放射性尘埃中玩耍，一直不清楚自己的命运。最终，他们被转移到夸贾林，并由空运过来的美国医生进行检查，而受辐射的美国服务人员则被空运回家并分散安置（128）。受美国能源部委托进行辐射对岛民影响研究的实验室得出结论，239 个受到辐射的马绍尔群岛人提供了关于放射性沉降物对人类影响（包括“没有时间或谱系限制的染色体损伤”）的唯一知识（DeLoughrey，2013：171）。例如，辐射会导致甲状腺癌和白血病的高发病率，或导致新生儿畸形，正如这位女士所称：“有些妇女生下了猫、老鼠和乌龟的内脏。大多数女性都流产过，包括我自己，生下了不像人类的东西。有些女人生下葡萄之类的东西，有些甚至无法再生孩子，包括我。”（Alcalay，2002：28）。

130 尽管核武器有着灾难性的后果，但到 1958 年，共有 22 枚核弹落在了比基尼环礁。尽管如此，美国还是在 1970 年宣布该环礁安全，可以重新定居，但直到八年后才纠正了这一结论。比基尼环礁人不得不和朗格拉普人一起回到他们的核流放地，一名妇女评论道，“近六十年来，我们背井离乡，就像海上漂浮的椰子，没有可以称之为家的地方”（Maclellan，2014：7）。他们难以适应其他岛屿上陌生的生态环境，加剧了他们失去家园的意识。

在回应公众的愤怒并在比基尼环礁和其他环礁岛民向法庭提出请求后，美国军方在进行基本清理后同意岛民回到部分岛屿。受污染的土壤被转移到埃尼威塔克环礁的鲁尼特岛，并被倾入前一次核爆炸留下的弹坑中。弹坑内填满了 101498 立方米的辐射物质，顶部是一个混凝土圆顶，即鲁尼特圆顶。该圆顶直径 120 米，耗资约 2.39 亿美元，这种危险材料预计将永远封存。但该岛本身已经被宣布为至少二十四万年内不安全。1980 年，第一批人开始返回已经清理过的岛屿。但由于土壤的移除，沙质环礁岛不再能够做园艺，岛民从此依赖美国的赔偿（Pazifik aktuell，2018a）。2018 年，法国在莫罗罗阿环礁投入了 1 亿欧元用于核监测系统现代化，法国太平洋实验中心在 140 个矿井中埋藏放射性废物，这也显示出太平洋的核试验将让未来付出多大的代价。但环礁是由多孔的珊瑚石构成的，因此放射性物质可以通过珊瑚石渗入海洋。所以，监测主要针对的是珊瑚基及其可能的崩溃。阿尔及利亚独立后，法国失去了把撒哈拉作为试验场的地位，因此法国向法属波利尼西亚的领土议会寻求许可，并于 1962 年获得批准。虽然只有少数波利尼西亚工人被雇用在中心，但补偿款项是该领土的主要收入（Pazifik aktuell，2018b）。

这些核试验使整个岛屿消失，或使部分岛屿长达几千年不适合居住。在人们继续进行勘察和赔偿的斗争中，核试验对人们和环境造成的损害将伴随他们的子孙后代。全部岛民都被驱逐出他们的家园，他们一直在等待能够返回的那一天。必须强调的是，土地对岛民来说不仅仅意味着财产，而且保证了他们与祖先的持续联系、保障了他们的相关社会政治要求、联通了他们的家族历史，并最终培养和确保了他们的身份认同和归属感。这是一种情感和身体方面的联系，因为大洋洲的人们感觉 131
自己与自己的亲属和自己的土地都密不可分。因辐射和炸弹爆炸而造成的毁坏或破坏，或人们被迫离开他们的土地，相当于家庭成员的伤害或丢失。因此，即使最终核试验停止，人们仍无法找到和平，因为他们还需要为正义而战。

尽管对大洋洲人来说，岛屿征用和流离失所意味着持续的心理压力和焦虑，以及对后代的担忧，但一旦外国为了一己之私需要这些岛屿时，岛民就会被驱逐。为了延续在太平洋岛屿上的军事计划，从 1959 年开始，美国对美军夸贾林环礁（USAKA）基地采取了大量安全化措施，当地居民一直处于监视之下，只允许在特定路段和特定通道通行。太平洋中部的岛屿再一次对远在岛屿海岸之外的人们和他们的活动起着关键作用。在夸贾林导弹靶场，美国对从加利福尼亚州范登堡空军基地发射的洲际弹道导弹进行监控和托管。导弹以每小时 1.6 万公里的速度飞行 7700 公里，只需 30 分钟左右，就会以每小时 8000 公里的速度撞向潟湖基地，也就是从夸贾林发射的反卫星武器的目标。每个月都有几百次航班飞到这些岛屿，给那里的美国科学家带去让他们开心的美国商品，而夸贾林人被重新安置到邻近的埃贝耶岛，那里人口严重过密，是大洋洲第一个存在类似“种族隔离”恶劣条件的贫民窟。虽然不太可能，但人们仍然希望有一天能够回去。然而，他们在 1982 年试图重新占领他们土地的“回家行动”却招致了美国的报复，扣留了应支付给岛民的 100 万美元的租金（McIntosh，1987：131，134）。在该次事件中，很明显，美国人继续把土地视为可出售的房地产，而对岛民来说，土地是他们身份和归属感的核心。

最终，1945 年至 1996 年间的 230 多次核爆炸和氢弹爆炸将太平洋变成了一个“核粪池”（Schmidt，1986：25）。当几个环太平洋国家讨论将海底作为核废料或受污染试验残留物的可能处置地时，就表明即将发生更多的污染。日本向马里亚纳海沟倾倒核废料的计划被马里亚纳岛民及时阻止，岛民们偶然从报纸上得知了这一消息，并获得了一位研究 1946 年至 1968 年在加州海岸倾倒数千桶核废料的生物学家的帮助。该生物学家认为，无法保证在数年内没有放射性粒子逃逸并最终在人类食物链中积累。此外，人们对海事过程所知甚少，在 1977 年，5 万桶核废料中，只有
132 140 桶能够被重新定位。来自马里亚纳群岛的消息很快传遍了大洋洲，从而为无核太平洋的战斗增加了一个新的维度（Vinke，1984：95—97）。

尽管西方人认为大洋洲岛屿又小又孤立，那里的土地少，人口少，是确保世界安全的合法受害者，但这些岛屿上居民的反抗对其家园的军事剥削和辐射的斗争得到了全球的承认和支持。虽然至少在最初，太平洋核计划的发展对岛屿领导人来说十分诱人，因为它可以带来资金、基础设施发展和就业机会，但随后当地和全球的民间社会、教会、妇女团体和其他组织联合起来争取和平与正义，无核太平洋运动成为世界上最大的反核运动。几十年来，太平洋岛屿共同宣传建立区域无核区。南太平洋论坛（现太平洋岛屿论坛）是由独立的南太平洋岛国、澳大利亚和新西兰组

成的地区组织，1971 年开始抗议，在谈判中发挥了重要作用[1]。1973 年，抗议运动愈演愈烈，并被绿色和平组织等国际反核组织传播到太平洋另一边。1985 年 7 月 10 日，绿色和平组织的“彩虹勇士号”在前往莫罗罗亚环礁的途中，被法国特工在奥克兰港击沉，造成一名船员死亡，“彩虹勇士号”成为悲剧明星。仅仅几个月后，《无核区条约》，也叫《拉罗汤加条约》，于 1985 年 8 月，在广岛和长崎遭原子弹轰炸四十年后的同一天签署。但条约区不包括大多数部署了大量武器或试验场的环礁和岛屿，例如夸贾林岛。十年前，在斐济苏瓦举行的一次会议上成立了“无核和独立太平洋运动”，并制定了一系列其他的承诺和宣言，将核问题同土著争取自决和政治独立运动联系起来。正如一位来自新赫布里底群岛的代表所说：“这次会议的主要目标是结束太平洋地区的核试验，但随着我们讨论的增多，很明显就会发现，殖民主义是其中的主要原因。”（摘自麦克莱伦［Maclellan］，2014：10）因此，“无核和独立太平洋运动”不仅反对核试验，而且还反对在太平洋倾倒核废料，反对通过太平洋岛屿渔场运输核材料和在土著土地上开采铀。

对这些岛屿核破坏的抗议和争取岛屿政治自决的斗争的紧密交织，以及美国在其中扮演的角色，就是一直持续到 1994 年的帕劳政治未来之争的真实展示。帕劳和其他大多数密克罗尼西亚群岛一样，也属于美国的太平洋群岛托管领土。在帕劳就政治独立或与美国结盟的选择进行谈判时，核试验和军事问题推迟了任何协议的达成，帕劳于 1979 年成为第一个通过无核宪法的国家。当美国热衷于在位于日本、菲律宾和关岛之间的优越地理位置的帕劳群岛开展军事行动时，鉴于他们的邻国马绍尔群岛的悲剧，以及血腥第二次世界大战阴影的影响，帕劳的岛民强烈反对任何军事前景，他们表示：“士兵来了，战争就来了。”（MacIntosh，1987：135—137）无 133
论是经济压力，还是由美国人进行的他们宣称将使苏联远离这些岛屿的密集的“选民教育”，都没有取得成功，帕劳人在战前就从日本人那里听到过关于美国人的同样承诺。这一争议直到 1994 年才通过六轮谈判得以解决。马绍尔群岛的核试验后果和有关赔偿的战斗也在继续，造成了马绍尔群岛与美国之间的关系障碍。根据

[1] 1971 年，岛国政治家设立了南太平洋论坛，讨论共同的经济和社会发展问题，包括去殖民化、航运、航空、贸易、电信、鱼类资源和核问题。

1986 年的《自由联系条约》，马绍尔群岛可获得 1.5 亿美元的核损害赔偿，但前提是比基尼环礁和瓜贾林岛的人民放弃向核试验索赔法庭提起针对美国的法律诉讼（《新闻周刊》，1986 年 8 月 11 日，摘自麦金托什［McIntosh］，1987：133）。

由于封闭孤岛的想法长期支持着将太平洋岛屿作为完美实验室的想象，核时代无疑是科学“利用”岛屿、岛屿上的植物群、动物群和人类社会的变态的巅峰。文学学者伊丽莎白 · 德洛格里（Elizabeth DeLoughrey）（2013）在她那篇关于“孤立的神话”的引人入胜的论文中展示了孤岛隐喻如何帮助美国原子能委员会在道德上将他们的核试验合法化。图片和航拍视频强调了孤立，而将这些试验宣传为“辐射生态学”则将它们与以封闭系统理念为模型的生态系统研究联系起来。1500 万吨级热核武器“喝彩城堡”爆炸后，受污染的环礁岛民由于相对孤立且属于同一基因群，因此成为完美的科学测试群体。美国有效地将马绍尔群岛的沙质环礁岛孤立起来，并把它们“变成实验室的封闭空间，这是对岛屿历史和土著存在的压制”（172）。美国通过这种方式，创造了一个用于科学试验的封闭空间，迅速使岛屿社会的重新安置和整个岛屿的长期破坏合法化，将其视为换取全球安全的微小牺牲。然而，比基尼环礁和其他环礁的核试验流民的故事表明，珊瑚岛的环境并非简单可互换，而是具有不同生计选择的独特存在，而对某一块土地的归属感却不容易被人们克服。

总而言之，核沉降物作为一种不可磨灭的记忆将遗留在岛屿、海岸、珊瑚表面，无处不在，并将持续上万年（Fujitani，White and Yoneyama，2001：12）。在某些情况下，它甚至颠倒了岛屿景观。“喝彩城堡”留下了一个宽 2000 米、深 76 米的火山口，形成了一个“反岛屿”（德洛格里［DeLoughrey］，2013：171）。此外，
134 辐射并没有驻留在岛上，而是在世界各地传播。巴尔达奇诺和克拉克（Baldacchino & Clark，2013）继续讥讽道，辐射扩散后，在全球物质中都可以找到辐射，世界人口在生态上已成为“岛民”。

核太平洋居民的抗争唤醒了全世界人民对一个日益军事化星球的意识（DeLoughrey，2012：171）。年轻时就目睹了“喝彩城堡”的破坏性影响的马绍尔前外交部长托尼 · 德 · 布鲁姆（Tony de Brum）因在无核太平洋和对受损岛民赔

偿方面的不懈奉献，于2012年获得了“核时代和平基金会”的“杰出和平领袖”奖，2015年获得了“无核未来奖”。在去世的前一年，他与马绍尔政府一起获得了2016“年度军备控制奖”，并被提名为“诺贝尔和平奖”候选人。他也利用自己在地方、区域和国际政治方面的经验，为减缓气候变化和伸张正义而战。与布鲁姆一样，大洋洲的岛民已经成为全球气候变化政治的榜样。岛民被描述为海平面上升和气候变化的其他影响的首批受害者之一，各岛国和活动家采取了各种策略，以获得关注和资金，并寻找避免其家园生活条件恶化的可能的替代方案。

气候变化斗士

在20世纪之交，生活在大洋洲的人们不得不在身体和精神上适应海平面上升和气候变化的其他影响。习惯了环境灾难的岛民已经感到不安，因为涨潮和风暴潮的威力越来越大，干旱越来越严重，热带气旋越来越频繁。例如，在密克罗尼西亚联邦的楚克主潟湖，人们过去热切地等待所谓的 kúún ennefen（季节性高潮），因为高潮会把某些深水鱼类带进岛民珍视的潟湖。但今天，洪水漫入内陆，淹没沿海房屋，把道路变成滑溜的泥石流，阻碍孩子们上学的路，破坏芋头沼泽，使生活变得更加艰难。2011年再次发生洪灾时，一名村民声称：“我们不会把它叫作高潮，这种潮水比以前的更高，所以我们很害怕，我们不知道为什么会这样。现在潮水正穿过马路，进入我们的房子。现在潮水来得更频繁了。”（Hofmann，2016）（图5.5）虽然对村民来说，修复损失非常昂贵，但更令人不安的是，这些洪水超出了以往的经验，无法再与既定的知识和反应行为联系起来，留下了不确定性和恐惧的观念。

然而，海岸和岛屿的淹没和侵蚀也激起了那些远离任何海岸安全生活的人们的思考，大洋洲已成为一个高效媒体投影场所，反映出我们对地球未来环境状况的恐惧和希望。澳大利亚地理学家卡罗尔·法博特科（Carol Farbotko）认为，这些岛 136
屿作为气候变化影响的微观世界或新实验室，只有在它们消失后才会摆脱对于它们的想象，因此代表了“气候变化紧迫性的绝对真理”（2010：47）。其他方面，法博特科分析了澳大利亚的报纸中关于气候变化导致流离失所的建构，并说明关于脆弱性的边缘化讨论如何压制关于岛屿认同的替代性建构的，这种替代性建构本可以把

135

图 5.5　2011 年 11 月和 2011 年 12 月楚克图恩楚基耶努（Chukiyénú，Toon，Chuuk）的洪灾

© 丽贝卡 · 霍夫曼，2011。

岛屿描述为富有韧性和资源的（Farbotko，2005：279）。仅举一个例子来说，虽然熟练的流动性是征服大洋洲并成功定居的先决条件，但在当前关于气候变化与人类活动的讨论中，奇怪的是，作为成功生存的一种积极表达方式的流动性却不见了（Farbotko，2012）。相反，大量的科学、政治论述，尤其是媒体的论述，对“岛屿”和“气候变化难民”进行了粗暴的概括，将它们置于一个以偏概全的等式中，这种等式强化了古老而富有想象力的脆弱岛屿和岛民与持久而强大的大陆相对立的地理印象。

因此，关于岛屿面积小以及与世隔绝的叙事让岛民深受其害，形成了岛民以各种方式定位自己的新的生态殖民论述，而并未考虑到岛民赖以生存数千年的适应能力。经历最初的不确定之后，太平洋岛民重拾他们的战斗历史，开始用战斗精神来求得安全与和平。图瓦卢人民拒绝被全球言论推入受害者的角色（Farbotko and Lazrus，2012），卡特雷特岛民将他们的监督重新安置的组织命名为“在我们自己的浪潮中航行”（Tulele Peisa），基里巴斯则宣扬其“体面迁移”政策。因此，各岛国用不同的策略来处理气候变化问题，但团结一致，努力让全球意识到这一问题。为获得道德权威，岛屿领导人有效利用了西方关于岛屿小而脆弱的言论，引起了国际会议和委员会的注意。沃尔夫冈·肯普夫（Wolfgang Kempf）表示，“小”实际上“是太平洋岛民与国际社会政治斗争的关键资源之一”（2009：201）。对于图瓦卢，迈克尔·戈德史密斯（Michael Goldsmith，2015）描述了在援助物资和人员（科学家、开发工作者、记者以及可被称为窥探癖的游客）大量涌入的过程中的“小而大”的现象。2014 年，他们的努力得到了回报，联合国宣布当年为“小岛屿发展中国家国际年”，这些岛屿由此得到了全球关注和援助，2017 年尤甚，当年斐济在德国波恩主持了第二十三届气候变化会议。太平洋岛屿被赋予并承担起可持续发展和绿色经济的示范先锋作用。和以前的问题一样，气候变化不仅是并非由岛民自己带来的终极物理威胁，而且是一个与目前“南北”关系中的特定认识论和政治复杂性纠缠在一起的外来概念。因此，岛民在与气候变化带来的危及生命的后果作斗争的 137
同时，也呼吁政治体制以及话语和认识论的最终去殖民化。基里巴斯前总理汤安诺（Anote Tong）（2012）总结道：

> 多年来，我们一直确信，作为小岛屿国家，我们在影响全球事件方面几乎无能为力，虽然这些事件会深刻影响我们的生活。也许按照我们典型的“信任别人”的太平洋方式，我们一直相信，在竞争激烈的国际社会中，我们的“大哥们”会照顾我们的利益。虽然在某种程度上这可能是对的，但经验告诉我们，每个国家都有自己的优先事项……气候变化的挑战是对国际社会纠正任何不平等现象的真实愿望和能力的最严峻考验……以保障地球上所有公民都能过上美好生活的权利。

岛民寻求他们参与世界气候变化讨论的话语“所有权”，因为，正如巴内特和阿杰（Barnett and Adger，2003）告诫的那样，真正的气候变化危险可能是在劫难逃的话语以及听之任之的反应，而不是物理影响。面对这种将人置于受害者地位的言论，太平洋的民间社会和活动家开始奋起反抗。2014 年 9 月 23 日，马绍尔诗人凯西·杰特尼尔–基吉纳（Kathy Jetnil-Kijiner）为纽约联合国气候峰会做了开幕致辞，她给自己的小女儿写了一首诗，向她承诺，她不会不战而退，并呼吁聚集峰会的世界领导人采取行动。同样具有强大媒体的还有太平洋地区的“气候变化斗士”，他们是全球“非政府组织 350°”的成员。他们的使命在该组织的主页上清晰展示了出来：

> 二十年来，我们一直要求世界各国领导人采取行动制止大气污染。我们不能再等了。现在，太平洋的斗士们正在为保护太平洋岛屿免受气候变化的影响而和平崛起。我们要传达的信息是：**我们没有沉没，我们正在战斗。**
>
> （“太平洋气候变化斗士”，无日期；强调为原文所有）

结论

本章阐述了太平洋岛屿和海岸在全球时代的世界冲突中扮演的核心角色。战争一直是岛屿社会文化生活的一部分，它的印象和记忆被冻结，并通过神话、故事、歌曲、社会文化结构或土地权传递下去。人类在大洋洲开始定居之时，同一岛屿上或岛屿之间的不同好斗群体都发动过各类战斗，但随着殖民者及其武器的到来，又出现了新的流血和死亡。伴随着外国的政治斗争，尽管并没有一颗子弹射到这些岛 138
屿上面，但它们不止一次受到战争行为的震撼和持久影响。例如，马里亚纳群岛的关岛与美西战争的起因或进行没有任何关系，但1898年美国的胜利将关岛带到了历史上的一个关键转折点，因为美国把该岛变成了一个主要军事基地，把它拉进了现代全球战争的舞台。第二次世界大战给岛民的生活划上了一道持久的伤痕，引发了文化适应和新的社会运动，太平洋岛民不得不在惊涛骇浪中追求独立，并在许多新建立的国家中克服平民冲突和社会文化制度变革所带来的挑战。此外，太平洋水域在与新殖民主义对其自然资源的开发，或与标志着从核海洋向塑料海洋转变的最近的“大垃圾带”作斗争的同时，继续承受着核试验的创伤。无论如何，热带太平洋岛屿更多的是一个充满想象的空间，而不是一个地方，在那里“岛屿是天堂花园”的欧洲陈词滥调仍然盛行。因此，沉没岛屿的末日场景也触动了非岛民的心，并将他们心目中的岛屿家园再次推向地球命运的中心。太平洋岛民自己也在为如何面对可能成为最终冲突的威胁而抗争，他们不会不战而降。对他们来说，土地和海洋是他们生活的来源，是他们的历史和身份，以家族传说和遍布各处的亲属关系与周围的岛屿景观紧密相连。大洋洲在 *Mare Pacifico*（太平洋）中的历史一直充满了冲突和斗争，虽然太平洋在命名时的本意是指“和平的水域”。伴随岛民对于“小”和“孤立”等大陆观念的反对，今天的“气候变化斗士”可能也是对这些军事遗留问题的回应。因为对他们来说，他们的家代表着“岛屿之海”，而不是“海之岛屿”（Hau’ofa，1994）。汤加的埃佩利·豪奥法（Epeli Hau’ofa）曾说过不朽名言：

> 大洋洲广阔无垠，大洋洲还在扩张；大洋洲好客又大方；大洋洲是从海水深处和更深的火山地带中崛起的人类，大洋洲就是我们；我们是海，我们是洋，我们必须清醒认识到这一古老的真理，并在我们一直拒绝承认是我们唯一指定之地的狭小空间，在我们最近获得了解放的狭小空间，共同利用这一真理来推翻最终目的在于再次从身体和心理上限制我们的一切霸权观念。
>
> （Hau’ofa，1994：160）

第六章

旅行者

水平和垂直航行于非人类海洋

海伦·罗兹瓦多夫斯基

对于海洋文化史来说，由于旅行者通常是从一个地方到另一个地方，或者去遥 139
远的陆地，所以“旅行者”这一范畴可能看起来更像是陆地的而不是海洋的。即使旅行者可能需要跨越海洋才能到达他们的目的地，但“地方”和“陆地”这些词似乎忽略了海洋。如果旅行者指的是四处迁徙而不是生活在一个固定地点的人，这就对人们尚无法永久居住的海洋环境提出了挑战。非常有趣的是，在英文中旅行者（travelers）还是跟随铁环移动的一种航海机械装置，这些铁环沿着船上的绳或杆滑动，使帆索能沿着固定路线自由滑动。这样就可以防止帆索被缠住，有时还可以在抢风或转帆时无需派人照料。机械旅行者的移动符合人类旅行的概念，包括对于大多数旅行者的预期都是外出旅行，然后或多或少会回到同一地方（与迁移到新地方的人相比）。机械旅行者的比喻不太适用于加上了严格限制的横向漫步。人类的旅行让人联想到距离、地理、新奇以及偏离轨道（而不是固定轨道）等各种可能。

“航行者”（voyagers）这个词似乎更适合用来描述海洋文化史，因为大多数人类海上旅行者都坐船旅行。“航行”一词可以指“除陆路以外的一段旅行路线或一段时间”（韦氏大辞典，2019）。航行者通常与船舶以及探索远方或危险地方的冒险
有关。时至今日，航行者既可以在海上旅行，也可以在太空旅行，而且可以用潜水 140
器在海洋表面之下移动。相比之下，旅行者似乎传统上被限制在海洋表面的水平维度，这可能证明了陆地和海上旅行的不同。至于说是否可以像飞机在大气层中飞行一样，随着20世纪潜水器和水肺技术的出现，旅行者现在也可以垂直穿越海洋。在这种情况下，古希腊术语Argonaut（亚尔古英雄，字面意思是杰森的船亚尔古号上的水手）就变成了宇航员（astronaut）和潜水员（aquanaut）这两个新词。

海洋与陆地的不同之处在于，海洋历史的书写很有难度，尤其是因为大多数历史学者都倾向于陆地历史。如果一个人从陆地出发，大部分经历在海上或海中，然

后返回到陆地上的同一地点，那么这个人是不是一位旅行者？如果所经过的大部分距离是垂直而非水平距离，比如进入海洋深处而不是穿过海洋表面，那么这是否算是旅行？环球旅行仅仅是众多旅行形式中的一种，还是在某些方面有其特殊之处？就海洋体验而言，旅行者和非旅行者有什么不同？渔民、商船水手或潜水员是不是旅行者？或者，那些每天在海上或海中工作的人是否不属此范畴？在这种情况下，科学家、作家、活动家、学生、休闲潜水员、游艇上的男女乘客、游轮上的乘客、考古学家、电影制作人、移民和其他人似乎都符合条件，只要他们进行的是周期性短途旅行，而不是几乎每天旅行。也许旅行者一定是出海旅行但不习惯海上生活的人？

从历史的角度来看，19 世纪及之前的航海旅行者（即那些不是将航行作为永久事业，而是为了一次独特旅行或多次航行的人），经常会记录下他们的经历，然后与他人交流。因此，旅行可能整体上包括一个反思的过程，以及利用媒体和实践来收集、记录和传达信息、体验、反应和见解。长期以来，航行和写作之间的密切联系一直被认为是一种文学传统，到 19 世纪，当海洋成为科学家研究的对象时，科学家接受了这一观点（Rozwadowski，2016）。这种传统广泛延伸到女性海洋旅行者，甚至包括其家庭。这一点在安妮·布拉西夫人（Lady Annie Brassey）的著作中尤为明显，从 1876 年到 1877 年，她和她的丈夫以及孩子们在他们的豪华游艇“阳光”号上进行了长达十一个月的环球航行（Brassey，1878）。19 世纪末乔舒亚·史洛坎（Joshua Slocum）驾驶 11 米长的单桅帆船“浪花号”进行著名的首次单人环球航行，深刻地影响了 20 世纪的海洋旅行。史洛坎的经历，尤其是他于 1900 年出版的《孤帆独航绕地球》，激发了人们对孤独和创纪录环球航行的追求，这是一条致敬史洛坎和他的第一任与第二任妻子以及他们的孩子的航海生涯的轨迹
141 （Slocum，1901）。航行和写作显然能够比单纯的航行给人留下更深刻的印象。

对 20 世纪海上旅行者文化史的研究发现，20 世纪海上旅行者有几个二元特征，包括将工作与娱乐作为海洋体验场合、将科技与想象作为人类参与海洋活动的重要媒介以及将开采和添加作为物质资源、知识和想象流程的主要载体。在海上和海中，娱乐作为一种重要的活动加入了工作流程，而且在许多情况下取代了工作。例

如，20 世纪 50 年代，在太平洋探险的物理海洋学家潜入海中去探索珊瑚礁和当地的沉船，将娱乐和科学工作轻松结合到一起（Rozwadowski，2010b：170—171）①。然而，随着现代海洋科学的出现，从 19 世纪开始一直延伸到 20 世纪，早期现代思想家一直将海洋视为神奇和神秘的领域（Adamowsky，2015）。想象仍然是 20 世纪旅行的中心，但现代技术彻底改变了人类进入海洋的途径。尽管 20 世纪前的海洋历史强调资源的开采，并且可以肯定的是，大规模开采仍在继续，但新的富有想象力的建设重塑了与海洋的文化互动。例如，游轮业积极运用市场营销来制造和传播海洋旅行的新含义，如 20 世纪 20 年代发明的用于新的个人休闲旅行目的的环球游船。同时，这些游轮巡航代表了炫耀性消费的高度，目前的批评家认为这与资源的挥霍使用有关（Chaplin，2013）。

为了探索 20 世纪与海洋的文化互动，本章考察了三个具有代表性的群体。首先，考虑到整个海洋而不仅仅是海面的重要性，本章讲述了从用鱼叉捕鱼的潜水者可以到达的相对较浅的水域，到用潜水器可以到达的深渊探索海洋第三维度的旅行者。其次，探讨了到 20 世纪，在长途商业贸易路线上长期使用帆船的情况，这为现代帆船培训的发展创造了一个摇篮，是一项将帆船航海的经验扩展到航空旅行时代的活动。“高桅帆船”，或者更准确地说，传统帆装船，吸引着游客出海，追求怀旧、航海技能和个人挑战，以一种高度策划的方式将传统海事文化延伸到今天。最后，本章关注了海洋旅行者的文化史是否仅限于人类的问题。如果海洋动物从海洋的一个地方迁移到另一个地方，是由于季节性迁徙或是人类活动的结果，那么这些海洋动物是否也是旅行者？环境的转变表明还要考虑到非人类的海洋历史和文化。 142

垂直海洋旅行

很久以前，水下王国就接待过人类游客，非洲、亚洲、加勒比和其他地方的沿海地区的人们，他们潜入水中采集贝类等海洋资源、参与战争、从失事船只中取回

① 伊丽莎白·肖尔（Elizabeth Shor）的《斯克里普斯海洋研究所历史》中有一章的标题是“海洋学很有趣”，该书涵盖了 20 世纪 50 年代和 60 年代的考察活动（Elizabeth Shor，1978：373）。

珍贵的加农炮以及其他需要到海面以下开展的活动（Dawson，2006）。穿戴重型潜水装备使水下建设和其他水下工作在 19 世纪得以实现，但 20 世纪的技术解放了人类的身体，使人类能够在海洋中完成大量惊人的工作和娱乐，并可以到海洋深处旅行。两次世界大战通过潜艇战延伸到海洋，第二次世界大战还有所谓的“蛙人”从事水下侦察和爆破（Waldron and Gleeson，1950），使人类能够潜入海洋水域并在水下旅行的技术开创了海洋旅行的垂直延伸。

虽然潜水最初是社会上专业人士从事的一种谋生活动，但它的普及却依赖于娱乐，而不是工作。20 世纪 30 年代，前第一次世界大战飞行员盖伊·吉尔帕特里克（Guy Gilpatric）对飞行员的眼镜进行防水改造，并开始在温暖、清澈的地中海水域潜水，他在他的旅行指南《完美的护目镜》（1934）中记录了他的事迹，并推广了这项新运动。吉尔帕特里克解释说：“有一天，我从海岸出发进行了一次单纯的观光旅行……去研究海底的风景”（Gilpatric，1957：2）。他观察到鱼群一点都不怕他，就设计了一杆鱼叉追赶鱼群。上岸后他所捕获的大量的鱼让海滩上的游客惊叹不已。游泳镜吸引了人们，最初是男人，他们在水下娱乐，这是对以前用以谋生的潜水活动的一个决定性改变。到 1957 年，吉尔帕特里克的书再版并分发给《赤身潜水者》杂志的订阅者时，男人、女人，甚至儿童都戴上了游泳镜、脚蹼、潜水管或雅克·库斯托（Jacques Cousteau）的品牌产品——水肺（图 6.1）。

库斯托的发明源于他战时在法国海军的经历，也源于在战时和战后粮食短缺时期，他利用业余时间赤身潜水寻找食物（Dugan，1965；Marx，[1978] 1990）。第二次世界大战期间，水下行动至关重要，包括著名的潜艇战，以及军事蛙人从事的水下建设、侦察、拆除和打捞等大胆活动（Waldron and Gleeson，1950）。一些早期的潜水技术爱好者预计，潜水技术的使用仅限于身体极其健康的从事军事或商业工作的专家。事实上，在 20 世纪 50 年代，人类潜水者在水产养殖、近海石油钻探以及预计在大陆架上进行的其他工业活动方面的应用前景似乎非常光明（Carrier and
143 Carrier，1955；Liebers，1962）。水下“前沿”（如支持者所言）的经济前景，在整个 20 世纪 60 年代继续推动着潜水运动的发展，特别是饱和潜水法的开发，使水下作业人员能够延长相对于减压时间的底部有效工作时间（Rozwadowski，2018：

图 6.1　1953 年 7 月的《大众科学》封面。© 公共领域。

175）。但从 1949 年库斯托的“水肺”潜水装置商业化开始，潜水者群体的组成发生了惊人的变化。

随着平民、非专业人士和新手的加入，蛙人、标枪渔民和水下工人的队伍很快就扩大到包括男人和女人，甚至包括儿童。他们的水下活动范围扩大到包括观光、摄影、寻宝、业余科研、志愿搜救等。1954 年，在意大利西北海岸的海底竖起了第一个水下雕像“深海基督”，以纪念 15 世纪的海战遗址，吸引了带着相机的好奇的潜水员（“深海基督”，1954）。1933 年由屏气潜水的使用长矛捕鱼的渔民组成的“圣地亚哥海底掘宝俱乐部”是水下活动扩展的典范，俱乐部成员在 20 世纪 50 年代采用了水肺，从拉霍亚峡谷找到了古老的美洲土著的碗和工艺品，试验了水下拍摄的装备，并协助“斯克里普斯海洋研究所”的工作人员对海藻床、海底地质和海底群落进行了科学研究（Rozwadowski，2010b）。在斯克里普斯海洋研究所，潜 144

145

图 6.2 1961 年，威斯康星州麦迪逊市的游泳池里进行的水肺潜水培训，教练保罗·盖斯勒（Paul Geisler）正在向学生斯蒂芬妮·摩根（Stephanie Morgan）进行共同呼吸法的教学。© 威斯康星历史学会。

水有着非常重要的地位，因此，研究所开发出一套潜水教学和规则的体系，后来美国的第一个民用潜水课程就是以之为基础（Hanauer，1994）。1956 年，美国只有不到 200 个潜水俱乐部，大部分在加利福尼亚，纽约和佛罗里达也有一些，到 1965 年，美国各地已经成立了 600 个潜水俱乐部（Dalla Valle 等，1963）(图 6.2)。1958 年，在布鲁塞尔成立了一个国际潜水组织，一年后，美国水肺潜水伞形集团俱乐部成立（Rozwadowski，2013）。因此，随着潜水活动从法国开始，并根据潜水先驱和潜水历史学家埃里克·哈诺尔（Eric Hanauer）的说法，作为一个“孵化器”在加州海滩实施，这种体验海洋的新模式在欧洲、北美和全球其他地方迅速传播开来（Hanauer，1994：11）。

通过书籍、电影、广告和其他媒体的大量宣传，潜水的广泛吸引力和快速增长得到了强化，促使海洋旅行者根据他们学到、听到和看到的知识去探索海底。这种模式利用了写作和航海之间强烈的历史联系，其中，探险家的故事启发了其他旅行者，指导他们该期待什么，该做什么，并在此过程中塑造了他们对所到之处的感知和旅行的意义（Foulke，1997；Rozwadowski，2016）。20 世纪 50 年代和 60 年代潜水的流行文化表现与此类似（Rozwadowski，2010b）。20 世纪 50 年代后期的电影包括了海底场景，如 1955 年的怪兽电影《海底来物》，欧文·艾伦（Irwin Allen）1961 年的电影《航向深海》，以及 1965 年詹姆斯·邦德（James Bond）的惊悚片《霹雳弹》。由劳埃德·布里奇斯（Lloyd Bridges）主演的广受欢迎的电视剧《海上巡航》在 1958 年至 1961 年间播出，最后的片段中包括了布里奇斯直接向观众中的潜水员讲话。扎尔·帕里（Zale Parry）是该电视节目的特技替身演员，她吸引了公众对水下的关注，不仅因为她在好莱坞的工作，还因为她在 1954 年成为第一个潜入 200 英尺（60.96 米）以下的女性，这一成就使她登上了《体育画报》的封面（“封面”，1955）。

20 世纪中叶，为普通读者撰写书籍的科学家们作出了重大贡献，他们将海底重新定义为一个与人们以往认为的充满怪物和危险的海底截然不同、既诱人又安全的神奇之地。博物学家威廉·毕比（William Beebe）在他 1934 年出版的《向下半里》一书中提到了他令人惊叹的深海潜水经历，帮助人们将遥远的海洋深处与崇高的事物联系起来。20 世纪 50 年代中期，海洋鱼类学家尤金妮·克拉克（Eugenie Clark）的水下探险也引起了公众的注意。她 1953 年出版的《拿着矛的女人》一书，为读者提供了她开创性的水下鱼类、无脊椎动物以及后来的鲨鱼研究的冒险故事，她的潜水以及教她的丈夫和孩子潜水的事例帮助人们熟悉了海洋，让海洋变成了一个普通人可以接近的环境。克拉克和海洋植物学家西尔维娅·厄尔（Sylvia Earle）都写过怀孕时潜水的故事，在当时他们的医生和其他专家看来，这是很自然的事。克拉克与另一位作家雷切尔·卡森分享了一位文学经纪人，卡森极大地改变了大众对海洋的理解，她于 1951 年出版的畅销书《我们周围的海洋》鼓励普通人将海洋视为一个令人敬畏、充满力量和神秘的地方（Kroll，2008；Rozwadowski，2010b，2013）。

潜水似乎不仅吸引人、很方便进行，而且它的爱好者还认为它对海洋第三维度的旅行者具有变革性。根据20世纪50年代的一名潜水员的说法，相对于“数以百万计的人在他们的日常生活中完全不知道海岸之外就有一个如此迷人的世界”，进入海底给人们带来了“进入一个充满了奇怪的外星生物的海洋的特权”（Powell，2001：8）。同一时期的其他潜水作家也阐述了“在陌生、美丽且很大程度上未开发的世界中这种新的自由度和流动性”所产生的“强烈的心理效应”（卡里尔和卡里尔［Carrier and Carrier］，1955：14；也请参见达拉·瓦勒［Dalla Valle］等，1963：22）。1960年，在未来学家阿瑟·克拉克（Arthur C. Clarke）大力支持海洋探索的巅峰时期，他提出了一个惊人的看法，“每个到水下的人都会成为科学家”（Clarke，1960：164），这既表达了潜水员成为探险家的意思，也表明海底旅行者拥有更高的观察能力（Rozwadowski，2010b：182—183）。

146

评论者们将潜水称为向海洋的进化回归，进一步阐明了海底环境的变革性力量。早期的潜水作家论及人们原来在海底的轻松自如，并将“我们对流体世界的快速适应”归因于潜水者“回到了数百万年前生命开始的大气层”（Bridges and Barada，1960：5；Sweeney，1955：53）。另一些人则指出，“人类”被吸引到海洋，“人类的血液成分中仍然有人类起源和海洋矿物质含量的证据”（Carrier and Carrier，1955：17）。汉斯·哈斯（Hans Hass）、阿瑟·克拉克和雅克·库斯托等知名人物也提出了类似的联系（Hass，［1957］1958；Rozwadowski，2012）。

克拉克和火箭科学家韦纳·冯·布劳恩（Wehner von Braun）声称，人类对太空的探索延续了从海洋生物登上陆地开始的进化旅程，而海洋探索反过来又成为成功的太空旅行的前奏（Clarke，2001：259）[①]。事实证明，潜水装备的技术作用并不妨碍人们想象人体在水下的自然状态；实际上，在进化论的争论中，技术常常被视为身体的延伸。一本1955年的潜水指南解释说，“并非成为设备里的男人或女人，而是要让设备成为你的一部分”（Sweeney，1955：43）。在1962年的一次演讲中，库斯托在首届世界水下活动大会上宣布，“一种新的人类物种——水生人正在进化”（Matsen，2009：16）。

---

① 《深海牧场》改编自1954年4月发表在《阿尔格西》杂志上的同名短篇小说，于1957年作为小说出版。参见沃纳·冯·布劳恩（Wernher von Braun）为克拉克撰写的“引言”（1960：7—8）。

人类可以通过改变身体来控制自己的进化，这一想法对库斯托和其他有志于让人类在海底生活和工作的人很有吸引力。20 世纪 60 年代，库斯托指导了一系列实验，将潜水员安置在海底栖息地，以测试饱和潜水的效果。由于人体在深度潜水时吸收氮，所以在上升过程中必须花时间减压，以避免潜水减压病（通常称为“潜水员病”）。人们希望，通过让潜水员生活在水下，他们可以花更多的时间做有用的工作，而不是将时间花在减压上。库斯托大陆架项目开展的同时，美国也开展了项目，其中一个由发明家兼企业家埃德温·林克（Edwin Link）负责，还有美国海军海底实验室项目。到了 20 世纪 60 年代中期，水下栖息地被放置在可供潜水员娱乐的推荐深度，证明了水下栖息地的安全性，当地潜水俱乐部、大学工程系学生和私人企业开始建造栖息地。到 20 世纪 70 年代末，17 个国家建立了超过 65 个栖息地，深度从 5 米到 300 米，供 800 多名潜水员使用（Miller and Koblick，1995）。许多海 147
底游客，以及那些通过媒体跟踪他们探险的人，都受到一种愿景的激励，将海底视为类似于 19 世纪美国西部的边疆，这是一个可以提供食物、通过开采矿产和其他宝贵资源获得财富的地方，是一个新的海底工业基地，甚至是为不断扩大的全球人口提供的新生活空间（Rozwadowski，2012）。

潜水、栖息地，甚至实验性的深海潜水都将人类限制在海面以下数百米。要到更深的远离出发点的地方，就需要能保护人体免受压力影响的水下航行器。潜艇的故事当然属于军事史，但也有关于垂直海洋旅行的章节，这可以追溯到儒勒·凡尔纳在《鹦鹉螺号》中富有想象力的航行。大多数潜艇都是由政府出于军事目的而建造，其中最引人注目的可能是它能够长时间保持在水下的能力，第一艘核动力潜艇“鹦鹉螺号”（USS Nautilus）于 1954 年下水。然而，以潜水为主的海底探索的普遍热情和业余参与的特点也延伸到了潜艇领域。1950 年，一位居住在纽约北部的前美国海军在他的车库里建造了一艘 3.96 米长的潜艇，配备了螺旋桨和履带，可以在海底爬行，可用于军事侦察登陆、打捞或寻宝（“迷你潜艇”，1950）①。一些 Aerojet（航空喷气公司）的工程师在加利福尼亚的一家家庭地下室车间中制造了一种水下

① 三年后，阿拉巴马州的一名牙医在他的地下室建造了一艘 5.2 米长的潜艇，然后在当地的采石场进行了测试（“自制潜艇”，1953）。

独轮车，可以单独使用，也可以与玻璃纤维外壳仓一起使用。后者虽然在设计时考虑到了军事用途，但在被列入美国潜水员目录后，获得了十几个民用订单（“潜水新方法”，1953）。1960 年，一名迈阿密钢铁工人建造并测试了一艘 4.88 米长的潜艇，横跨佛罗里达州的暗礁，目的是既要自己寻宝，又要开发一艘商业潜艇（“后院小型潜艇”，1960）。这些例子的共同点是，它们都被美国流行周刊《生活》报道过，该杂志在 20 世纪 50 年代和 60 年代热情报道了潜水、栖息地实验和水下探险等方面的话题，表明它们既吸引了《生活》杂志编辑的注意，又为美国和世界各地的数百万读者提供了乐趣。

第二次世界大战后，私人航空航天公司希望获得政府的“内部空间”（指海洋深处）勘探合同，并预见到海底即将用于工业用途，于是开始设计和建造能够深潜的潜水器。早期的一个例子是由瑞士发明家奥古斯特·皮卡德（August Piccard）设计、在意大利制造并被美国海军购买的“里雅斯特号”深海潜水器。1960 年，美国海军利用它破纪录地潜入马里亚纳海沟的海洋最深处，这一成就被记录在《海底七英里》一书中（Piccard and Dietz，1961）。20 世纪 60 年代中期，通用动力公司创建的海洋动力公司（Ocean Dynamics）建造了星（Star）系列小型潜水器，用于内部海洋勘探，也向其他用户出租，洛克希德公司建造了“深海探索号”（Deep Quest），
148 西屋公司建造了“深海之星 4000 号”（Deepstar 4000）。由此产生的小型潜水器的使用寿命比居住舱更长，但从未像预期的那样大规模生产用于工业。其中例如伍兹霍尔海洋研究所著名的“阿尔文号”（Alvin）载人深潜器等的工作寿命延长了几倍，并出现在发现深海热液喷口群落、挖掘古代沉船或探索海底其他部分和水柱的科学家—旅行者的文章中（Bass，1975；Crane，2004；Van Dover，1996）。

人类对海洋的第三维度的探索始于打捞和水下建筑工作，但在 20 世纪戏剧性地扩展到工作与娱乐领域。数以百万计的人，包括男人、女人和孩子等平民，进入海底用鱼叉捕鱼、潜入沉船和探险。水肺潜水和深海潜水器也创造了新的水下工作类型：科学研究、考古学、摄影和电影制作，所有这些工作的特点都是通过书籍、文章、电影和其他媒体来表现和传播关于垂直海洋旅行的叙述。海底世界需要技术才能进入，但人们潜入水下的动机往往与进入海洋深处的行为想象有关，即浪漫、

冒险、危险、神秘。想象反过来又改变了人们对海底的看法。在某种程度上，由于潜水员直接的视觉体验，作为迈向海洋首要姿态的对资源攫取的热情取代了对资源枯竭的关注和对水下王国新文化观点的积极创造。例如，当用鱼叉捕鱼的人将鲍鱼和其他可食用鱼类捕捞殆尽时，一些潜水员选择放弃使用鱼叉，转而使用相机。人类在海底定居的失败强化了旅行者、游客和外来者而非海洋居民的角色。

帆船培训

虽然垂直海洋旅行涉及新技术和进入深海的全新动机，但与海洋进行文化接触的古老传统一直延续到20世纪，并演变为现代帆船培训行业。帆船培训以娱乐、冒险、教育和就业的动态结合为特征，融合了传统海事技术（尽管经常使用现代材料）和传统海事文化的某些方面。19世纪晚期，豪华蒸汽船带来了海上巡游的乐趣，蒸汽船提供的电力和美食等通过转移富有的跨大西洋乘客的注意力，改变了他们的海上体验。尽管20世纪游轮行业以中产阶级旅行者为主，但乘客的体验仍然集中在船上的社交活动和与大海隔绝的空间上（Brinnin，1971）。冒险家们转而乘 149
坐帆船，航行在蒸汽游轮还无法与之匹敌的最后一条海上贸易航线上，比如可以由灵活的带活动中心板的沿海多桅帆船到达的切萨皮克湾附近的浅水河港口之间，或在合恩角周围以及到澳大利亚进行长距离硝酸盐肥料和谷物贸易的航线（Brooks，1988；Newby，1956）。例如，斯特林·海登（Sterling Hayden）高中辍学，后来成为一名受到表彰的战争英雄，他16岁时就在一艘纵帆船上当了大副，曾在蒸汽船和其他多桅帆船上工作，后来当了一艘横帆船的船长。他用他后来富有传奇色彩的好莱坞演艺生涯来支持他对航海的痴迷，包括他的纵帆船“漫游者号”（Wanderer），1963年他的自传就以这艘帆船的名字命名（Hayden，1963；Krebs，1986）。英国旅行作家埃里克·纽比（Eric Newby）在他1956年出版的回忆录《最后的谷物大赛》（*The Last Grain Race*）的基础上，讲述了他在1938年乘坐四桅帆船“莫舒鲁号”（Moshulu）航行的故事，当时他18岁，受到一位家庭朋友讲述的海上故事的启发，参加了这次航行（Newby，1956）。

当海登、纽比和其他像他们一样的人沉浸在由探险家、小说家和科学家打造的自传性写作和航海传统中时，新技术为 20 世纪的海洋旅行者提供了电影这一替代性媒体，包括经常被认为是现代帆船培训创始人的欧文·约翰逊（Irving Johnson）。年轻的约翰逊出生于内陆马萨诸塞州哈德利镇，1929 年，怀揣多年的海上冒险梦想，他首次驾驶长 105 米的四桅帆船“北京号”（Peking），从德国绕过合恩角航行至智利。在一部名为《环绕合恩角》的电影中，他记录了自己在横帆船上的第一次航行，以及归航时的准备工作，包括爬上和站在电线杆的顶端。电影展示了他在海上高空工作的镜头，爬上和滑下横帆的外缘，以及在暴风中的甲板上工作。[①] 约翰逊在帆船“漫游鸟号”（Wander Bird）上做大副时遇到了他后来的妻子埃莱克塔（Electa），也叫艾西（Exy），“漫游鸟号”的船长在横渡大西洋的航行中为付费客户提供服务。从 1933 年开始，夫妇俩开发了一种塑造性格的帆船培训模式，带领年轻男女乘坐他们的“扬基号”（Yankee）系列船只航行（图 6.3）。到 1958 年，他们以马萨诸塞州的格洛斯特为中心，共进行了七次环球航行，每次航行持续十八个月，在东海岸进行短途旅行，并进行演讲、撰写文章和书籍，还与《国家地理》合作拍摄了两部电影，所有这些都是为了筹集资金来支持这 7 次环球航行。在进行年轻人帆船培训的同时，约翰逊夫妇在海上养育了两个孩子，并通过直接启发许多正在进行的项目，包括海洋教育协会模仿“扬基号”建造的第一艘船“西进号”（Westward），也间接通过他们培训的大副和船长所开展的许多其他传统帆船项目，为孩子们留下了不朽的遗产（MacLean，2015；Narvaez，1991）[②]。

150 选择使用传统装备的船只航行的动机之一在于对辉煌的海上历史的怀旧情绪，这种情绪让欣赏约翰·梅斯菲尔德（John Masefield）1902 年的诗歌《海之恋》（*Sea Fever*）中那种渴望而浪漫的情调的读者产生了共鸣：“我多想再次回到大海，倾听那奔越的潮汐呐喊，那野性的呼唤如此清晰，使我无法拒绝。”（Masefield，1923：27—28）19 世纪 90 年代，梅斯菲尔德曾在海军和商船上服役，他提出了“高桅帆船”这个通用名称来代表一般类别的帆船，这样就不再需要区分大帆船（ship）、小帆船（barque）、纵帆船（shooner）和其他帆船（other rigs）。1912 年，博物学家罗

① 《环绕好望角》（神秘海港，1985；来自欧文·约翰逊 1929 年拍摄的原始 16 毫米胶片）。

② 约翰逊夫妇的第一本书是《扬基号纵帆船向西航行》（Johnson，1936）。

图 6.3　1938 年，欧文、艾西·约翰逊夫妇和孩子们一起驾驶“扬基号”帆船。© 玛丽·埃文斯（Mary Evans）/SZ Photo/ 谢尔（Scherl）。图片编号：105118813。

伯特·库什曼·墨菲（Robert Cushman Murphy）选择乘坐捕鲸船“黛西号”（Daisy）出航，部分原因是怀旧。在航行中，这位热情的猎人和布恩与克罗克特俱乐部的成员说服了一名挪威枪手让他射击鲸鱼，实现了他的终极游猎大幻想，这是他在 1947 年的《格蕾丝航海日志》（*Logbook for Grace*）中记录的诸多体验之一（Kroll，2008）。

随着许多帆船在战争中幸存，并大多不再用于商业用途，而是用于一系列其他用途，比如可能用于航行，或在码头上体验当时已经过时的海事技术，第二次世界大战的结束意外地提供了更多体验传统海事文化和技术的机会。

20 世纪初，德国 Flying P Line 公司的以字母 P 开头的四桅横帆船的成功，意味着在战争结束后，许多传统装备的船只可供海上复兴主义者保存（Grasso，2009）。 151
作为战争赔款交给苏联的“帕多瓦号”（Padua）被重新命名为“克鲁森施特恩号”

（Krustenshtern），用作帆船培训船，而“帕萨特号”（Passat）、“帕米尔”（Pamir）和“北京号”（Peking）也在战争中幸存，并在一段时间内继续从事商业服务。德国海军培训船“霍斯特·韦塞尔号”（Horst Wessel）在战后被美国接管，更名为“鹰号”（USS Eagle），并继续作为一艘帆船培训船使用，以通过接触传统的海事工作和技术来巩固其自身特色和严明的纪律。20 世纪下半叶，几十个国家制定了国家帆船培训计划，提供传统的帆船培训，重点是海事技术、领导能力、纪律和个人发展（Sail Training International，2019）。

并非所有的帆船培训都使用其最初用途过时后被保留下来的旧船。复制品和现代的高桅船被建造、修复或改装，例如多桅帆船“巴尔的摩的骄傲号”（Pride of Baltimore，1977 年服役的巴尔的摩快船的复制品）、“皮克顿城堡号”（Picton Castle，20 世纪 90 年代被改装成一艘帆船的原拖网渔船和扫雷船）、美国双桅横帆船“尼亚加拉号”（Niagara，1990 年改造继续航行的博物馆展品）以及奴隶贸易纵帆船“米斯塔德号”（Amistad，1839 年，该纵帆船上满载的奴隶发动了起义，该船的复制品于 2000 年完成）的复制品，这些只是其中的几个例子。在战后的低谷之后，传统帆船的数量开始增加，它们的使命也开始扩大（Parrott，2003）。

从 20 世纪 60 年代开始，学者型航海者开始向大洋洲的航海专家学习，同时通过口述历史，用传统的、仿制的船只和现代帆船进行实验航行，试图揭开传统的太平洋航行的秘密（Gladwin，1995；Lewis，[1972] 1994）。1975 年，玻利尼西亚双船体航海独木舟“霍库莱阿号”（Hōkūle‘a）被推出，旨在复兴航海，并重新发现文化与海洋的特殊关系。迁移是大多数太平洋岛民历史的一个特征，他们的起源故事以从遥远的地方（一般是西方）到达并发现和定居岛屿的叙述开始（Hau’ofa，1993）。在密克罗尼西亚航海家毛·皮亚鲁格（Mau Piailug）的帮助下，夏威夷人恢复了航海知识，重新评估了他们与岛屿家园的关系，并与整个大洋洲的其他航海文化联系在一起，有些人仍然用传统方式航海，有些人则丢掉了传统。2017 年，“霍库莱阿号”完成了一次为期三年的环球航行，将其计划的使命从航海和航行知识扩展到了对地球环境的明确关注，关注的重点是地球的类岛屿性（波利尼西亚航海协会，2019）（图 6.4）。

152

图 6.4 1976 年，夏威夷双船体航海独木舟“霍库莱阿号”从塔希提岛抵达檀香山。© 菲尔·乌尔通过维基共享资源（公共领域）。

那些乘坐已经修复或复制的高桅帆船或航海独木舟的旅行者们，通过尊重历史的、或许还在怀旧的并同样也为自己的努力寻求当代意义的活动，来恢复、实践并传授历史上的航海技能和知识。例如，1947 年，挪威探险家、作家托尔·海尔达尔（Thor Heyerdahl）率领一艘命名为“康提基号”（Kon-Tiki）的帆船航行，以支持他的有关波利尼西亚的移民来自南美的理论。他的团队利用历史记录中有关土著工艺品的信息，用巴尔沙原木和秘鲁本土的其他材料建造了这艘船。经过 101 天的航行，他们成功到达了土阿莫图群岛的拉罗亚岛。回国后，海尔达尔出版了一本国际畅销书（Heyerdahl，1950），并导演了一部获奖纪录片。尽管他的理论被推翻，但“康提基号”仍然保存在挪威的一家博物馆中。①

“康提基号”反映的是人们对人类与地球关系的好奇，其他传统帆船项目则明

① 电影《康提基号》于 1950 年上映，次年获得奥斯卡最佳纪录片奖。该木筏现陈列于挪威奥斯陆的康提基博物馆。

确地承担了环境使命。1969 年，采用了 18 世纪荷兰单桅帆船特色设计的、能有效应对强烈的潮汐、多变的风和哈德逊河上浅滩的单桅帆船“清水号”（Clearwater）
153 开始了一项生态教育和环境倡导计划。该船还为志愿者和学徒提供学习帆船、船只维护以及环境教育的机会（Duffy，2018）。“清水号”计划激发了许多类似的倡议，其中一些还使用了传统的帆船，如长岛海峡的“声音之水号”（SoundWaters）纵帆船、皮吉特湾的“女冒险家号”（Adventuress）纵帆船以及在圣劳伦斯河、加勒比海和北部水域航行的“红沙沙滩号”（Roter Sand）双桅帆船（Ecomaris，2019；Sound Experience，2016；SoundWaters，2017）。2010 年，一艘极为独特的名为“普拉斯提基号”的 18 米帆动力双体船，为纪念“海尔达尔号”，在 128 天内横渡太平洋，并被记录在一本书和一部纪录片中。“普拉斯提基号”由英国探险家戴维·德·罗斯柴尔德（David de Rothschild）和一小群船员全部采用可回收材料制成，包括用于漂浮的 12500 个废弃塑料瓶，以提高人们对威胁海洋的塑料垃圾的认识（Rothschild de，2011）。2014 年，世界上仅存的最后一艘木制捕鲸船“查尔斯·麦根号”带着经历了八年捕鲸生涯后保存下来并通过展览和解释积累起来的环保意识信息，以及与海洋遗产相关的多层含义开始了它的“第 38 次航行”（Mystic Seaport，2019；Smith，2016）。2011 年，国际帆船培训通过创建帆船培训国际蓝旗计划来保护全球海洋环境，将环境意识和行动扩展到世界各地的高桅帆船计划中，原本这些项目主要追求的是传统海事和领导力使命（Blue Flag，2014）。

航海技术以及相关航海实践和知识为早期的现代扩张提供了手段，使船舶得以在全球范围内传播思想、运输人员和货物。在文化方面，原始用途被取代后的 20 世纪的传统帆船的用途是什么？娱乐作为一种航行的主要活动和动机加入工作中，但是选择用传统的帆船来面对不可预测的海洋环境，暗示了比工作和娱乐的相互关系更复杂的东西。帆船培训本身需要专业化，因为它涉及对复杂传统技术的掌握、高度协调的对风帆的操作以及在海上航行固有危险中的选择。正如一位呼吁人们注意与海洋进行富有想象接触的重要性的船长兼作者所说：“帆船通过在时而平凡的世界中提供非凡的体验来克服过时的问题。”（Parrott，2003：2）媒体与印刷品一起成为一种传播航海经历的手段，而人们为保护和再现历史、环境意识、领导力和团队训练、学术信誉、科学研究和自我认识而扬帆起航，给传统上以资源开采和贸易为导向的海洋旅行带来了新的意义。

非人类海洋旅行者 154

从全球的角度来看，海洋虽然占据了地球表面的四分之三，但从体积上看却提供了地球上 99% 的生存空间。每天的或季节性的迁徙是从微小浮游动物到巨大鲸鱼的海洋动物的生活特征。其他海洋生物跟随人类的活动而不由自主地迁移。船舶在遥远的海岸之间来回运输大量海洋物种，并随着 20 世纪全球航运的扩张而日益频繁，例如，1849 年淘金者在旧金山港遗弃了一支船队（Carlton，1979）。对海洋旅行者来说，考虑海洋真正的居民（人类目前还不是）的一个有价值的结果是，提醒我们要考虑海洋的所有部分，包括我们历史上的海底领域。

在人类历史的大部分时间里，人们都在故意迁移水生动物。20 世纪，随着科学家们对自己管理渔业的能力产生了信心（通常被误导），有目的的海洋物种引入活动得到了加强。从 1869 年开始，切萨皮克湾和日本的牡蛎被商业出口到旧金山湾，而欧洲和北美 20 世纪早期的项目则是从拥挤的育苗地孵化鳕鱼和迁移小比目鱼，以便它们能更快速地成长到市场所需规模（Booker，2013；Carlton，1979；Rozwadowski，2002）。第二次世界大战结束后，人们对海洋养殖贝类、海藻、藻类、鳍鱼甚至鲸鱼的前景感到乐观（Rozwadowski，2012）。

同时，人们开始认识到，跨越大洋和全球各地运送货物的船只不经意地在不同大陆海岸和不同海洋水域之间运输了海洋动物。自 1849 年的淘金热以来，旧金山湾可能已经成为引进海洋物种最多的地方，其中一百多种来自太平洋西部、西南和大西洋（Carlton，1985）。19 世纪晚期之前，搭便船的主要是附着在木船船体上的生物或钻孔生物。1853 年有了第一次记录，当时搭载的是一只来自大西洋的藤壶。大西洋水螅虫于 19 世纪 50 年代发现，毫无疑问是由许多被淘金者遗弃在海湾的腐烂木船所携带。1913 年左右，船蛆（Teredo navalis）抵达旧金山，并立即开始在木制码头和其他结构上钻孔，推动了 1920 年旧金山湾海洋打桩委员会的成立，以解决世界上最昂贵的港口基础设施失效的问题之一（Nelson，2016）。19 世纪下半叶抵达旧金山的一种澳大利亚等足类动物开始在海湾周围的黏土堤岸上钻洞，使堤岸变得十分脆弱，在海浪作用下造成大规模侵蚀（Carlton，1979）。

155 20世纪的造船业中，金属取代了木材，发明了防污涂料和舱盖，压舱水取代了石头或其他固体材料，使载重轻的船只保持在足够低的水下，从而保持船只稳定。结果，到20世纪，无意中引入海洋生物的常见机制变成了在一个港口注入压舱水，然后排放到另一个港口的压舱水更换过程。木船携带的是钻孔生物或附着的生物，而压舱水不仅可以携带某些成体生物，还可以携带更多种类的生物幼虫，包括水螅类、多毛类、双壳类、藤壶类、等足类、片脚类、苔藓动物、海鞘类和藻类。在新家落户最早的可能是1903年被携带到北海的亚洲硅藻，以及1912年被运到德国的亚洲蟹。20世纪30年代早期，一只北美蓝蟹很可能是在幼虫时就随着压舱水来到了欧洲。20世纪50年代，科学家们首次讨论了物种通过压舱水迁移的可能性，但直到二十年后，受巴拿马地峡提议修建海平面运河引发的争论的推动，科学家们才可以直接检查压舱水的水箱（Carlton，1985）。

20世纪60年代的海平面运河计划引发了人们对将两大洋连接起来可能产生的生态影响的讨论，并引起了人们对所谓“入侵生物学”领域的关注（Elton，1958；Keiner，2017）。为了应对破坏渔业、损坏基础设施、危及人类健康和破坏生态系统的外来物种，人们制定了关于处理压舱水的国际规则，要求在公海进行压舱水更换，以减少来自某个大陆的沿海物种占领另一个遥远沿海水域的可能性（Davidson and Simkanin，2012）。其他的应对措施则体现在更基层方面，如“吃入侵者”网站的创建者所提倡的策略（“吃入侵者”，无日期）。同时，批评人士质疑将运输物种视为与人类斗争的“入侵者”的军事化和排外性隐喻的正确性。相反，他们认为，人们应该认识到这些物种依赖于人类活动，并在人类创造的破坏环境中茁壮成长（Larson，2005）。最近，科学家观察到300种与海啸残骸有关的日本海洋物种抵达北美西海岸，包括一种如果在北美西海岸扎根就可能对人类沿海建筑造成重大破坏的船蛆，科学家认识到海洋物种运输的自然机制与人类引入的距离和规模不相上下（Gilman，2016）。

从进化的角度来看，外来物种的突然到来会造成严重破坏。另一方面，一些海洋物种在很长一段时间里学会了跟随影响它们的食物分配和幼崽生存的水温和洋流的季节性变化。例如，北太平洋座头鲸从阿拉斯加附近作为觅食地的寒冷水域洄游 156
到夏威夷附近温暖的水域。在温暖水域，母鲸分娩并哺育幼崽，然后教它们如何前往北方的觅食地。在南半球，不同的座头鲸种群在南极觅食地和热带海洋之间穿梭。东太平洋灰鲸从白令海、楚科奇海和鄂霍次克海迁徙到墨西哥西北部的巴哈半岛的潟湖，这可能是最长的鲸鱼迁徙。一些非鲸类物种，包括鲑鱼、海龟和欧洲鳗鱼，也遵循与繁殖周期相关的漫长迁徙路线。长期以来，人类一直在利用所有这些种群，但对海洋巨型动物看法的改变激发了新的互动方式。对于每只海龟和鲨鱼在短距离和极长距离跋涉时足迹的全球追踪将人类观察者与动物的历史、经历和旅行联系起来（例如，“海龟保护”，1996—2020；鲨鱼研究组织 Ocearch，无日期）。

虽然漫长的海洋迁徙是物种与环境在进化尺度上相互作用的结果，但最近的研究表明，鲸鱼也可能受到文化过程的影响，而到目前为止，这种文化过程一直被认为是人类所独有。虎鲸学会了它们的社会群体获取食物的特定技术，而宽吻海豚可以通过发明新的捕鱼方法来开辟新的生态位，然后围绕这些进食生活方式形成社会网络。大约一半的科德角的座头鲸在被一个个体引入后的十年内采用了一种特殊的觅食方法。繁殖种群中的雄性座头鲸都唱着同样的歌，这些歌随着时间的推移而逐渐改变，但看到了一个革命性变化的情况，即当一首歌从西澳大利亚的鲸群传到东澳大利亚的时候，一年内整个种群都接受了这首歌。这两种模式都意味着它们的社会学习。虎鲸以母系群体的形式旅行和觅食，尽管某个群体经常与其他群体进行社交互动，但每个群体都保留着一种独特的方言。如果文化是社会学习和共享的行为或信息，那么，正如研究人员哈尔·怀特黑德（Hal Whitehead）和卢克·伦德尔（Luke Rendell）所提出的，鲸类可能是非人类文化中最引人注目的例子（Mann，2017；Norris，2002；Whitehead and Rendell，2014）。

海洋环境的特征可能促进了鲸类社会行为的进化。整个海洋的食物分配不均，海洋生态系统在几个月到几十年的时间尺度上发生重大变化。鲸类动物的流动性有助于它们应对不断变化的环境和不均匀的食物分布。共享信息，包括代际共享，可能有利于具有学习和交流能力的群体。从南露脊鲸种群中可以看出，捕鲸对种群的 157

破坏消除了它们的一些有关迁徙路线的文化知识（图 6.5）。这个事例提出了关于人类的罪责问题，即人类不仅导致了鲸鱼数量的减少，而且还可能毁灭了它们的文化。

虽然考虑鲸鱼文化中工作与娱乐的二元（或连续）关系还为时过早（尽管并非不合逻辑），但在非人类海洋旅行者文化史的背景下，技术 / 想象和开采 / 添加的二分法特别值得反思。与当代科学有关的技术和知识系统的介入使得鲸鱼文化变得显而易见。适用于动物本身和嵌入海洋环境的技术通过卫星传递信息，使研究人员、民间科学家、学生和感兴趣的网络搜索者可以在互联网上获得这些信息。然而，与发现鲸鱼种群新知识的技术同样重要的是，对鲸类动物的文化观念，以及对它们的观察和测量，都有助于人们对鲸类动物理解的转变。20 世纪 60 年代，电影《海豚飞宝》和其他流行媒体戏剧性地改变了西方文化对海豚的看法，从偷鱼的“鲱

图 6.5　一名鲸鱼观察者在巴塔哥尼亚发现濒危的南露脊鲸。© 维基共享资源（公共领域）。

鱼猪”转变为能够与人类交流的生物（Burnett，2010；Lilly，1961，1967）。同样，鲸鱼也从巨大的游泳商品变成了“水中的智慧生物”，这是一本总结了人们对鲸鱼拥有与人类同等智力的新认识的畅销书的标题（McIntrye，1975）。历史学家解释了座头鲸歌声的录音在20世纪70年代与潜在陌生生命交流的情况，鼓励研究人员将海豚的交流方式视为未来与其他星球生命交流的潜在钥匙（Burnett，2012）。今天对鲸鱼文化的新发现不仅得益于技术科学，而且在很大程度上依赖于在现代科学产生洞见的几十年之前创造的人类对鲸鱼文化的构建。鲸鱼文化的新发现增加了对海洋的想象，这种想象是与之前通过开采镜头观察到的海洋哺乳动物姿态相反的文化观念。要摆脱人类作为海洋资源的受益者的中心地位仍有挑战性，这一点可以从我们继续以人类大脑为参照来描述海洋哺乳动物的智力，以及我们对它们与我们交流的潜力的关注中清楚看到。 158

科学研究显示，鱼类能感受到痛苦、体验快乐和恐惧、学习、解决问题、识别同类和人类之间的个体，并表现出其他意识的证据，这使得人类面临更大的想象力挑战（Balcombe，2017）。地球上被利用最多且过度开发的脊椎动物群体鱼类可能拥有自己的文化，这给海洋生态学家和活动家卡尔·萨芬娜（Carl Safina）对于拥抱“海洋伦理”的呼吁提供了有力的支持（Safina，2002—2003）。萨芬娜的海洋伦理将奥尔多·利奥波德（Aldo Leopold）在其1949年的书《沙乡年鉴》中阐述的“土地伦理”延伸到了海洋。土地伦理承认自然世界存在的权利，而不管它对人类的用处。利奥波德的道德原则对20世纪60年代的环境运动产生了深远的影响，但他对地球的关注并没有让环保人士从关注土地中分散注意力。萨芬娜对海洋伦理的推崇不仅体现了人类与海洋的道德关系，而且对海洋旅行也有启示。

人类和动物的海洋旅行文化史似乎既有重叠又有分歧。与让人类进入海洋深处的复杂技术相比，帆船培训可能看起来是一种低技术的风能利用，人们只会想到横帆船是现代早期最复杂的机器。人类需要技术来调节与海洋的互动，这与鲸类动物、鱼类和其他生物的情况截然不同，它们用生物学代替了技术，在海洋中茁壮成长（Rozwadowski and Van Keuren，2004）。另一个不同之处似乎是鲸类动物和其他动物明显不需要通过各种形式的媒体来传播他们的海洋旅行经历，虽然，我们当然并不能确定他们的文化中是否有着某种类似形式的故事交流。

159 我们也没有信心深入了解，明确划分了人类在20世纪初前后的海洋旅行经历的工作与娱乐的二分法是否会影响海洋动物文化，以及如何影响；在当代人类与海洋的互动中，对这些类别的融合似乎很有可能达到其他物种一直在实践的一种平衡。最引人注目的是，虽然陆地是人类的家园，但海洋仍然只是人类行为的目的地，而不是家园。人类每次穿越或进入海洋都是一次旅行，是对鲸鱼、鱼类、浮游生物、微生物和许多其他生物的家园的访问。承认我们的角色是旅行者而不是居民，就可能意味着，我们对海洋采取比陆地更尊重的姿态是恰当的。

第七章

表现

关于海底电影制作

乔恩·克莱伦

> 我和领航员坐在充满空气和光线的小型嗡嗡作响的潜水器中，慢慢潜入深深的海洋，外部每平方英寸的压强在不断加大。很快，地表正午的太阳消退，留下深海的一片群青暮色，这是我见过的最美丽的颜色。在某种程度上，这也是我最喜欢的潜水时刻，悬浮在两个世界之间，被无限的蓝色包围，向你所知道的一切说再见。这种色调不仅暗示着海洋的浩瀚无垠，而且召唤心灵到一个超越的状态，一种可以追溯到最初有机体的与海洋、远古时代和生命历史的宇宙统一感。
>
> （Cameron，2004：9—10）

这是深海探险家兼导演詹姆斯·卡梅隆（James Cameron）在他的一本伴随他的电影《深海异形》（2005）出版的书中描述的一次典型的潜水器下潜过程。他的描述并非独一无二的。将潜水比作两个世界之间的通道，这在第一人称的海洋探索中是很常见的比喻，这种体验所声称的转变性也很常见，它似乎唤醒了潜水员与宇宙的一种同一性。[①] 但在电影的背景下，这篇文章的细节表明了一种体验（具体来说，是注册了商标的 IMAX 的体验），即观众在理想的情况下可能会沉浸在丰富、高分辨率的图像和清晰的数字环绕声的海洋中——仿佛身处屏幕上的探险者之间。就像光线的渐暗让卡梅隆产生了一种脱离地表进入另一个世界的感觉一样，对电影观众

① 克莱尔·努维安（Claire Nouvian）特别戏剧化地描述了这种同一性："不可能不体验深刻的、原始的情感，这种情感会让感官感到惊讶，刺激思维，触动内心的脆弱地带，包括婴儿和动物。任何有机会到过黑暗水下世界的人都表示，这种带我们回到我们的水生起源的震撼……当我们潜入水面下几百米，与原始的、未驯化的生命面对面的时候，会给我们一种真正原始情感的触动……深潜让人在一个比智力更深的层次上理解这一点。这是一种应该提供给每个人的经历，一种让我们与生命的链条重新建立亲密联系的成年人的洗礼。"（2007：26）

来说，暗淡的灯光带领他们进入了另一个世界，将剧院本身改造成“充满空气和光线的小型嗡嗡作响的潜水器”，提供了模拟之下的海洋的视角。笼罩在超越视野的
162 大屏幕的“群青暮色”中，人们可以欣赏海洋的无限，仿佛置身其中，甚至体验到卡梅隆所称的与生命起源的统一感，以至于当灯光亮起，人们就带着一种与更大的存在之链的幸福的亲和感离开剧院。

尽管从20世纪初开始就有很多描绘海洋，将海洋形象化的方式，例如，水下摄影、水生生物的博物学家插图、海底地形图、声呐图像、座头鲸发声的声谱图和设定在海底的电子游戏，但我从卡梅隆的大屏幕场景设置看到，过去几十年中，从文化角度而言，海洋世界的主要表现形式还是电影。自20世纪50年代初以来，情况尤其如此，当时海底电影开始在美国和欧洲激增，因为它们的生产在很大程度上与冷战时期国家对海洋学的资助（尤其是在美国）和潜水装备（直到20世纪40年代才发明）的商业可用性有关。在工业化的西方，关于海洋探险和海洋生物的电影和电视叙事可以说比文化的任何其他方面都更能塑造（shaping）对海洋的共同理解，包括海洋的居民、海洋对人类的用途、海洋面临的危险（如过度捕捞、海洋变暖和酸化）以及海洋对文明造成的威胁（海平面上升）。当问任何一个人想到海洋，脑海中会出现什么时，他们很有可能会参考卡梅隆或雅克-伊夫·库斯托（Jacques-Yves Cousteau）等电影制作人兼探险家的作品，例如长期系列片《雅克·库斯托的海底世界》(1966—1976)，这很容易让人想到海洋探险，或者一系列受欢迎的好莱坞电影或电视纪录片。我们可以总结出，其原因包括海洋相对偏远，尤其是在海平面以下，这是大多数人（非休闲潜水者或海洋科学家）的直接经验，而电影则具有代替直接体验动态的水下世界的独特能力。此外，流行电影，（在很大程度上）基于其固定的内容和不同观众在不同时间、不同地点观看的能力，很容易成为海洋文化想象中的共同参照点。尽管公共水族馆也能让人们分享海洋现象的社会体验，但这里的人们所看到的亲密细节是偶然性的，而录像则不然，动态图像可让其他地方的生命得到生动的展现。

在环境媒体研究的强大分支中，海洋电影构成了一个相当新的、由越来越多但
163 仍然支离破碎的文章、书籍章节、学术论文和学位论文组成的研究方向。本章中，我

没有提供给读者可以在其他地方找到（例如，请参阅阿达莫夫斯基［Adamowsky］，2015；比蒂［Beattie］，2008；比鲁斯和麦克杜格尔［Bellows and McDougall］，2000；卡希尔［Cahill］，2019；丘比特［Cubitt］，2005；格林［Grimm］，2001；豪瑟［Hauser］，2009；海沃德［Hayward］，2005；哈根［Huggan］，2013；肯纳森［Kennerson］，2008；马尔凯索［Marchessault］，2017；米特曼［Mitman］，1999；帕斯特［Past］，2009；谢尔［Shell］，2005；斯塔罗谢尔斯基［Starosielski］，2013；塔夫斯［Taves］，1996；特洛特［Telotte］，2010；汤普森［Thompson］，2007）的海洋电影制作的历史性综述，也没有集中讨论有代表性的电影或电影制作人，而是提供了一种宽泛的方式来概念化海洋电影，因为自起初到今天继续被制作，它们是一直存在的。具体来说，我认为海洋电影有以下特点：首先，类似于水族馆的精心设计的美学技术结构，重新设计了供展示的海洋，而不是透明地代表“在那边”的海洋；其次，电影（尤其是纪录片）通过各种视觉技术，如时间操纵、放大和计算机生成图像的使用，达成理性与奇迹、科学与奇观的平衡；最后，特别是在深海电影制作中，是对于基思・本森（Keith Benson）、海伦・罗兹瓦多夫斯基和大卫・K. 范・克伦（David K. Van Keuren）（2004：13）所说的“大规模技术”，即能够制作海洋电影的大型探索装置的依赖。尽管接下来的讨论主要集中在水下拍摄的实景纪录片（海洋电影的主要模式），上面的第三个特征专门指的是这种电影制作模式，但我希望读者能从第一和第二种特征获得对思考海洋整个活动形象的帮助，无论是动画电影、流行故事片、实验作品还是互动媒体形式。

电影水族馆：打造屏幕上的水下空间

海底电影不仅将遥远的海洋带到了观众面前，还重新塑造了海洋。在这方面，电影院和水族馆有很大的相似之处，所以我们可能会把电影屏幕（或家庭电视机）称为电影水族馆。无论是在水族馆里还是在电影里，海洋从来不会以中性姿态来到观众面前，因为它真的是“在那里”。相反，这些媒体描绘的海洋是一个理想化的、视觉上透明的海洋。正如苏珊・戴维斯（Susan G. Davis）所写的，公共水族馆不仅

《捉到一条美人鱼》

（现在海底摄影已成为现实。）

图 7.1　宣布海底摄影的卡通片。© 环球历史档案馆 / 盖蒂图片社。

> 让海洋生物与视线平齐（或多或少保持），而且水族馆技术通过沉降、擦洗、过滤、稳定处理和化学等手段来净化环境。水族馆建筑手册是感知游戏的手册，包括如何保持水的透明、如何利用光线、光线的缺失以及用透视来创造更多空间的错觉。
>
> （Davis，1997：100）

这些词语也可以用来形容电影制作。电影技术也以自己的方式沉淀、洗涤、过 164
滤、稳定和净化海洋；所用各类设备以及不断变化的实践、制度和与之相关的广泛知识结构和表征，都在重造（remaking）展示海洋的过程中发挥了作用。

海洋在电影中的模样和声音深深得益于之前的表现。现有电影、照片、电视节目、海洋生物录音以及家庭和公共水族馆在打造可信、逼真和“自然”的水下空间的规范方面发挥了巨大的作用，尽力将海底空间打造成与自然本身打造的空
间一样。大部分情况都是如此，因为从历史上看，除了科学家、休闲潜水者和军 165
事人员之外，几乎所有人都不被允许直接体验海底世界；即使是初来乍到的海洋电影制作者，一开始也可能更熟悉海洋的表现形式，而不是海洋本身。尽管否认现实和电影表现之间的指示性关系并不明智，一个实景电影形象在某种意义上是摄像机前的水上场景的直接印记（动画是另一回事），但所录制声音和图像的彻底构造性质可以说胜过了这种关系。正如电影历史学家里克·奥特曼（Rick Altman）所说：“**不存在对真实事物的直接表现，只有对于表现的表现。我们要表现的任何东西总是被先前的表现构造成表现。**”（Altman，2004：17；强调为原文所有）因此，无论目前海洋电影和摄影所揭示的海洋生物或海洋的其他方面如何，它们都受到先前的表现惯例的制约，这些惯例也会影响观众对它们的解读，即使只是无意识的解读。

有一个主要的，也许是最重要的惯例，即海洋电影既受益于但也偏离了五百年历史的摄影技术固有的、电影和摄影理论家长期拥有的线性透视系统。简而言之，实景电影给观众一种数学上结构化但明显逼真的三维空间错觉，让人想起文艺复兴时期绘画技术的发展。此外，某些理论家，如让-路易·鲍德里（Jean-Louis Baudry）（20 世纪 70—80 年代），认为这种透视系统具有意识形态上的负载，产生一个先验的、笛卡尔的主体，即“聚焦……以个体为意识和连贯性的中心，给人一种掌控（他们在屏幕上看到的世界）的印象”（Elsaesser and Hagener，2010：67—68）。可以肯定的是，正如学者玛格丽特·科恩所指出的，水下光学“极大地违背”了通过透镜延续的线性透视的惯例：“虽然线性透视创造了可观的景深，但水下的

低能见度从根本上降低了感知距离的能力。在最清澈的水，即蒸馏水中，眼睛能看到的最远只有 250 英尺。"（Cohen，2014：3，8）此外，"我们在水下不仅近视，而且容易混淆，密度较大的水介质会放大物体"（8）。科恩表示，由于这些差异，水下光学在历史上与艺术现代主义一致，与超现实主义重要的视觉效果产生共鸣，形成了一种不受透视传统影响的深层美学，就像扎尔·普里查德（Zarh Pritchard）的水下绘画（Cohen，2014）。也就是说，尽管水下拍摄的图像在感知上与在陆地拍摄的图像不同，但镜头的透视质量仍然弥补了这些光学差异。此外，扭曲校正镜头、帮助水下摄影师减少光学畸变的指南，以及在尽可能清晰的水中拍摄的水下摄影指南的典型建议，都旨在确保水上世界尽可能符合透视的视觉逼真性，似乎是为了巩固一种"掌控感"，以对抗削弱这种掌控感的水下光学特性。

166 在某种程度上，由于水下和水上光学的不同，海底空间的建造充满了陆地电影制作中少有的困难。在水下，连续性剪辑或叙事电影中建立空间关系的惯例往往会被打破，即图像之间的关系往往更倾向于印象派，而不是遵循严格的视觉规则。静态空间地标（除了珊瑚礁和沉船等）的缺乏以及开阔海域的有限能见度，都可能导致屏幕空间的模糊。由于海底和海洋表面很少占用相同的镜头，因此垂直深度对于电影制作人来说几乎是不可能传达的，或对于观众来说是不可能分辨的（除非观众本能地理解颜色吸收与海洋深度的关系）。一个标准的"美丽"镜头，例如，阳光在海浪中荡起涟漪，从下方逆光看到一群壮观的鱼，可能可以在较浅的地方引导观众，但在阳光无法穿透的地方，包括夜晚几乎所有的海底，这些手法都会失效。

此外，海洋空间通常看起来很普通。如果没有对话、旁白、标题卡或其他提示，一旦摄像机穿透海浪，观众就很难分辨出他们是在海中的哪个位置。当然，某些标志性的动植物（如游泳的企鹅、潜水的北极熊、珊瑚礁）和其他地标（如冰层的顶部）的图像可以通过一般的地理位置（如北极、南极或热带）来引导观众，但这些位置可能跨越数千公里，使得观众很难在空间或时间上（就季节性而言）仅根据图像线索就准确地将所看到的与图像所处的位置联系起来。电影制作人经常利用这种视觉上的不确定性来产生诗意化效果；例如，著名的雅克-伊夫·库斯托的

《没有太阳的世界》(1964）就没有指明电影中描述的水下栖息地的位置，在电影首映式上，他甚至说：“一旦具体化，就没有诗意了。”(Madsen，1986：135）

由于水下能见度有限，声音成为界定海底空间的关键手段，尤其是在真人电影中。由于大多数海底电影都是在20世纪20年代末到30年代初同步声音出现后拍摄的，因此我们可以说，它们的电影原声包括了语音（即对话和旁白）、音乐和音效。一代又一代的电影声音学者可以证明，音乐有力地塑造了我们对电影图像的认知，同时海底音乐也相当丰富多彩。有时，音乐稀疏而有写意，指向深海的陌生，仿佛它是另一个星球；有时，图像播放时伴随的是浪漫的旋律、合成器流行乐或斯汀和克罗斯比、斯蒂尔斯和纳什（Sting and Crosby，Stills & Nash）等“左倾”的词曲作者的环保主义民谣。相比之下，非音乐性的声音可能显得很简单。即使是一 167
个普通的海底电影观众也能识别出一种混合的哗哗声、冒泡声和没有高频的典型海底声音。值得一提的是，早期的海底声音效果倾向于以人类为中心，表现的是潜水员和他们的设备；随着环保运动的兴起和座头鲸录音的普及，广泛使用定位音和动物发声（交流或其他声音）的更复杂的海底声音景观是一种相当近期的现象，可追溯到20世纪70年代。[①]

虽然与水族馆的类比有助于说明海洋的总体构造性，但我们可以在海底电影中进一步区分特定的水族馆美学：一个类似于鱼缸（家庭水族馆或更大的公共水族馆）的相对静态的水下事件的正面视角，其中干燥空间和湿润空间相互隔离，这种视图与无拘无束、芭蕾舞般、可移动的由水肺潜水衍生的视图形成了鲜明对

① 关于海底音乐，特别是20世纪50年代的海底音乐，请参见查普曼（Chapman，2016)，他展示了海底空间声音规范性惯例如何在20世纪中叶的小说电影和纪录片中生根。这些惯例的遗产包括关于强调或抑制水下环境“领土化”的“可接受”频率范围的概念，尽管这些惯例与人类听力在水下的实际运作方式大不相同。在动物发声方面，在由海洋生物学家罗杰·佩恩（Roger Payne）和美国海军水听器工程师弗兰克·沃特灵顿（Frank Watlington）录制的《座头鲸之歌》(1970）由纽约动物协会发行，以及佩恩和博物学家斯科特·麦克维（Scott McVay）在1971年8月的《科学》杂志文章中表示正式“发现”鲸鱼之歌后不久，鲸类动物的交流，即鲸和海豚的“说话”和“唱歌”，在20世纪70年代成为海洋主题电影和水下声音场景的主要内容。

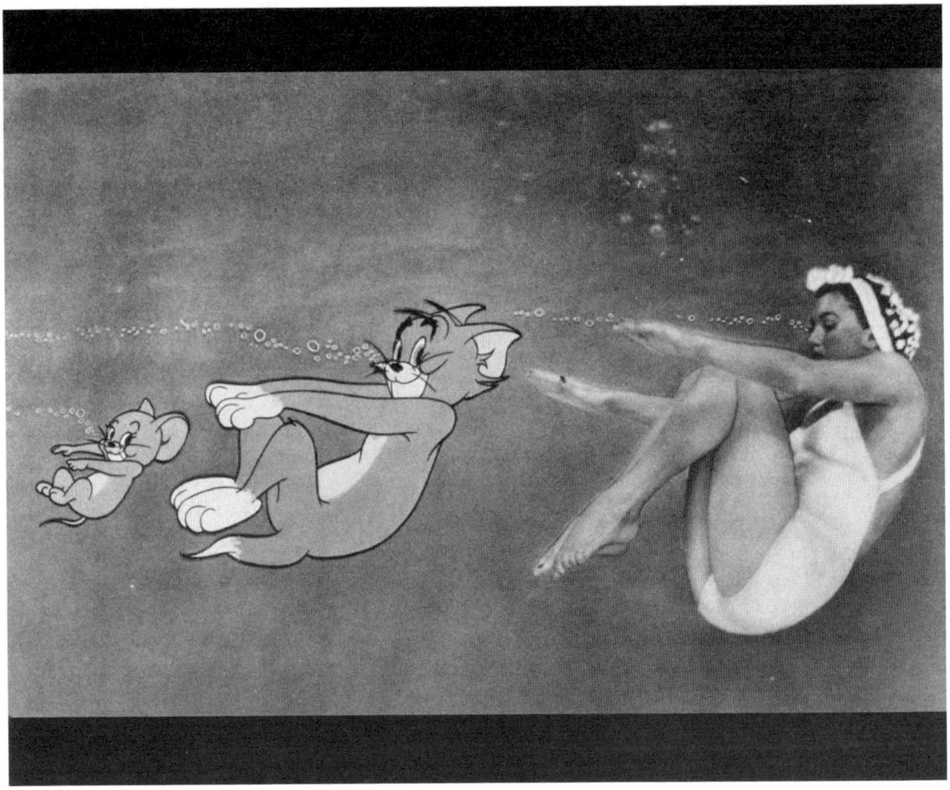

图 7.2　埃丝特·威廉姆斯（Esther Williams）与汤姆和杰瑞的《湿身危险》（导演：查尔斯·沃尔特斯［Charles Walters］，1953）。© Silver Screen Collection/ 盖蒂图片社。

比，水肺潜水装备直到 1943 年才由库斯托和埃米尔·加格南（Émile Gagnan）发明（Crylen，2018b）。事实上，有时水族馆实际上参与了早期“海底”电影的拍摄，比如法国电影先驱乔治·梅里爱（Georges Méliès），他的 19 世纪 90 年代和 20 世纪初的几部电影中都有海底场景，他的电影中陆地上的动作通过放置在摄像机前的鱼缸来模拟呈现。① 即使是约翰·欧内斯特·威廉姆森（John Ernest Williamson）在 1914 年至 1932 年期间拍摄的第一部海底影片，包括环球影业出品的儒勒·凡尔纳

① 其中最著名的电影是《月光之旅》（1902）；其他作品包括《缅因号海底之旅》（1898）、《仙女国》（1903）、《奇幻航程》（1904）和《美人鱼》（1904）。

图 7.3　拍摄迪士尼电影《海底两万里》中的一个场景（导演：理查德·弗莱舍［Richard Fleishcer］，1954）。© 彼得·斯塔克波尔（Peter Stackpole）/ 盖蒂图片社。

的《海底两万里》（*20000 Leagues under the Sea*，1916）和《神秘岛》（*the Mysterious Island*，1929），都呈现出类似水族馆的深海景观（见克莱伦［Crylen］，2021；伊莱亚斯［Elias］，2019）。威廉姆森的电影从“光球”内部拍摄（“光球”是一个钢制水下摄影室，通过一根柔韧的水密管连接到船底），正面且与视线齐平地展示了海洋景观和野生动物，而没有向前或向后穿透那个水下空间。这些视图与 19 世纪下半叶以来在欧洲和美国广泛流传的流行水族馆手册中的水下场景插图相呼应，可以认为这是威廉姆森的视觉模型。即使是他拍摄的加勒比海水晶般的水域，也像是一个人工清理的鱼缸的周边的环境。后来从潜水器内部拍摄的电影（20 世纪 60 年代以后），比如我在本章最后一节谈到的深海电影，也延续了这种水族馆的视角，因为摄影师和水下场景之间存在着物理上的分离（窗口），尽管这些潜水器不像威廉姆森的光球，这些潜水器没有拴在水面上，可以在海洋空间自由航行。引人注目的是，在两次世界大战之间的动画中，比如迪士尼的大量水下《糊涂交响曲》短

片[①]，人们会发现正面的、与眼睛水平的视角在水下背景画面中一直被复制，这些
168 画面很可能仿照了19世纪博物学家的绘画，以及公共和家庭水族馆的构造场景。在水肺时代之前的动画电影中，垂直向上或向下向海底的视角都很少见，这进一步强化了观众在“水外”的位置而不是沉浸在水里的想法。

当然，其他评论家也注意到了电影视角和水族馆之间的相似之处（Adamowsky，2009，2015；Hauser，2009；Weigel，2009），勾勒出我上面描述的一些特征，甚至将其扩展到视频艺术和画廊装置。然而，正如朱迪思·哈梅拉（Judith Hamera，2012）所指出的，水族馆本身已经与早期的观察形式联系在一起，这些形式使之作为一个独立装置的地位受到动摇。这些她所谓的“各种视觉亲和性”包括窗户、剧院、全景画和航行（Hamera，2012：24—49）；电影院也有这些相似之处，这就增强了水族馆在海底电影中的影响力，无论其视觉美学效果如何。在电影院，人们在屏幕上看世界，仿佛透过一扇窗户，同时窗户的边框（屏幕边缘）又提醒人们这些画面的虚构性；在水族馆，由于玻璃的透明度，人们同样可以看到一个场景在观看空间中连续呈现，同时明白玻璃是环境之间的屏障，是一个把干燥空间和湿润空间
169 隔离开的容器。在戏剧方面，长期以来，人们鼓励观众“像解读舞台一样解读水族箱”（32），将其作为戏剧和动作以及演员表演的场所（就像电影里的动物常常被拟人化一样）。同样，当代纪录片叙事和导游带领下的水族馆之旅都让人回想起19世纪流行的传统科学讲座，在这种讲座中，正如里克·奥特曼（Rick Altman）所称，演讲者不仅解释了科学的视觉效果，还重新定义了科学，塑造了观众的感知（Altman，2004：71—72）。这两种视图都遵循了全景画的视觉逻辑，全景画是19世纪主要的“理性娱乐”形式之一，特别是在滚轴上稳定展开的活动全景，给观众一种空间移动感（Hamera，2012：35）；影片中，可让观众的眼睛探索画面的全景视

① 迪士尼短片包括：《群鱼乱舞》（导演：伯特·吉列，1930），《尼普顿王》（导演：伯特·吉列，1932），《水孩子》（导演：威尔弗雷德·杰克逊，1935），《人鱼宝宝》（导演：鲁道夫·伊辛和弗农·斯托林斯，1938），《捕鲸人》（导演：大卫·汉德和迪克·休默，1938），和《海上侦察员》（导演：迪克·蓝迪，1939），人们可以把它们视为水下动画的一系列实验，从而引出了长片《木偶奇遇记》（1940）中漫长的水下场景。

图与宽屏（20 世纪 50 年代早期）和大尺寸（如 20 世纪 60 年代以来的 IMAX）景观图像最能产生共鸣。最后，水族馆邀请观众进行时空旅行，在没有任何危险的情况下与在地质学意义上漫长的时间尺度下与人类由之进化而来的鱼类相遇，享受水下探索体验的乐趣；同样，影片让观众在幻觉中穿越到遥远的地方，间接体验其他生物的生活。这些海底电影的共同特征使人们甚至可以将最近的例子追溯到 19 世纪水族馆文化的根源。

海洋图像：介于理性与奇迹、科学与奇观之间 170

长期以来，海洋电影一直是艺术和科学的分水岭。事实上，从海洋图像的摄影起源来看，海洋图像已经融入了科学探究和可视化方式，欧洲科学家获得了许多最早的在有电影之前的水下影像。第一个已知的水下摄影师威廉·汤普森（William Thompson，1856）是一名业余博物学家，法国动物学家路易斯·布坦（Louis Boutan，1893）制作出第一张由潜水员拍摄的水下照片（Deane，2013：1416—1417）。生理学家艾蒂安-朱尔斯·马雷（Etienne-Jules Marey，1890）在大众科学杂志《自然》上发表了一篇关于水生运动的连续摄影研究，他在一个小水族馆拍摄的照片启发了奥古斯特和路易·卢米埃尔（Auguste and Louis Lumière）兄弟，他们是世界上最早的电影制作人，在 1896 年的电影《水族馆》中记录了鳗鱼、鱼和青蛙，并开启了海洋生物运动研究的序幕，至今仍在继续（Shell，2005：326）。

在一定程度上，由于与我们更熟悉的陆地动植物相比，许多海洋生物非常奇特，因此海洋电影，尤其是非虚构类电影，往往伴随着两种视野，一种是壮观、敬畏和惊奇，另一种是寻求对未知的理性掌控。这些记录常常重叠，也许最引人注目的是法国生物学家和教育家让·潘莱维（Jean Painlevé）的科普电影（见比蒂［Beattie］，2008；比鲁斯和麦克杜格尔［Bellows and McDougall］，2000；卡希尔［Cahill］，2012，2019；海沃德［Hayward］，2005）。潘莱维拍摄于 20 世纪 20 年代至 70 年代的受超现实主义影响的抒情水生生物纪录片，让法国著名影评人安德烈·巴赞（André Bazin）欣喜若狂，他在 1958 年的一篇文章中写道，“在这里，在兴趣和实践研究的最遥远的地方，在最绝对禁止审美意图的地方，电影之美像超自然的恩典一样展开”，这是“科学电影的奇迹及其永不枯竭的悖论”（Bazin，［1958］2009：21）。尽管巴赞的语言完美概括了观看《海马》（1934）等潘莱维的开创性作品的体验，但巴赞的语言也可以描述观众对其他许多海洋电影中的图像的反应，尤其是20世纪中叶库斯托和奥地利当代作家汉斯·哈斯（Hans Hass）的电影和电视节目，大卫·阿滕伯勒（David Attenborough）主持的专注海洋领域的英国广播公司（BBC）的《自然》节目，如《蓝色星球》（2001）和《蓝色星球II》（2017—2018），以及在过去十年里蒙特雷湾水族馆研究所和其他海洋科学组织发布到YouTube和Twitter页面上的研究视频。像潘莱维（Painlevé）的电影一样，这些电影往往会引发对所见之物的陌生感的迷恋，字幕卡和一种更冷静的求知欲之间的摇摆反应，这种反应通常通过信息丰富的画外音或字幕卡来满足（即使通常情况下，画外音都富有诗意，例如，库斯托和潘莱维的电影）。

171 在光学层面上，这种双重反应可能在某种程度上是水下摄影所固有的，特别是

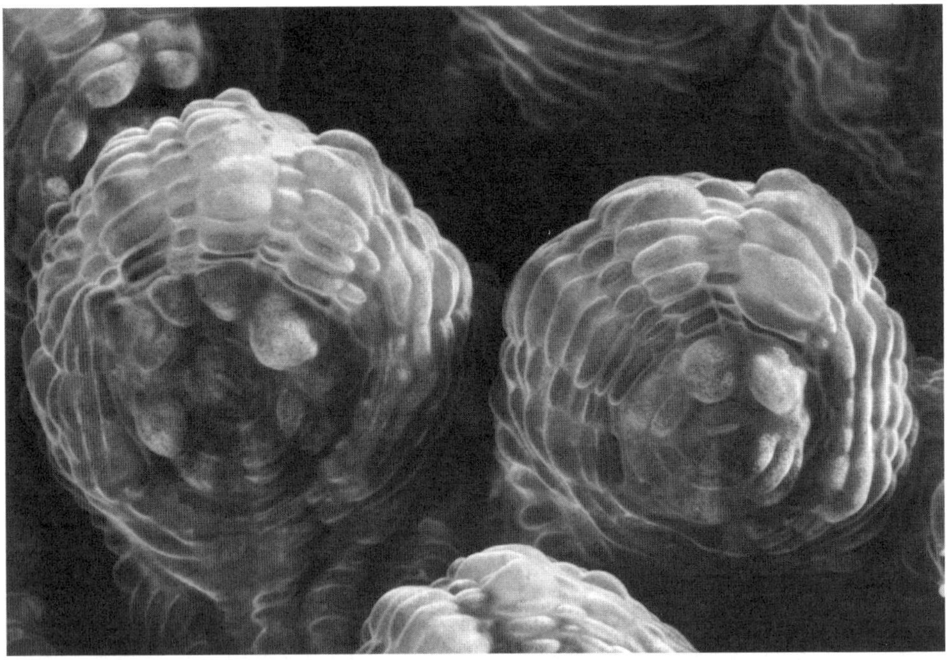

图7.4 菲律宾图巴塔哈珊瑚虫大特写。© 亚历克西斯·罗森菲尔德（Alexis Rosenfeld）/盖蒂图片社。

在前面提到的水下光学和相机透视本质之间的紧张关系中，前者扭曲所造成的困惑
削弱了设备理应构建的理性掌控的地位。但即便如此，自然科学电影中常见的其他
专业视觉技术，也极大地提高了人们的求知欲和敬畏感。这类设备的三个关键是放
大（如特写、显微和放大摄影）、延时摄影和慢动作。这三种摄影都是海底纪录片
的重要组成部分，包括上面提到的许多例子。通过电影理论家长期以来所坚持的这
些技术，摄像机揭示了之前可见世界中“隐藏”的方面，之所以隐藏，是因为它们
要么太小或太远，让人类的眼睛无法独自感知；要么太快或太慢，让人类的眼睛无
法实时察觉。显微图像和多变的图像速度是潘莱维电影的主要内容，例如，库斯托
在他的水下栖息地纪录片《没有太阳的世界》中出色地使用了显微图像，电影导演
杰夫·奥洛夫斯基（Jeff Orlowski）在《追逐珊瑚》（*Chasing Coral*，2017）中揭示
了珊瑚的放大和显微摄影中令人难以置信的色彩缤纷（见盖肯［Gaycken］，2018）。
电影放大不仅由专门的光学技术提供，还根据屏幕大小采取放大的形式，尤其是在
IMAX 电影中。在一块大约 20 米见方的屏幕上，巨大的视觉尺度不仅使标准的摄 172
影图像陌生化，而且进一步增强了放大、减速或加速现象的奇异和启示性质。正如
纪录片学者基思·比蒂（Keith Beattie）在描述潘莱维电影和 IMAX 电影中的海洋
放大时所称，“图像放大和增强功能是认知和理解的一种模式”，这种模式极大地愉
悦了审美感官（Beattie，2008：150）。

虽然上述技术同时激发了敬畏和理性参与，但海洋电影也在图像层面以更辩证的方式运作——沿着摄影与非摄影的界限将理性与奇迹分开。例如，为了便于观众理解，在绘制海洋空间图时，电影制作人利用声呐图、手绘图、水深图和其他非摄影图像，给观众一种超越水下直视限制、在更整全的层面上概念化海洋空间的方法。这些图像不仅弥补了水下摄影的不足，而且通过提供纯粹理性的信息功能，有助于突出海底电影摄影的模糊、奇怪和抒情特质。

过去的三十年里，海洋纪录片中非摄影图像的主要形式是计算机生成图像（CGI），特别是在电影摄影中通常类似于长时间移动镜头的说明性 CGI 序列。这些 CGI 图像通过精心制作的某种视觉图表，能够将在照片上无法组合的一系列的东西编织在单一的、看似连续的镜头中，这样，观众就可以迅速对范围广泛的海洋现象

（通常规模宏大）进行概念上的理解。实际上，因为这种 CGI 序列能够穿越摄影上无法穿越的空间（和时间）鸿沟，因此它们给观众提供了一种对复杂性和时空尺度远超摄影或电影的对象的理性掌控感。数字图像的一个绝对关键的方面是，它往往比摄影图像更干净、更平滑，细节更不详尽。这种细节的缺乏使得在逼真的图像中可能是信息过载的东西变得更容易把握，因此它使得数字动画图像可以作为摄影影像的一种纯粹理性的对应物，而摄影影像丰富的细节可能会压倒审美感官。

就导演斯蒂芬·洛（Stephen Low）的 IMAX 纪录片《深海火山》（2003）中的两个 CGI 序列而言，两者都能快速穿越无法通过摄影来确定的时空鸿沟。在第一个序列中，“摄像机”从海底开始，然后跃入太空，向观众展示中大西洋洋脊（影片中有火山的地方）相对于大陆的长度。地球在旋转，揭示出地壳下岩浆和火山活动的剖面图；然后镜头又回到海底，我们突然发现自己置身数十亿年前，在看着山脊
173 的形成。后一个 CGI 序列通过解释太阳系的起源来解释深海管虫和化学合成的生命（有别于光合作用的生命）的起源。一颗恒星爆炸后，它的一部分与地球相撞，我们熟悉的地球正是由于这种相撞而形成；翻滚的岩浆融化成一个管虫覆盖的烟囱似的电影图像，使得我们知道，这些解说员所称的“垂死恒星的余烬”是生命最初的火花。

作为摄影图像的补充和对应，这样的数字动画序列符合马克·沃尔夫（Mark J. P. Wolf）所说的“虚拟纪录片”风格。正如沃尔夫所说，“计算机成像和模拟关注的是**可能会是什么，可能将是什么，或者可能已经是什么**”，并成为渲染超出人类视觉范围（自然或机械延伸）的事物的方式，以及将概念自然转化为视觉模拟的方式（Wolf，1999：274，原作者加粗）。就像伪彩色的哈勃太空望远镜拍摄的深空图像，或者不同颜色的大脑扫描显示不同程度的突触活动，这些 CGI 序列“并不是有关对象在观察者眼中是什么样子，而是对象**可能**会是什么样子的记录”（277，原作者加粗）[①]。这种序列的危险在于，尽管它们以一种摄影上不可能的方式整体呈现了

① 类似地，伊丽莎白·凯斯勒（Elizabeth Kessler）写道，哈勃望远镜的图像“似乎呈现了人们**可能**看到的宇宙，从而预览了我们想象的当载人太空旅行将人类的触角延伸到地球轨道之外时太空探索者和游客可能会经历的事情”（凯斯勒，2012：4，强调为原文所有）。

一系列离散的现象，但很难说我们看到的图像有多少是纯粹的推测，或者我们看到的图像在多大程度上是基于我们的经验。

此外，“摄像机”以不可思议的速度在视觉上统一了许多的数字渲染现象，这是克里斯·童（Chris Tong，2014）所称的“世界变焦时代”的特征，其中成像技术不仅与行星意识，而且与战争和监视融为一体。从深空到海底或跨越整个太阳系，甚至跨越整个地质时代的快速缩放，都暗示着一个视觉范围不受时空限制的世界。就海洋而言，这种以与行星之间的移动相同的速度从表面到深处的变焦也预示着，在未来，水可以在海水的杂乱、多变的特性消除时，像外层空间的真空一样开放，从而使海洋更容易被有序化。可以肯定的是，这种非变幻莫测的品质不仅是海洋纪录片中的 CGI 的特征，也是一般海洋数字动画的特征。正如美乐迪·爵（Melody Jue）所言，数字海水通常表现为“一种无摩擦导航的被动媒介，没有任何使其成为生活和想象中的强大变形剂的化学特性”（2014：246—247）。尽管数字海洋可能非常适合航行，但海底纪录片中的海洋仍然保留了一些不透明性。与不仅消除了海洋的流动性、还消除了其不透明性和其中的所有生命形式的谷歌海洋等其他数字海洋不同，上述和其他示例中的海洋往往倾向于选择性地保留那些体现实景影像特征的视觉品质：它们表明了一个尚未完全了解或可知的、但可能会产生令人惊讶的发现的海洋。① 即使这些数字海洋的无摩擦特性促进了将许多空间和时间上完全不同的元素同时放在一起的单镜头图表的构建，仍然可以追溯到它们在视觉上对应的摄影海洋的神秘和惊人的性质。

海底电影与“大技术” 174

无论是英雄探险家还是电影导演（例如，库斯托、潘莱维和卡梅隆），都很容易将海洋电影制作视为个人事务。但这样做就忽视了电影制作人的机构关系，以及海洋的许多声音和图像的存在所依赖的科学规模。毕竟，海洋学是一门大科学，比

① 对斯蒂芬·赫尔姆赖希（Stefan Helmreich）来说，谷歌海洋实现了让海洋完全透明的文化幻想，他写道，“这不是黑暗的深渊，而是一个没有鱼的清澈鱼缸，海洋生物不会在这个空间里游泳”（2011：1226）。

大多数陆地科学成本更大，技术含量更高。它并非独立的男女所能涉足的领域。任何一个单纯的休闲潜水员都无法拍摄到咖啡桌上书籍中发现的深海琵琶鱼；在他们能够下潜到所需深度之前，极端的压力就已经把他们的身体压碎。如果没有爱尔兰百万富翁以每年一法郎的象征性价格租给他卡利普索号（Calypso），库斯托，这位最著名的电影导演兼探险家可能就无法制作电影。此外，以好莱坞大片而闻名的卡梅隆，如果没有他的主流成功给他带来的财富和声望，很可能无法负担他自己的受库斯托启发的海洋探索。① 我们所知道的海底电影的历史，如果没有可观的技术和资金支持，将是无法想象的。

这就是说，虽然在海底拍摄需要特殊的会影响海底图像美感的设备（水听器、畸变校正相机镜头、精心制作的照明设备、高速胶卷、防水相机外壳），但仅仅考虑电影技术还是不够的。海洋电影同样是船舶、潜水装备、潜水器、水下栖息地以及历史上使海底拍摄成为可能的其他设备的产物。照明和摄像机放置的选择变得不仅与使用潜水台或潜水探险中的集体劳动等非电影实践密不可分，而且与开发和维护这些机器的高度复杂性所需的资源（物质、制度、政治和经济的）以及议事日程（国家和公司的）密不可分。例如，就像不能把航空电影制作和航空历史分开思考一样，海底电影制作也不能脱离 20 世纪的海洋探索和海洋学研究的历史来考虑。

175 海底电影依赖探索技术的问题在过去二十年的深海电影中最为突出。到达海底需要潜水技术的帮助，因为潜水技术可以承受难以置信的压力、耐寒（对于载人潜水器的乘客尤其重要）、在黑暗中航行（用高功率的灯）、用螺旋桨对抗强烈的水流、为乘客提供可以持续数小时的下降和上升所需的氧气，以及无需长时间潜水后

① 卡梅隆著名的好莱坞大片包括：《异形 2》（1986）、《终结者》（1984）、《终结者 2：审判日》（1991）、《阿凡达》（2009）和《泰坦尼克号》（1997），在本章撰写之时，最后的两部电影在全球票房总收入中分别排名第一和第二。并非巧合的是，他的所有深海潜水电影都在《泰坦尼克号》之后拍摄。除了《深海异形》外，他的这些纪录片还包括《深渊幽灵》（2003），这是他记录泰坦尼克号海难的电影；《深海挑战 3D》（导演：约翰·布鲁诺，雷·昆特和安德鲁·怀特，2014）；还有一部关于德国战舰俾斯麦号失事的电视纪录片，名为《重返俾斯麦战舰》（导演：詹姆斯·卡梅隆和加里·约翰斯通，2002）。卡梅隆的名气和纪录片使他成为自库斯托以来最知名的海洋探险家，无论好坏。

的减压。在斯蒂芬·洛（Low）的《深海火山》、国家地理的《深海异世界》(2012）以及卡梅隆的各种潜水纪录片等深海电影和电视节目中，叙事和人类主题一直让观众意识到这些事实。实际上，每当潜水器成为图像的焦点时，它们就会提醒我们，在我们所看到的壮观深海图像能够被制作出来之前，必须解决所有的问题，这凸显了技术对海洋图像的重要中介作用。电影对这些技术进行了描述和讨论，以一种表达进入海底的绝对困难、克服海洋环境力量的方式，指出了电影自身的可能性条件。在这方面，电影美化了探索手段，这是学者大卫·奈（David E. Nye，1994）所称的技术崇高的一个例子。

再来看看《深海火山》。在这部纪录片中，传达海洋力量的潜水器是深潜器“阿尔文号”，它由美国海军所有，自 1964 年以来由伍兹霍尔海洋研究所安置和运营。该深潜器重 17 吨，能够下潜 4500 米，无疑是所有深潜器中最著名的。正如影片的叙述者告诉我们的那样，“阿尔文号”“在深海中停留的时间比世界上所有的潜水器加起来的时间还要长”，它还为大约 2000 篇科学论文收集了数据。20 世纪 70 年代早期，“阿尔文号”在证明板块构造理论的过程中起到了重要作用，它在加拉帕戈斯裂谷发现了热液喷口（1975），并发现了电影（1978—1979）中描绘的“黑烟囱”(Reidy，Kroll and Conway，2007：213)。《深海火山》从“阿尔文号”的视角呈现了热液喷口，某种程度上是对电影上映前三十年的重大发现时刻的回顾。

与斯蒂芬·洛的电影唤起了冷战时期的海洋学不同，卡梅隆的《深海异形》将新旧探索技术结合在一起。影片一开始，观众看到的是两艘配备了 3D 高清摄像机的流线型“深海漫游者号”潜水器，有着巨大的亚克力圆顶，而不是“阿尔文号”上的小舷窗。这些泡泡状的潜艇为乘客提供了一个 320 度的深海全景，在 IMAX 影院的背景下，这与电影观众的视觉关系形成呼应。但亚克力球无法承受“阿尔文号”所能承受的巨大压力。因此，电影中的科学家们利用了苏联制造的“米尔 1 号”和“米尔 2 号”潜水器，这两艘潜水器于 20 世纪 80 年代末设计，可到达 6000 176
米的深度，相当于绝大多数海洋的深度。在这里，屏幕尺寸成为观看体验的一个特别重要的组成部分：巨大的 IMAX 显示屏让观众把这些潜水器当成他们生活中的庞然大物；事实上，在某些博物馆中，它们的图像可能与展览厅中展示的船只和潜水器一样，在尺寸和重量上都是无缝衔接的。①

在影院环境中，当这些技术出现在巨大的屏幕上时，它们庞大的身躯给观众一种纯粹的进入深海的技术科学的威力的感觉，即便如此，电影也坚持认为，这种进入仍然是不稳定和危险的。这一点在《深海异形》和最近的《深海挑战 3D》(2014)中表现得尤为明显，该片记录了卡梅隆和他的船员们仅用起重机将巨大的重型潜水器放入水中所遇到的麻烦：在波涛汹涌的海面上，它们会像破坏球一样失去控制，摧毁船的甲板。两部影片都记录了摄制组为应对各种可能发生的意外事件所作的努力。卡梅隆和同事们向观众保证不会出事，两部电影，尤其是《深海挑战》，在船员的安全演习以及排除几十个技术故障上都花了大量时间。可以肯定的是，他们的困难证明了技术在压倒性的自然力量面前不值一提。可一旦这些障碍被克服，这些技术成就就显得更加令人佩服，成为集体创造力和权力意志的象征。

在《深海挑战》中，潜水技术的工程设计，这一在海洋电影中很少描述的过程，进一步强化了科技的崇高感。这部电影告诉我们，现有的潜水器无法潜行到如此深的地方而不被压垮；卡梅隆潜入“挑战者深渊”的独特性质在于这次只是第二次载人潜入世界海洋最深处，为了研究的目的，他需要在海底花费大量时间，这需要一艘独特的潜水器。②在深海电影中一个不寻常的基础设施的想象场景中，我们实际上看到的是一个钢制的潜水球（潜水员所在潜水器的底部），经过了锻造和热处理，以承受 11 千米垂直海水的大约每平方英寸 1100 公斤的压力，卡梅隆将其比作“在你的拇指指甲上堆叠两辆悍马”。这艘潜水器惊人的能力也体现在它的设计

① 例如，2015 年 5 月至 10 月间，在弗吉尼亚州纽波特纽斯的航海博物馆和公园，《深海挑战》以 3D 形式播放，与此同时，还有一个名为“极深”的展览，参观者可以“走进阿尔文号内部的全尺寸模型，使用操纵杆探索蠕虫群落，操作阿尔文号的机械臂从海底拾起熔岩岩石和蛤蚌；观察像来自外星的生物等”(“极深”，2015)。在某些情况下，屏幕上的潜水器和宇宙飞船连在一起，延续前面提到的内部空间和外部空间的辩证关系。例如，2010 年 9 月，《深海异形》在堪萨斯州哈钦森市的堪萨斯宇宙空间和太空中心的 IMAX 圆顶影院上映。

② 另一艘到达海底的船是 1960 年的“里雅斯特号”深海探测船，从下降到上升总共花了八个多小时，在海底停留的时间只有二十分钟。“深海挑战号”在下潜过程中只花了两个半小时，从海底拍摄和收集样本则花了三个小时。

上，这似乎证明了卡梅隆认可的物理学家弗里曼·戴森（Freeman Dyson）的一句名言："大自然的想象力比我们丰富得多。"（Cameron，2004：10）。这种外观怪异的装置是一个"垂直鱼雷"，其目的是减少下降时间并最大限度地延长水下时间，它部分模仿了剃刀鱼，这种鱼头部朝下，垂直游动，为直立潜水器这种看似违反直觉的想法提供了生物学上的先例。

对这些电影（尤其是或多或少不加批判地赞美探索，而不是质疑探索的冲动或 177
支撑这种资源密集型的使用科学技术的社会经济安排的卡梅隆的电影）持怀疑态度的观众可能会注意到其中的讽刺意味。潜水技术的规模如此之大，以至于在探险队的中心很难看到人类，尽管参与者们都在大谈亲眼看到海底的重要性。实际上，《深海挑战》似乎无意中反驳了这一观点。在水下的大部分时间里，卡梅隆不是通过舷窗，而是通过电脑屏幕观察海洋，外部高清摄像头的视频传输给他的视野比通过窗户看到的更为广阔。只有当他触到海底时，他才会移开屏幕，用自己的眼睛环顾四周，这是对直接视觉重要性的象征性表示。

深海电影对载人降落的强调可以说代表了海洋研究的旧浪潮。人类学家斯蒂芬·赫尔姆赖希写道："在一个远程操作机器人（和）互联网海洋天文台的时代……在'现场'的存在越来越同时是部分的、分割的和假的存在，不只是分布在多个地点的不同空间，而且是由不同类型的经验、理解和数据收集拼凑而成，是多模式的存在。"（Helmreich，2009：233）卡梅隆关于观察者在海底存在的重要性的说法有些言过其实，更多的是出于保守的冲动，即希望在远程操作飞行器、自动水下航行器和其他遥感技术使人类变得越来越多余的时候，人类仍可以留在研究现场。[①] 因此，海底表现的未来可能在于通过可编程和远程控制的机器而不是有血有肉的探险者获取的图像，而且，图像很可能在各种地点（家庭、地铁、咖啡馆等）的便携式小屏幕上观看，而不是在象征着老式传输方式的影院银幕上观看。

---

① 和卡梅隆一样，海洋生物学家、蓝色星球 2 号的科学顾问乔恩·科普利（Jon Copley）肯定，尽管无人遥控潜水器（ROV）可以从太平洋海底实时传输图像到人们舒适的起居室，但"仍然有一种特别的东西让人沉浸在试图了解的环境中"，即一种关于人类在深海存在的难以言明的东西，无论就观察而言是多么不合时宜或从经验来说根本没有必要（摘自 Wong，2018：35）。

结论

我说过，电影的动态图像是当代视觉化和表现海洋的主要文化手段；本章则概述了海洋电影制作的三种概念化方法。首先，电影像水族馆一样，在技术上和美学上重造（remake）了用于展示的海底世界，它们向观众呈现了一个由电影技术和传统表征代码高度中介化的理想海洋，从知觉和经验上来说，这种理想的海洋可能与之前观众在“外边”遇到的海洋有明显的不同。其次，海底电影同时存在于科学的和大众的两种语境中，它们构建了一种在娱乐和理性、求知和敬畏之间摇摆的观看
178 模式。虽然这些双重观看记录通常是由科学电影常见的揭示出肉眼看不到的自然世界的各个方面的设备完成，比如慢动作、延时和宏观图像，但它们也很明显地体现在壮观的摄影图像和非摄影的 CGI 之间的交替中，前者超越了美感，后者则服务于更理性、更具分析性的目的。最后，海洋电影，尤其是过去几十年的深海电影，依赖于海洋探索的庞大科技设备，而这反过来又成为一种技术升华，与海洋的自然奇观一样，令人敬畏。但是，深海电影所依赖和描绘的许多大规模科学技术具有的是为了让人类在海底物理性存在的过时目的，而海底电影的未来在于远程图像捕捉和观看。

当然，其他问题也会对海洋电影产生影响，因为它们已经存在，并将继续存在下去。在空间的美学技术建构之外，正如妮可·斯塔罗谢尔斯基（Nicole Starosielski）所说的，海底电影建构了权力关系和文化差异（2013：152）。虽然海洋电影经常把水下世界描绘成文明的对立面，但一个存在于人类社会和政治事务范围之外的永恒的、基本非人类的环境，在这样做的过程中，“常常掩盖了历史上跨越大洋展开的种族、文化和性别互动模式”（150）。事实上，如妮可·斯塔罗谢尔斯基所言，在整个 20 世纪 60 年代，美国的电影和电视“促成了一种更广泛的文化过渡，使海洋得到了国际治理，美国成了占主导地位的海洋强国”，实际上取代了历史上一直依赖海洋资源的沿海社区（150）。即使最近的几部电影颠覆了长期以来海洋探索主要是白人男性的追求的印象，例如，《深海异形》让女性科学家扮演了重要角色，电影中实际上的非裔美国明星迪扬娜·菲格罗亚（Dijanna Figueroa）就是

其中之一，这一点值得称赞，但它们也会助长负面的刻板印象和文化偏见，比如在反海豚屠杀纪录片《海豚湾》中对日本人的有争议的描述（导演：路易·西霍约斯［Louie Psihoyos］，2009）。

当然，更引人注目的是海洋生物正在大规模灭绝，包括对野生动物的影响方面，以及对其经济和文化与海洋密切相关的人类社区的影响方面，这是电影和电视才刚刚开始涉及的问题。最近的电影都有着强烈的海洋生态保护主义色彩，例如讲述世界上珊瑚礁消失的《追逐珊瑚》，以及讲述人造海洋噪声对鲸鱼类动物和其他感知系统围绕声音定位的动物的灾难性影响的《噪声海洋》(导演：米歇尔·多尔蒂［Michelle Dougherty］和丹尼尔·海纳菲尔德［Daniel Hinerfeld］，2016）。但人们怀疑，他们传达的信息是否太少、太迟。的确，由于人为的海洋变暖和酸化对海洋
领域的居民造成了更大的损失，因此很难想象未来海洋电影的表现形式。被描述的 179
海底世界是否会枯竭？（海洋）是否会由危机时期大放异彩的水母所主导（Crylen，2018a）？也许，面对毁灭，只有存档才是唯一趋势，即过去的电影将成为曾经的海洋的记录。但就近期而言，在电影或其他方面表现海洋的项目，很可能将围绕如何把海洋生物灭绝可视化的问题展开，不仅要明确这场危机，而且要促进充满热情的行动。

第八章

想象世界

富足而可怕的不安定虚幻未来中的人海关系

阿里安·坦纳

简介

雷切尔·卡森以一篇题为《海底》(1937)的文章首次作为一位抒情科学作家进入公众视野。今天人们记忆最深刻的是那位在20世纪60年代早期揭示了杀虫剂DDT的灾难性影响的勇敢科学家，最近的二次文献强调，海洋实际上是她更广泛兴趣的传记和主题起点。[①] 事实上，在她1937年的那篇文章中（《大西洋月刊》以《海底》为题发表了这篇文章，但卡森最初的题目是《水域世界》，这更能传达她所做的事情），读者仿佛置身于一个陌生的“生存空间”中，那里充满了迄今为止还不为人知的生物，它们在海浪和水流、海岸和开放水域之间度过一生。凭借对海洋动物的外貌和特征、它们的生命周期和它们的捕食者的渊博知识，卡森运用清晰而轻快、认真而强劲的散文，把深不可测的海洋变成了一个有形的世界，其中有现在看起来像我们熟悉的外星生物，这些生物虽然不与人类共享空间，但在邻近的生活世界中，它们是我们的亲密伙伴（Carson，1937，1941）。此外，读者十分偶然地开始理解，只有通过有意识地参与这些“水域世界”，我们才能留住卡森的诗意语言中所描述的海洋的令人惊叹的美（图8.1）。 182

令人惊异的是，卡森对海洋复杂性的见解隐藏在她本人的传记细节中：她不会 183
游泳（Lepore，2018：66）。作为作家和生物学家，她举例说明了想象在理解海洋方面的关键作用，“要感知海洋生物所熟悉的水域世界，我们必须摆脱人类对长度、宽度、时间和地点的感知，进入一个无处不在的水域宇宙”（Carson，1937：322）。

① 雷普利（Lepore，2018）批评道，尽管已经达到了目前的研究状态，但卡森的新著作并不包括她早期的海上著作。

图 8.1　雷切尔·卡森正在检查标本。摄影：阿尔弗雷德·艾森施泰特（Alfred Eisenstaedt）/生活图片集 / 盖蒂图片社。

海洋想象的特征

想象和认识是深刻相互关联的活动。自 20 世纪 70 年代以来，科学史一直在揭示影响科学实践的社会和物质偶然性（参见拉图尔［Latour］和伍尔加［Woolgar］，1979；沙平［Shapin］，2010；等），并重新考虑了思维实验、错误假设和冒险的理论建构等方法的价值。想象确实是科学进步的一种资源，尤其是在难以获得或完全缺乏直接经验的时候。海洋的巨大，以及它占我们星球表面 70% 的面积，表明它一定会唤醒“想象世界”（Arthus-Bertrand and Skerry，2013：22）。高压环境，没有呼吸的氧气，大约两百米开外漆黑一片，所有这些都造成了直接进入的困难，因此激发了我们的梦想。在这方面，甚至深海海洋生物学家也把海洋及其居民的生活称为一个“黑匣子”（Boetius and Boetius，2011：11），即表示，人类对（深海）的体验总是“通过技术、知识系统或海洋空间的文化概念，或上述方面的某种组合来调节”（Rozwadowski，2012：583）。机器人和声呐等精密技术的使用表明，人类几乎无法自己探索这个久远的空间，必须具有对人类生理条件的补充或替代。深海与外层空间都有这个特点。因此，想象在我们对海洋的认识中扮演了一个突出的角色，就像技术一样重要，而且两者确实相互影响（Rozwadowski，2010a：524）。

海洋的物质性，就其理化特性和相应的人体生理极限而言，构成了接下来在 1920—2020 年间考察海洋“想象世界”的前提。我在本章中使用的术语“想象”，并不仅仅是指一切超出感知并因此必须被想象的事物。相反，想象的力量在于它产生“心理画面”的能力（Mattl and Schulte，2014：10）。对过去的反思和对未来的 184
投射之间的相互作用既有再生产性的因素，也有生产性的因素，两种运动都各具创意和美学。

正如我要说明的，在欧洲和美国这样高度工业化的地区，有关海洋想象实践的转化主要与资源概念有关。浮游生物，这种水生环境中数十亿微小、漂浮的生物（植物和动物），在这个故事中扮演着一个特殊的角色：它代表了西方世界所面临问题的科学、技术和地缘政治解决方案的许多方面。在这种物质的周围，我们可以找到拥有丰富营养、无穷无尽能源储备和安全未来的想象世界。我认为，20 世纪

20 年代的浮游生物到聚集的“生物质”的概念转化，促成了一种有关可以满足人类需求的可量化的海洋生物质的观念，从 20 世纪 40 年代到 60 年代末，用藻类生产食物的希望都是基于这种观念，而这反过来又意味着（预期的）浮游生物的缺乏转化成了饥饿、匮乏和战争的景象，比如 1973 年的电影《超世纪谍杀案》(*Soylent Green*)(导演：理查德·弗莱舍［Richard Fleischer］）中描绘的完美反乌托邦。

我们从 20 世纪 90 年代开始定位藻类的情况表现出生物质的新含义：燃料。从养活世界到保持高度工业化国家运转，我把 20 世纪 60 年代末到 80 年代之间的相应历史进程称为“海洋想象的地缘政治转变”。这种转变由两种互补的发展构成，是最近对海洋想象的理解的关键。一方面，有限的土地资源和去殖民化导致空间和海洋中新边界的确定。另一方面，海洋生物的脆弱、枯竭甚至毁灭现象有所增加。将两者联系起来的概念是“承载能力”，即地球资源能承载多少人的问题。这一问题反过来又导致新地缘政治力量网络中的新国际组织和其他行为体以及可持续性和环境保护新观念的出现。

从太空拍摄的显示“蓝色星球”资源有限的照片传达了它的脆弱和尊严，使人们在 20 世纪 60 年代和 70 年代不得不重新考虑与海洋的关系。海洋本身受到全球变暖的严重影响，因此海洋生物和人类本身都受到这种深刻变化的威胁，海洋以一种新的、活泼的力量重新进入了想象世界。人们所提出的新地质时代，即人类世，将对于海洋的不同想象场景整合到一起，包括地球工程的理念，以及海洋摆脱（某些）人类的智能化的自我赋权的虚构情节等。

185 本章的结论提供了一些对于人类与海洋之间的密切联系的思考，表明 20 世纪十分突出的基于严格的自然 / 文化区分，并与同样严格的土地 / 水区分相对应的领土思维，在全球变暖的这一时期已经消失。今天，最重要的是，海洋让我们直面生态纠缠着的历史的影响。

作为想象潜力的生物质

最终被确定为海洋食物链最底层的微小浮游生物，在 19 世纪中叶首次引起了科学界的兴趣。由德国生理学家约翰内斯·穆勒（Johannes Müller）开发并与他的学生恩斯特·海克尔（Ernst Haeckel）一起实施的所谓“穆勒丝网”成为远洋渔业的基石，因此成为一个新的科学分支。该丝网本身是穆勒想法的具体表达，即想象促进知识，专业知识与反思携手并进（Rheinberger，1998：144—145）。海克尔（1862）对放射虫这种浮游动物特别感兴趣，并发表了许多著作，试图证实达尔文的渐进式进化理论。和同时代的许多人一样，他相信有希望通过这些生物直接了解生命起源方面的知识。

生理学家和海洋生物学家维克多·汉森（Victor Hensen）在研究同一对象时遵循了另一种假设。1889 年，他扬帆起航，试图揭示海洋的新陈代谢，试图评估浮游生物群的分布，浮游生物（plankton）一词正是由他本人所创（Hensen，1887：1）。通过生理学上的类比，他将浮游生物称为“海洋的血液”（Hensen，1911：5），强调其在海洋中的生命维持功能，以及在大西洋特定地点过滤水柱的功能。对捕获物的统计遵循了一项规定的规程，并花费了数年时间。尽管汉森的方法受到了严厉的批评，他关于浮游生物分布的结论也不完全正确，但他和其他采用定量方法的海洋科学家的工作成功地将海洋学提升为一个独立的研究领域，从而为一门新的学科（生物海洋学）以及有关海洋生物生产力的经济观点奠定了基础（Mills，1989：2）。

汉森和海克尔就方法论进行了激烈的辩论，并互相质疑对方的专业知识。然而，将他们不同的研究方法联系在一起的是海洋和陆地之间存在着紧密联系的基本理念，以及一种假设，即可视化海洋生物的知识和技术可以使人们更好地了解人类生命本身。两者都将浮游生物视为海洋食物链的基础，因此视其为海洋和人类福祉的重要“生态”因素（尤其是对海克尔而言）（Tanner，2014：336—341）。

20 世纪 20 年代，海洋生物学中的这种方法因“生物质”概念的引入而得到加 186
强。“生物物质”（Bio-Masse，德语）的最初的概念揭示了一个具有科学历史学家所喜爱特征的故事，即知识始于疏忽，由偶然性导致。德国动物学家和湖沼学家莱因哈德·德莫尔（Reinhard Demoll，1927）是一名池塘动物施肥实验专家，他把一个盛着一些常见淡水端足类生物的有盖碗放在一边，忘了几周时间。当终于想起窗台上的容器时，他打开盖子，找到了成熟的端足类生物。德莫尔从这个事件得到启发，做了一项实验：在接下来的一年里，他对海水进行了仔细研究，并对一种名叫

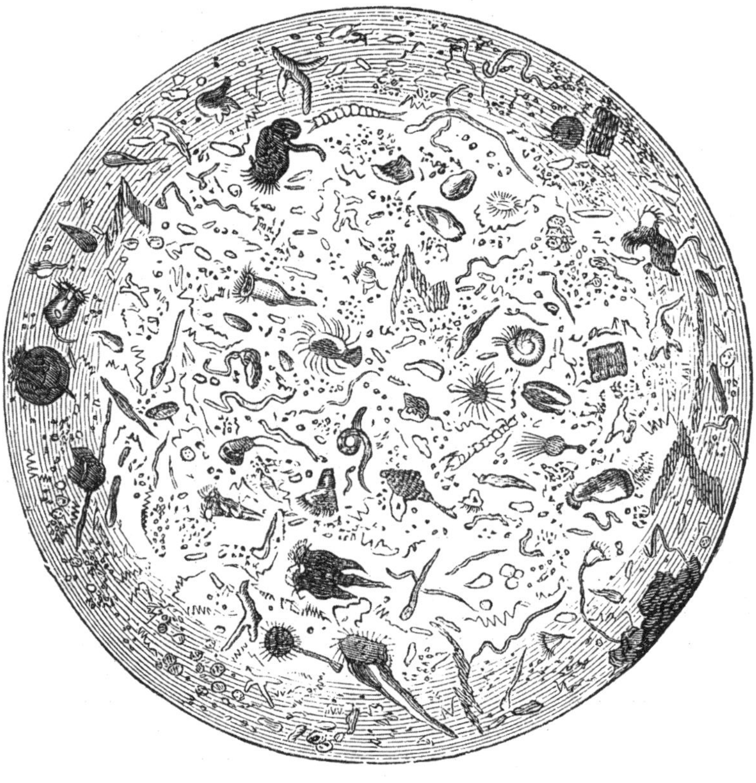

图 8.2　古老插图——一滴水中的生命。

“Gammarus fossarl”的浮游动物进行了统计。他在窗台上的无意实验中观察到，统计和称重的结果总体保持稳定。他正是在这里创造了“生物质”这个术语，这是一个来自小池塘、与一种浮游动物有关的非常重要的术语（图 8.2）。

187 考虑到施肥和最佳产量的问题，德莫尔将“生物质”定义为一个定量指标，表明在特定区域内的营养储量（1927：462）。但是，如果说生物质的数量，即目前生物材料的数量，是整体繁荣的一个指标，那么，生物质显然也与其他的量有关联。

我想强调一下这个小故事的几个方面：第一，这个生物质是在我们没有见到的情况下生成的。这间接提到了 17 世纪关于废弃的桶和壶的论述，这些桶和壶突然间挤满了生物，引发了人们对水中自然生成生物的猜测。生物质具有惊人的繁殖和快速更新的潜力。就浮游植物而言，这些海洋中最小的水生生物构成了 95% 的

"海洋植被"（Seavitt Nordenson，2014：7）。

第二个重要方面在于量化的可能性：生物质提供了数字测量，可以对参与食物链的不同元素进行测量。汉森已经暗示了对生物聚集物（如"草、谷物、人类和驯养动物"）进行类似处理的可能性（1887：2；我的翻译），而不管它们的本体状态如何。生物质的概念中和了遗传、表型或任何其他差异。这是一个生物集合的数字，可以转化为质量或能量（Lotka，1925）。这使得我们可以用数学计算和预测我们更习惯用的"初级生产者"和"消费者"来描述的生物质（Townsend，Begon，and Harper，2009：428—440）。

第三，在丰富性与稀疏性、控制与混乱行为之间瞬时反转的特征，根植于20世纪20年代的"生物质"概念。这意味着运动中的群体总是会提出调控的问题，并涉及可能无意中实现的"临界量"，之后控制的可能性就会被削弱。① 一方面，这与1900年左右工业化和城市化时期的政治理论趋势相呼应，当时，大量的雇员和公民成为政治话语的焦点，成为具有实现社会改革潜力的希望灯塔；同时也与一股威胁当时政治等级制度的无政府主义的、需要强有力指导的力量相呼应（Gamper and Schnyder，2006）。另一方面，它与今天关于生态系统可能的"临界点"的讨论产生了共鸣，"临界点"指的是在一段时间内持续增加的压力之后可能突然崩溃。

再生产性、可量化性、可调控性这三个方面的结果是，生物质的概念本质上鼓励获得对生产周期中涉及的所有生物"群体"进行最佳控制和管理的想法，并引发全面运作化的技术官僚式的愿景和想法。关于在可行性、最佳使用、建立平衡以及增加、吞吐量、反馈和调节之间的完美循环的问题也随之出现。伴随对潜在资源和 188
奇妙增长的梦想，也伴随对失去控制的恐惧，神奇的未来与世界末日的预言携手并进，所有这些都通过海洋来调节。

忙碌的乌托邦

对浮游生物的统计、定性和定量研究巩固了食物链的概念（Elton，1927），食

① 在民用核物理设施中，达到临界量是明确需要的，因为它标志着裂变过程可以自我维持。

物链始于海洋，终于陆地上的人类。例如，阿利斯特·哈迪（Alister Hardy）研究了鲱鱼可能的捕获量，评估了它们的营养（Hardy，1924），而另一些人则谈到不仅可以通过获得新的营养基地来扩大自己的传统工作领域，而且还可以将自己的农业知识转移到海洋领域的“海洋的农民”（Herdman，1920：289）。在第二次世界大战及其灾难性后果，特别是数百万人营养不良之后，人们萌生了开发海洋的想法。当时，正如历史学家沃伦·贝拉斯科（Warren Belasco）所描述的，有一些论述支持工业浮游生物项目：悲观的预测在很大程度上受到新马尔萨斯主义观点的影响，该观点认为世界粮食能力无法跟上人类人口的发展。即使是乐观主义者也对农业无法提供足够的食物深感担忧，原因在于地形限制了土壤资源和创新的缺乏（Belasco，1997：608）。

经济预测很大程度上基于“想象中的未来”（Beckert，2016）。就海洋资源而言，这些想象的未来包括将超过投资的估计的储量，因此有望带来企业收入。鉴于世界海洋资源的获取与具体而棘手的问题密切相关，这种经济上想象的未来仍然是高度投机性的，甚至是乌托邦式的。

20世纪50年代，人们的注意力集中在小球藻这种浮游植物上，它似乎实现了技术官僚和乐观主义者关于普遍进步的梦想。这种快速生长的淡水藻类的光合作用速率预计是陆地作物平均速率的20倍。它甚至似乎可以打破热力学第二定律，因为小球藻的产出似乎比它需要的投入更多。依靠阳光这一取之不尽的资源，藻类植物将可以在“不毛之地”生长（Stimson，1956：264），也可以在沙漠生长，不会与耕地竞争；预计每天可以收获20倍的产量，而且不受季节的影响；由于没有废物，因此有着完美的代谢循环（图8.3）。与人们在反复无常的天气中，在潮湿的田野上进行密集型、消耗能量的户外工作相比，藻类养殖的无菌性和可管理性似乎是无可
189 辩驳的论据。支持大规模养殖浮游植物以获得食物的论点有说服力也有前途，而且对于推广这一观点的科学杂志十分合适（Belasco，1997：619）。

最重要的是，小球藻可以产生水平非常高的蛋白质。最后一个因素，蛋白质的百分比为藻类的培养提供了有力的论据，因为在粮食及农业组织（粮农组织）的统计中，蛋白质的供应水平是营养不良的一个指标（FAO，1948：2）。因此，重点不

图 8.3　梅尔文·卡尔文（Melvin Calvin）在他的伯克利实验室检查小球藻罐，1961 年。© 贝特曼（Bettmann）/ 盖蒂图片社。

仅在于现有世界人口的状况，而且还在于后代的营养。在这方面，莱昂内尔·瓦尔福德（Lionel A. Walford）的专著《海洋生物资源》在关于不断增长的世界人口需要增加海洋产量，“科学研究将为之指明方向”的论述中占据了重要地位（1958：3）。在完美的数学和谐中，一方面藻类被分解成营养物质，另一方面则是人类需求清单。 190 产品和消费者以技术官僚的方式匹配，浮游植物与鲱鱼之间能量消耗的代谢转换将大大缩短，似乎有可能在全球范围内战胜饥饿：在匮乏的威胁下，人们得到了富足的承诺。

“从生物质中构建乌托邦”情景中的两条线特别值得一提：首先，也是最重要的，是藻类在清洁、封闭和完全受控的人工环境中持续的生产力，而且可能是惊人的生产力。在这方面，浮游植物是技术创新本身的未来类比物（Belasco，2006：201—207；Prehoda，1967：202）。其次，培育藻类的全新高度调控环境给人类带来了新的管理角色。1952 年，生物化学家、《化学农业》一书的作者弗朗西斯·约瑟夫·韦斯（Francis Joseph Weis）预言：“因此，最初作为自然界试验植物的藻类，现在正在充当人类的试验植物，人类无疑将得到同样重要的结果，而且要快得多。”（1952：17）从微小水生生物开始进化的宏大故事将被转移到人类手中。

20 世纪 60 年代末，经过二十年的试管、池塘和藻类实验，开拓者们不得不承认计划失败：由于温度的变化，出现了一些重大问题；在评价藻类池的适宜深度、光照强度、搅拌和种植正确节奏方面存在困难；蛋白质聚集不稳定；更不用说保持混合物无菌这一难以克服的困难了。此外，工业化培育的小球藻通过消耗淡水、氧气和二氧化碳，吞噬了天文数字的能量。一磅干浮游植物的价格是 1 美元 12 美分，而同样数量的大豆价格是 6 美分（Belasco，2006：211）。不仅因为大豆、高效肥料和杂交玉米在经济效益上超过了藻类项目，而且西方世界的饮食习惯也成了巨大的障碍。在欧洲和美国，只有非常少的海藻会被食用，而且只会被藏在冰激凌或鸡汤中，而人们认为藻类产品太脆，味道不好。乌托邦因传统的晚餐习惯而失败（Belasco，2006：207—213）。即使是日本藻类工程师（的妻子）的烹饪实验（Milner，1953：31）或德莫尔具有讽刺意味的从藻类汤到藻类糕点的菜单，都无法改变这一障碍（1957：136）。

藻类食品确实在健康食品商店和太空旅行中得到了应用（Wharton，Smernoff，and Averner，1988），但只是应用到世界人口的一小部分，而在后者的应用中，浮游植物确实可能是封闭循环中的完美材料，它在隔绝的环境中可以保证氧气和食物
191 供应。此外，正当人们对浮游植物工业实验的热情破灭之时，一部电影展现了反乌托邦版本的完美代谢循环。

反乌托邦的完美代谢循环

1973 年的电影《超世纪谍杀案》对生物质的效用进行了激进的诠释。电影改编自哈里·哈里森（Harry Harrison）的小说《我们要空间！》(*Make Room! Make Room!*)(1966)，电影情节强调了人口过剩状态下的食物问题。在设定于 2022 年的奇幻未来中，世界正处于环境崩溃的边缘：纽约有四千万人口，气候炎热到几乎难以忍受，景观遭到破坏，蔬菜和肉类价格高得连富人都买不起。只有极少数人有收入，大多数人无家可归，被迫睡在破旧建筑的楼梯上。想象中的技术官僚未来由无处不在的“索伦公司”(Soylent Corporation ）代表，该公司为人们提供由浮游生物制成的薯片，这是最重要的营养资源。我们了解到，每周二，索伦公司都会推出一种特别口味的薯片，人们争相购买，毕竟没有更好的事情可做。在某个星期二，他们发现所谓的“索伦绿色食品”已经用完了，这引发了一场骚乱。饥饿和愤怒的人群被警察的野蛮力量驱散（图 8.4)。

年老的主角对这个世界感到幻灭，选择在周围环绕着未被破坏的自然景象的安乐死医院里死去，而年轻的索恩（Thorn）跟着卡车离开大楼，在那里他了解到“索伦绿色食品”到底是由什么做成的：据说无穷无尽的浮游生物来源已经被最后一种营养资源——人类的尸体所取代……人类的尸体作为生物质的一部分，一直在供应索伦公司的工业生产。了解到这件恐怖的事情后，索恩被发现了，不得不逃跑。影片的最后一个镜头显示，他受伤了，在一个拥挤的教堂避难。他的临终遗言成了经典：“索伦绿色食品是用人做的！”

电影《超世纪谍杀案》因此遵循了其逻辑结论的推理：生物质作为一个潜在能量库的解释也伴随着循环中不同物质运作的可能性。技术官僚和工程方法的评估仅仅是根据它们的可行性，以实现对参与社会新陈代谢的大众进行理想调控的梦想。“索伦绿色食品”是对资源使用封闭循环理想化概念所提出问题的反乌托邦答案（Höhler，2014b：438—439），其中包含了全部回收的可能。再加上以无休止开发资源而不考虑环境限制为前提的资本主义制度，人们最终会陷入垄断者的独裁统治。

图 8.4 《超世纪谍杀案》(导演：理查德·弗莱舍，1973)，剧照。米高梅影城拍摄 / 图片来源：盖蒂图片社。

192 海洋想象的地缘政治转变

20 世纪 70 年代，经济学家科林·克拉克（Colin Clark）曾撰文探讨海洋中储存的大量蛋白质，但也指出了收获成本的问题。尽管如此，根据所谓的亚洲饮食的想法，克拉克推测了一个 1460 亿人可以得到营养的可能未来（Clark，1970：195）。他后来调整了人数，但仍然假设 470 亿人可能获得粮食供应，只要政策制定者通过资助和税收来引导创新（Clark，1977：153）。克拉克提到的另一种途径被一些作者所推崇，他们提出通过核能使海水变暖来加速浮游生物的生产，从而加速鱼类的生产（Clark，1970：170）。克拉克的思想既揭穿了“人口过剩的神话”（这是他一本书的标题），又表明了对政治调控推动的技术解决方案的强烈偏好。

与这些愿景形成鲜明对比的是，20 世纪 60 年代末和 70 年代普遍存在一种有着 193
孤立主义倾向的新马尔萨斯主义人口过剩论。这一趋势的一个著名例子是 1967 年帕多克兄弟出版的《饥荒 1975！美国的抉择：谁将生存？》。1973 年和 1979 年的油价危机清楚地表明，西方世界的经济并不能自我维持，而是依赖于政治上不稳定的国家。最后一个方面特别导致了对于替代燃料资源的寻求。1980 年左右，生物质成为量化可再生能源的潜在可用能源储存量的专门术语。当时出版了几本标题为《生物质变能源》或《来自生物质的能源》的文集，在其中的一本文集中，编辑们直言不讳地说，在经历了饥饿、流行病和战争之后，世界认为自己面临着一个新问题：能源危机（Cheremisinoff，Cheremisinoff，and Ellerbusch，1980：1）。

因此，西方世界可以完善提高海洋生物质技术、通过养活世界其他地方来确保自身自由的早期计划，变成了一个确保工业化国家能源需求的项目。“藻类食物或燃料？”这是早在 20 世纪 50 年代就提出的问题（Milner，1954），到 21 世纪初，答案似乎很明确：肯定是燃料。从 2005 年到 2012 年，藻类燃料企业经历了一次繁荣，20 世纪 50 年代有关藻类项目的讨论反映了光合作用机器的神奇之处。但几乎所有的企业都不得不让数十亿加仑燃料的巨大承诺“缩水”，转而专注于少量生产非常特殊的（“制药”）材料。近年来，“食物还是燃料”的讨论让生物质的使用声名狼藉，比如用玉米、大豆或植物油作为燃料来源。同时，人们对藻类作为食物或蛋白质储存来源的想法重新产生了兴趣（联合国环境规划署［UNEP］，2009）。

尽管 20 世纪 60 年代末，工业藻类项目失败，但人们仍然认为海洋资源十分丰富。正如萨宾・霍勒所解释的，1970 年左右，在一个对有限土地意识不断增强的时期，海洋成了一个替代空间，就像外层空间一样（Höhler，2014b：440）。她所指的“容量时代”（Age of Capacity）正是指从以领土为导向的扩张主义（1860 年到 1970 年的殖民时代）到全球地缘政治的转变（Höhler，2015b：5）。太空探索和对海洋无限资源的想象携手并进。20 世纪上半叶发展起来的技术有望获得以前我们无法获得的资源（见本书中霍勒所述）。特别是，矿石的提取、锰结核的前景以及在以前难以想象的深度钻探石油的可能性，似乎都进入了可行的范畴（Sparenberg，2015a）。
海洋仍然被认为是一个无穷无尽的储藏库，但现在与非生物材料有关。控制论学 194

家和未来学家遵循工程学方法，谈论深海中不可预见的宝藏，预测通过使用以核能为驱动的机器在海底开采稀有矿石，人类的发展将不再受限于地球表面最稀有元素的可得性，正如“李比希定律”所假定的那样（Marfeld，1972：13；Prehoda，1967：145—148）。新技术和预期的新材料来源相互印证，进而提出了新的产权问题（Hull，1967；Wooster，1969）。海洋不仅反映了未来福利的预期增长，也反映了新的潜在经济和政治力量。

有趣的是，20世纪70年代关于全球公域的讨论并没有认识到海洋的三维性。关于海里和大陆架所有权的规定被限制在“准入”的领土概念范围内。1970年前后，（殖民）勘探和新登陆的愿景和实践在国际海洋法政治中普遍存在（Höhler，2014a：59—61）。这样一来，国际规则与20世纪20—30年代早期的潜水电影完美契合，展示了潜水员在海底行走的情景，这一活动得益于设备的发展以及探索新边疆的旧观念（Torma，2013：30，35）。

设想的资源或替代空间曾经是所谓的想象战争的核心（Kaldor，1990）。正如科学史学家娜奥米·奥雷斯克斯（Naomi Oreskes）解释的那样，深海环境（也被称为“内部空间”）与外层空间一起，在冷战期间发挥了关键作用。她提到了参与构建“剧院”的科学家和军事战略家，海洋为这个“剧院”提供了舞台，“在这个剧院里，核武器可能被储存、运输、伪装、探测，并最终（在最坏的情况下）交换”（Oreskes，2014b：383）。另一方面，格兰特（Grant）和齐曼（Ziemann）提出了有见地的观点，即“冷战”是一场对抗想象的战争，因为它抑制了所有可能的情况：“原子弹”似乎是保障自由之必要条件，而现时安全和未来福祉的必然结果可能是普遍毁灭（2016：2—4）。

然而，正如卡尔多所说，虽然战略本身属于想象的领域，但“为想象战争所做的准备足够真实”（1990：212）。同样，人们可以说，假定的海洋资源属于想象的领域（即使存在一些数量），但收获它们的准备工作是真实的，换句话说，它们构成了一种经济投资。

社会学家约翰·汉尼根（John Hannigan，2016）阐述了将海洋的感知融入地缘政治观点的模式，他定义了近期的四种话语框架，即“海洋边界”“治理深渊”“主权博弈”和“拯救海洋”。即使在这些框架没有陷入领土思维的时候，它们也与相关的机构、组织、国际参与者、法规和政策有着密切的关系。最近，资本主义思想 195
也扩展到了大洋彼岸（Steinberg，2001）：企业家精神已经取代了对海洋的国家或国际主权主张。上述地缘政治转变至今仍在发挥作用。越来越多的海洋空间正在被绘制、规范、探索和开发。正如海伦·罗兹瓦多夫斯基所说，海洋作为边界的概念自20世纪60年代以来一直在强调：“固执地坚持从经济资源的角度来看待海洋，导致了大规模的全球过度捕捞、其他海洋资源的枯竭以及一系列意想不到的生态系统影响。”（2012：597）卡梅尔·芬利（Carmel Finley，2011）表示：“最大可持续产量”的概念是20世纪40年代和50年代思想的特征，是从根本上的误导，即使在其改革之后，仍然为导致全球过度捕捞的国际政策和补贴提供了基础。同样，这种逻辑在今天仍然很普遍。正如有人说过的那样，“结束过度捕捞的唯一方法是减少捕捞”（Rosenberg，2003：105）。

随着资本主义经济的兴起，“行为者的时间取向发生了重大转变”（Beckert，2016：33）。这种认知取向的改变对于理解资本主义动态至关重要，因为对未来的预期塑造了当前的决策，并引导我们对将要发生的事情的想象（33—36）。在这方面，最简单的画面可以获得一个全新的含义：例如，对北极冰层的融化可能会将鹿特丹至东京的通道从2.3万公里缩短至1.6万公里的预测，唤起了人们对经济的渴望，而这种渴望超过了对气候变化的担忧（Arthus-Bertrand and Skerry，2013：212）。所谓的“奔向北极”行动表达了这样的愿望：虽然还没有决定谁可以使用这个空间和体量的哪些部分，或者以何种方式使用，但菲利普·斯坦伯格（Philip Steinberg）、杰里米·塔施（Jeremy Tasch）和汉内斯·格哈特（Hannes Gerhardt）在《争夺北极》中生动地描述了不同群体和行为者的“想象”（2015）。这个例子显示出，人类与海洋的关系是如何在几十年来人们一直认为的海洋资源取之不尽的基础上，与我们对地球系统整体深刻变化的看法并行发展的。

脆弱感

单方面将海洋视为“边界”（或任何其他陆地概念）并非强制性的，甚至在1970

年左右也不是。希拉·贾萨诺夫（Sheila Jasanoff）在描述“行星地球”视觉文化的出现时指出，当时人们并没有想到美国太空总署的太空计划，这完全是毫无准备的，但却与日益增长的环境意识产生了共鸣，新照片是为了表达我们对相互联系的
196 感知（2001：309—310）。从太空拍摄的地球照片，一方面让我们联想到需要明智管理的“地球号宇宙飞船”，另一方面又让我们意识到我们“只有一个地球”，它真正脆弱，需要保护（Höhler，2015b：3）。因此，这些来自太空的照片抓住了“增长极限”（Meadows 等，1972）的精神，也体现了这是整个宇宙中唯一的宜居空间这一观念（Lovelock，1979）。引人注目的是，标志性的名称“蓝色大理石”指的是海洋的颜色。

需要扩展的有限空间和需要保护的脆弱空间的双重认知也隐藏在“海底科学工作者”的形象中。例如，科幻小说作家兼潜水员亚瑟·克拉克（Arthur C. Clarke）“展现了一种全新的人类与海洋的关系，一种融合了科学、娱乐、工业、政府和精神层面的关系”（Rozwadowski，2012：580）。虽然像《海底生活与工作》（*Living and Working Under the Sea*）（Koblick and Miller，1984）这样的高度技术性书籍可以被解释为陆地生物延伸到海洋中，但如果没有这些实验中获得的关于生物多样性、多方面的栖息地和多样化海洋形态的所有照片和电影记录，它们所描绘的图片将是不完整的。同样，汉斯·哈斯（Hans Hass）的电影《鲨鱼中的人》（*Menschen unter Haien*）（1947）基本上是在努力消除对鲨鱼的偏见，寻求以对活着的鲨鱼的理解和尊重来取代这种偏见。BBC 系列节目《蓝色星球》（和《蓝色星球 II》）延续了向公众介绍海洋及其居民的传统。这些电影的画面在技术上非常复杂，显然是为了唤起人们对海洋的环保意识。

回顾过去，我们有充分理由认为，1979 年至 1989 年间，我们有足够的关于气候和环境变化的知识，使这十年成为“我们几乎可以阻止气候变化的十年”（Rich，2018）。最近，西方国家面临着过去资本家和企业家遗留下来的问题，这些问题导致并还在继续导致大量温室气体排放，加剧了全球变暖。政府间气候变化专门委员会（IPCC）在 1990 年的第一次气候变化科学评估中讨论了海洋问题，将其视为（尚未量化的）碳汇，并将其视为世界正在变暖的原因之一；同时，该委员会还提到我们“不完全理解”……“影响气候变化的时间和模式的海洋”（IPCC，2010：

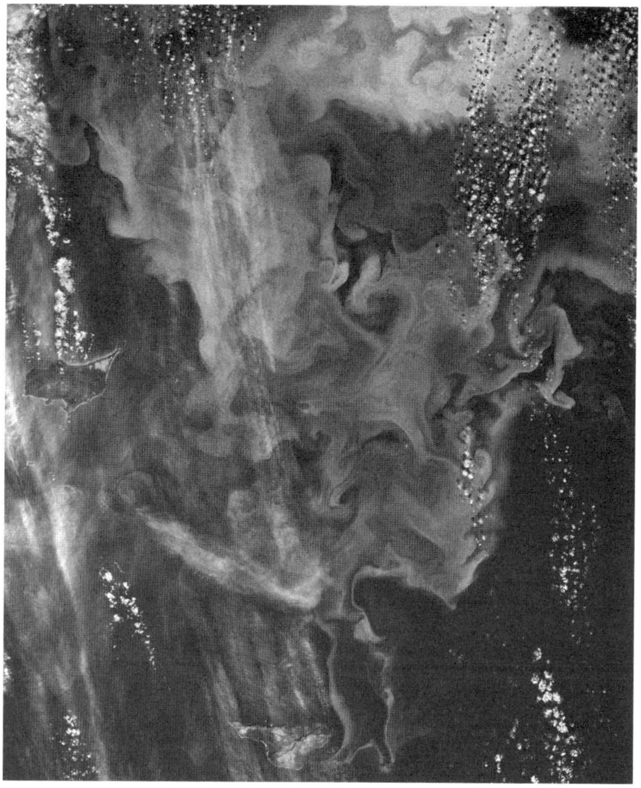

图 8.5　美国太空总署（NASA）的海洋数据显示出浮游生物的“气候之舞”，2014 年。美国太空总署戈达德太空飞行中心。维基共享资源。

12）（图 8.5）。今天，众所周知，海洋对所有行星系统都起着关键作用：海水的酸化和（塑料）污染摧毁了海洋生物，切断了食物链；随着海洋变暖，极地冰盖正在融化，带来珊瑚礁死亡、海平面上升以及飓风、干旱和洪水等极端天气的可预见后果。生物多样性的急剧下降、生物质的损失以及浮游生物数量未知的下降（Jackson，2008）到现在都令人担忧，因为这些都是无可争议的事实。“边界”和“临界点”等比喻，无论是即将被超越还是已经被超越，都加强了人们对全球面临 197
物种灭绝的看法。

“人类世”的概念将所有近期地球参数的变化综合在一起，与大约一万一千年前最后一次冰河时代结束以来的典型环境进行比较。“人类世”概念之后，自然科学家提出了从欧洲工业革命开始的“人类地质学”的研究（Crutzen，2002）。人文学者争辩称，如果导致“当前气候变化危机”（Chakrabarty，2009：201）的温室气体排放与西方国家的工业化密切相关（Malm and Hornborg，2014），是否可以有意义地假设一个像“人类世”这样普遍的概念；批评者则质疑，我们是否应该区分“人类世”叙事和社会政治叙事（Simon，2020）。实际上，作为一种反思工具的“人类世”将世界各地都囊括在内，将地球的规模与人类历史相互关联，将现在与深远的过去和未来联系在一起。

198 在最后一部分，我分析了“人类世”对海洋的看法，这些看法的特点是，一方面是为获取化石资源而开展的激烈的资本主义活动，另一方面是对濒临危险的星球的强烈意识。

人类世时期的海洋想象

近几十年来，我们已经可以对海洋变暖和酸化进行测量（Tyrrell，2011）。这一新知识使人们意识到，海洋并非一个静止系统，而是一个动态系统，在世界气候系统中起着至关重要和维持生命的作用：

> 这种从海洋的深邃、黑暗、广阔和几乎难以接近（海员和渔民除外），到海洋作为一个熟悉的和陌生的广阔生命栖息地，以及一个所有海洋和陆地生物都赖以生存的地方的理解上的转变，是20世纪最重要的文化和科学转变之一。
>
> （Oreskes，2014b：384）

虚构作品、想象力和艺术在寻找社会答案方面的重要作用已被反复强调（Emmett and Lekan，2016）。人类世的概念本身就暗示着现在这个时期可能是地球上人类观察到的最后一个时期，它也激起了一种启示录式的想象。甚至有一种专门描绘一个没有人类的世界的科幻小说类型（Horn，2014：11—12；Weisman，2007）。这四个例子可以被标记为技术修复、逃避现实、适应和自然的报复。小说并不是无限的：它们是对想象文化领域的干预，因此在表达文化的同时帮助塑造文化（Horn，2014：23—24）。紧接着这些例子的将是对海洋拟人化的一些思考。

对于全球变暖给整个行星系统带来的可怕变化，有一个建议的答案是“技术修复”。人们认为，科学和技术可以拯救世界。就海洋环境而言，“生物泵”的比喻在1990年左右产生了影响。二氧化碳将通过浮游植物从上层水层“泵入”到特定的深度，在那里，较低的温度和较高的压力将在数百年内抑制其扩散。1993年至2009年间的大规模实验旨在放大这一自然过程，并承诺为缓解气候变化提供一种廉价的方法（Strong，Cullen，and Chisholm，2009）。在这些项目的计划中，我们观察到 199
一个生物对象（浮游植物）转变为一个物流对象（碳载体），尽管项目发起者强调他们并没有寻求入侵行为，而是在某种意义上加强一个正在进行的生物过程。从根本上说，这里的海洋被认为是一个可调节的空间。但实验并没有提供预期的结果，而是显示了海洋的生物、化学和物理方面的深刻相互联系和复杂性①。

“人类世”的分析人士指出，大规模地质工程的建议可以追溯到19世纪西方的帝国主义和经济思想。有关资源稀缺讨论的重新出现，加上对于技术力量的强烈信念，使得所有问题都只能接受这种答案。这种气候解决方案的意识形态维度体现在其隐含的假设中，即西方国家将继续保持领导地位（Baskin，2015）。

技术修复的反面是逃避现实。如果一切似乎都离灾难更近了一步，那么西方世界需要一个替代的星球，或者至少像电影《红色星球》(导演：安东尼·霍夫曼，2000）中那样一个互补的空间。安东尼·霍夫曼（Anthony Hoffman）的这部电影讲述的是在人类殖民火星之前，试图用一种藻类在火星上建立大气层的故事。萨宾·霍勒评论说，火星成为逃避现实、科技狂妄、完美代谢循环之梦等一系列意象的背景。这里最引人注目的是，地球（大概已被遗弃）“只是备用”(Höhler，2017b）。我们在另外两部虚构作品中也发现了同样的认知倾向：讲述20世纪90年代美国用“生物圈II”所进行试验的博伊尔（T. C. Boyle）的小说《地航员》(*The Terranauts*，2016），以及电影《火星救援》(*The Martian*，导演：雷德利·斯科特，2015）。每部作品的最终目标都是回到地球并优化它的生物圈，给整个实验一种伪逃避主义的感觉。但要达到这个目标，需要大量的知识、技术和体力劳动，正如

① 有关生物泵的讲座，请参见坦纳（Tanner，2019）。

图 8.6　美国太空总署极端环境任务行动 22，海底观察组组员，2017 年。美国太空总署事件—维基共享资源。

《火星救援》的主人公所说："我一定要靠科学来摆脱困境。"这种在太空和地球、人工和"实时"生物圈之间的前后移动，在 2016 年美国太空总署"极端环境任务行动 21"的架构中也很明显：他们在海底进行了所谓的"太空漫步"，共在海洋中停留了 16 天，其目的是进行载人火星任务训练（图 8.6）。①

适应似乎处于技术官僚控制和逃避之间的中间地带。"海底科学工作者"（与太空探索有明显的相似之处）的形象在这方面提供了一些见解：它不仅代表着技术实验和人类领域的扩展，也代表着对身体适应海洋环境的可能性和局限性的生理测试。"海底科学工作者"是一种活生生的人类实验，从适应水环境的意义上和"回
200 到我们原来的地方"的意义上来说，它是一种变成准鱼类的实验。两栖动物的魅力

① "探索火星的第一步。是时候把人类送上这颗红色星球了。Fly NASA"，指挥官里德·怀斯曼（Reid Wiseman），引自克纳吉斯（Kernagis，2016）。

主要表现在关于美人鱼的奇幻文学作品中，即使在今天，这种魅力仍然存在，多次获得奥斯卡奖的电影《水形物语》(导演：吉尔莫・德尔・托罗，2017) 就是个很好的例子。从科学的和神秘的角度来看，我们体液的咸味和我们手指间的小片皮肤被解释为人类在进化过程中失去的解剖学特征的证据，正如《开放水域》(1958) 的自然史作者阿利斯特・哈迪 (Alister Hardy) 爵士所推测的那样，"过去人类是否更适应水中生活?" (1960)

除了这些关于人类海洋史的未经证实的理论之外，关于适应海平面上升可能的极限仍然存在具体的问题。历史学家约翰・吉利斯声称，"今天，世界上一半的人口居住在距海 120 英里的范围内。预计到 2025 年，这一比例将达到 75%" (2012：187)。他提出了关于我们如何 "与 (正受到洪水和极端天气侵蚀和威胁的) 海岸共存" 的问题。他曾警告称，只有空闲的富人才住得起船屋，因此他们很容易适应 (2012：194—195)，这个警告必须扩展到迪拜为亿万富翁建造人工浮动岛屿的准国家社会建设项目。

在其他想象世界的例子中，行为者完全转移到自然领域 (海洋) 本身。就自然作为行为者而言，一个经常提到的事项就是洪水：正如法国历史学家阿兰・科尔宾 (Alain Corbin) 在他发现海岸的历史中所说，在基督教传统中，海洋曾被认为只是一场暂时被压制的洪水 (1988)。许多电影都以海平面急剧上升和灾难性洪水为主题。 201
伊娃・霍恩 (Eva Horn) 认为，对这些灾难的艺术化呈现伴随着对末世论历史的新理解，即要么是洪水，要么是世界末日本身会由全能上帝发起："临界点" 的现代隐喻传达了恶性自然反馈循环以及人类权力突然丧失的概念 (Horn，2014：15—20)。

在弗兰克・舍廷 (Frank Schätzing) 的小说《群》(*Der Schwarm*，2004) 中，一种海洋生物控制了一切，只有海洋生物学家和鲸鱼观察者才意识到它是由数千个原生动物组成的多面实体。海洋生物发动了某种形式的生物战争，以 "报复" 人类愚蠢的行为 (Nitzke，2012：168—172)：因此，欧洲大陆架最终沉入大海是一种新形式的自组织智能引导的自然作用的结果。同样，我们也应该考虑与某种可能会取代人类智慧的智能生物尝试交流却失败的情形。在《群》中，这种生物充满敌意，而在《深渊》中，研究人员发现的崇高海洋生物最终拯救了他们。一道神秘的亮粉色光宣告了一种未知生物的存在，当第一次遇到它时，它有着千变万化的水形态。研究人员为获得其同情而必须进行的精神工作仍然处于相当物质化的层面（用指尖触摸水面），但最终他们对海底外星人的友好态度却使得他们逃离了深海。但关键在于，在灾难性复仇和精神觉醒的这两个故事情节中，关于自然的本质的知识只留给了少数人。

这些关于自然灾害的虚构作品也可以作为生物政治的游乐场。“谁能活下来?”是一个会引起道德问题的判断。对于灾难的叙述总是揭穿采取行动的政治可能性（Horn，2010：118）。正如布鲁诺·拉图尔所说，这个被称为“人类世”的新时代悖论是，人类正处于中心位置，却在接下来的一刻消失（2017：207—211）。但无论如何，对“人”的关注可能是错误的：最终，我们必须以一种不同的模式思考“人类”，接受地球上的（人与其他物的）混合存在，即“盖娅”（被视为能进行自我组织与控制的单一自然体系的地球）（Latour，2017）。如果我们想在我们的星球上构想一个未来，对其他生命形式的某种敏感性，如唐娜·哈拉维（Donna Haraway，2015）所说的“制造亲缘”，将是必要的。

结论

太平洋可以容纳所有其他海洋（D’Arcy，2012：196），海洋占地球生物圈的99%（Gass，2013）。因此，投射到这一广阔领域的想象在其范围和雄心上很难被超越，只有外层空间为我们的梦想提供了更广阔的画布。

202 本章开头，我参考了雷切尔·卡森的著作，她在书中表达了对海洋生物的深刻伦理认同，并强调了陆地和海洋生物之间的基本相互关系。正如人们恰当指出的，“自然的终结”是“环境”的开始（Sörlin and Warde，2009），实际上，现在在这个星球的表面，包括海底，任何地方都有人类活动的痕迹。然而，我们与我们的环境密切交织，无法置身于这幅图景之外。作为食物链管理工具的生物质概念强化了陆地与海洋、人类与海洋生物之间相互依存的理念。这种关系加强的结果是，把海洋看作“他者”“异类”或“巨大虚空”的想法已经完全过时。特别是在被称为“人类世”的近期，我们经历了主要是由过去七十年人类制造的温室气体排放引起的全球变暖的后果。今天，人类与海洋关系的两种想象正在汇合：其一的特点是资源、获取和控制，为每个人承诺一个更美好未来或扩大少数人的权力；其二是对现在被认为是地球系统重要组成部分的海洋环境功能的脆弱性和“临界点”的担忧。今天，海洋同世界工业文明的历史一起摆在我们面前。

这个观察结果与斯坦尼斯瓦夫·莱姆（Stanisław Lem）1961 年的科幻小说《飞向太空》（*Solaris*）中著名的虚构海洋产生了共鸣：一个未知的实体，覆盖了一颗遥远的星球，被称为“海洋”。它是一个无形的、流动的实体，表现为奇异、不断变化和不可归类的凸起。这颗星球的名字衍生出一个名为“索拉里斯学”（Solaristics）的始于一个世纪前、旨在寻找太空中智慧生命的整体研究领域。但是，那些仍在从事这一曾经辉煌研究课题的科学家们，如今却发现自己的心理和身体状况都在恶化，他们在空间站里遇到死去的亲人和丢失的孩子，这些幽灵似乎已经变得有血有肉，这些幽灵的过去未了之事、沉重记忆和相互矛盾的历史变迁给科学家带来困扰。这个奇怪海洋实体的广阔（而非人类的智慧）是这些令人不安心理事件的根源。对莱姆的海洋的一种解释是强调拟人化的过程。另一种解释是强调人类历史和海洋历史之间的内在联系，赋予海洋作为人类的记忆的角色。

通过采用所谓的“湿本体论”（Steinberg and Peters，2015）的框架，我们超越了对海洋的局限于将其视为以领土为定义的（非）物质空间的认知，转而将其视为影响我们社会文化的体积 / 空间（volume）。这种新提出的本体论不仅使我们能够“与 203
海洋一起思考”，以应对我们和我们的星球所面临的新挑战，而且使我们能够重新解读埃佩利·豪奥法在 2000 年提出的“我们心中的海洋”。豪奥法对将广阔的太平洋作为帝国大都市的“通道”的叙事提出了后殖民主义的批判，他说，这个地区一直都有自己的历史，现在仍然有自己的历史。但是，他提出这种分析框架，并非为了主张种族排他性，相反，他是为了强调许多不同区域的海洋经验，以展示贯穿整个地球的共同点。因此，在“人类世”时代，“我们的海洋”表现为一种西方反殖民声明的改编，同时也是一种星球式经验现实的表达，即，海洋是我们的依靠，是我们想象的源泉。“海洋不仅仅是我们无处不在的经验现实，同样重要的是，它是我们对几乎任何事物最美妙的比喻”（Hau’ofa，2000：40）。21 世纪，疏离感获得了一种新的性质：曾经被视为“他者”的海洋，现在是不可分割的“我们”的一部分。

参考文献

Adamowsky, Natascha (2009), "Approaches to an Aesthetics of the Mysterious—with Reference to Marine Research of the 19th Century," in Viola Weigel (ed.), *Under Water above Water: From the Aquarium to the Video Image*, 8–17, Bielefeld: Kerber Verlag.

Adamowsky, Natascha (2015), *The Mysterious Science of the Sea, 1775–1943*, London: Routledge.

Aiken, Conrad (1927), *Blue Voyage*, New York: Charles Scribner's Sons.

Alaimo, Stacy (2014), "Oceanic Origins, Plastic Activism, and New Materialism at Sea," in S. Iovino and S. Oppermann (eds.), *Material Ecocriticism*, 186–203, Bloomington: Indiana University Press.

Alcalay, Glenn (2002), *Utrik Atoll: The Sociocultural Impact of Living in a Radioactive Environment An Anthropological Assessment of the Consequential Damages from Bravo*, Montclair, NJ: Department of Anthropology, Montclair State University.

Alkire, William H. (1977), *An Introduction to the Peoples and Cultures of Micronesia*, Menlo Park, CA: "Cummings."

Allen, Oliver E. (1994), "The Man Who Put Boxes on Ships," *Audacity: The Magazine of Business Experience*, no. 2: 13–23.

Altman, Rick (2004), *Silent Film Sound*, New York: Columbia University Press.

Amstutz, Marc R. (2018), *International Ethics: Concepts, Theories, and Cases in Global Politics*, 5th edn., Lanham, MD: Rowman & Littlefield.

Anable, David (1970), "Lethal Wastes, Legal Void: Dumping at Sea Makes Waves," *Christian Science Monitor*, August 27.

Anderson, Katharine and Helen Rozwadowski, eds. (2017), *Soundings and Crossings: Doing Science at Sea 1800–1970*, Sagamore Beach, MA: Science History Publications/USA.

"Appeal on Seabed Dumping," (1970), *The Times (London)*, August 21.

Arison, H. Lindsey (2014), *European Disposal Operations: The Sea Disposal of Chemical Weapons*, Createspace Independent Publisher.

Armitage, David, Alison Bashford, and Sujit Sivasundaram, eds. (2018), *Oceanic Histories*, Cambridge: Cambridge University Press.

Arrighi, Giovanni (2010), *The Long Twentieth Century: Money, Power and the Origins of our Times*, London: Verso.

Arthus-Bertrand, Yann and Brian Skerry (2013), *Der Mensch und die Weltmeere*, Munich: Knesebeck.
Aust, M.O. and J. Herrmann (2013), "Summary of the Situation of Dumped Nuclear Waste in the North-East Atlantic Ocean: Layman's report for OSPAR-RS," London: OSPAR Commission.
Avango, Dag and Per Högselius (2013), "Under the Ice: Exploring the Arctic's Energy," in Miyase Christensen, Annika E. Nilsson, and Nina Wormbs (eds.), *Media and the Politics of Arctic Climate Change: When the Ice Breaks*, 128–56, New York: Palgrave Macmillan.
"A Backyard Baby Sub" (1960), *Life*, 49 (20) November 14: 68.
Baine, Emily (2004), "Mitigating the Possible Damaging Effects of Twentieth Century Ocean Dumping of Chemical Munitions," Washington, DC: US Department of the Army.
Balcombe, Jonathan (2017), *What A Fish Knows: The Inner Lives of Our Underwater Cousins*, New York: Scientific American/Farrar, Straus and Giroux.
Baldacchino, G. and E. Clark (2013), "Guest Editorial Introduction: Islanding Cultural Geographies," *Cultural Geographies*, 20 (2): 129–34.
Bane, Theresa (2014), *Encyclopedia of Imaginary and Mythical Places*, Jefferson, NC: McFarland & Company.
Barada, Bill (1959), *Underwater Adventure*, Los Angeles: Trend Books.
Barada, Bill (1965), *Let's Go Diving: Illustrated Diving Manual*, Santa Ana, CA: US Divers Company.
Barnett, Jon and W. Neil Adger (2003), "Climate Dangers and Atoll Countries," *Climatic Change*, 61 (3): 321–37.
Barr, Susan and Cornelia Lüdecke, eds. (2010), *The History of the International Polar Years (IPYs)* (From Pole to Pole, 1), Berlin: Springer.
Baskin, Jeremy (2015), "Paradigm Dressed as Epoch: The Ideology of the Anthropocene," *Environmental Values*, 24: 9–29.
Bass, George F. (1975), *Archaeology Beneath the Sea*, New York: Walker and Company.
Bazin, André ([1958] 2009), "On Jean Painlevé," in *What Is Cinema?*, trans. Timothy Barnard, 21–3, Montreal: Caboose.
Bearden, David M. (2007), *CRS Report for Congress: US Disposal of Chemical Weapons in the Ocean: Background and Issues for Congress*, Washington, DC: US Government Printing Office.
Beattie, Keith (2008), "Natural Science Film: From Microcinema to IMAX," in *Documentary Display: Re-Viewing Nonfiction Film and Video*, 129–50, London: Wallflower Press.
Beaver, Wilfred N. (1920), *Unexplored New Guinea: A Record of the Travels, Adventures and Experiences of a Resident Magistrate*, London: Seely, Service & Co.
Beckert, Jens (2016), *Imagined Futures: Fictional Expectations and Capitalist Dynamics*, Cambridge, MA: Harvard University Press.
Behm, Alexander (1913), "Einrichtung zur Messung von Meerestiefen und Entfernungen und Richtungen von Schiffen oder Hindernissen mit Hilfe reflektierter Schallwellen," *Kaiserliches Patentamt*, Patent No. 282009 from July 22, 1913.
Belasco, Warren (1997), "Algae Burgers for a Hungry World? The Rise and Fall of Chlorella Cuisine," *Technology and Culture*, 38 (7): 608–34.
Belasco, Warren (2006), *Meals to Come: A History of the Future of Food*, Berkeley: University of California Press.

Bellows, Andy Masaki and Marina McDougall, eds. (2000), *Science Is Fiction: The Films of Jean Painlevé*, Cambridge, MA: MIT Press.
Benson, Keith R., Helen M. Rozwadowski, and David K. Van Keuren (2004), "Introduction," in Keith R. Benson, Helen M. Rozwadowski, and David K. Van Keuren (eds.), *The Machine in Neptune's Garden: Historical Perspectives on Technology and the Marine Environment*, xiii–xxviii, Sagamore Beach, MA: Science History Publications.
Berger, Michele (2015), "Coastal Populations Grow — And Will Continue To — As Sea Levels Rise," The Weather Channel, March 12. Available online: https://weather.com/science/environment/news/coastal-populations-grow-sea-levels-rise (accessed March 20, 2019).
Bergstrom, Dana M. and Steven L. Chown (1999), "Life at the Front: History, Ecology and Change on Southern Ocean Islands," *Trends in Ecology & Evolution*, 14 (12): 472–7.
Beyer, Robert T. (1999), *Sounds of Our Times: Two Hundred Years of Acoustics*, New York: Springer.
Biggs, Duan, Christina C. Hicks, Joshua E. Cinner, and C. Michael Hall (2015), "Marine Tourism in the Face of Global Change: The Resilience of Enterprises to Crises in Thailand and Australia," *Ocean & Coastal Management*, 105: 65–74.
Bitterli, Urs (1980), *Die Entdeckung und Eroberung der Welt: Dokumente und Berichte 2: Asien, Australien und Pazifik*, Munich: C. H. Beck.
Bjerknes, Vilhelm, Johan Wilhelm Sandström, Theodor Hesselberg, and Olak Martin Devik (1910/11), *Dynamic Meteorology and Hydrography*, 2 vols, Washington, DC: Carnegie Institution of Washington.
Blue Flag (2014), "To Train the Sailors of Tomorrow." Available online: http://www.blueflag.global/sail-training-international/ (accessed March 20, 2019).
Boetius, Antje and Henning Boetius (2011), *Das dunkle Paradies: Die Entdeckung der Tiefsee*, Munich: Bertelsmann.
Boisson, Philippe (1999), *Safety at Sea: Policies, Regulations & International Law*, Paris: Veritas.
Bolster, W. Jeffrey (2006), "Opportunities in Marine Environmental History," *Environmental History*, 11 (3): 567–97.
Bolster, W. Jeffrey (2012), *The Mortal Sea: Fishing the Atlantic in the Age of Sail*, Cambridge, MA: Belknap Press of Harvard University Press.
Bond George, F. and Helen A. Siiteri (1993), *Papa Topside: The Sealab Chronicles of Capt. George F. Bond, USN*, Annapolis, MD: Naval Institute Press.
Booker, Matthew (2013), *Down By the Bay: San Francisco's History Between the Tides*, Berkeley: University of California Press.
Borgese, Elisabeth Mann (1970), "Introduction to the Report of Pacem in Maribus I," Elisabeth Mann Borgese Fond, Dalhousie University, Halifax/Canada, MS-2-744, Box 128, Folder 1.
Borgese, Elisabeth Mann (1976), *The Drama of the Oceans*, New York: Abrams.
Borgese, Elisabeth Mann (1993), "The International Ocean Institute Story," in Elisabeth Mann Borgese, Norton Ginsburg, and Joseph R. Morgan (eds.), *Ocean Yearbook No. 10*, 1–12, Chicago: University of Chicago Press.
Borgese, Elisabeth Mann and Arvid Pardo (1975), *The New International Economic Order and the Law of the Sea*, Malta: International Ocean Institute.
Boyle, T.C. (2016), *The Terranauts*, London: Bloomsbury.
Brassey, Anne (1878), *Around the World in the Yacht "Sunbeam,"* New York: Henry Holt & Co.

Bridges, Lloyd and Bill Barada (1960), *Mask and Flippers: The Story of Skin Diving*, Philadelphia: Chilton Company Publishers.
Brinnin, John Malcolm (1971), *Sway of the Grand Saloon: A Social History of the North Atlantic*, New York: Delacorte Press.
"Britain Voices Concern on Nerve Gas" (1970), *New York Times*, August 7.
Brooks, Kenneth F., Jr. (1988), *Run to the Lee*, Baltimore: Johns Hopkins University Press.
Burnett, D. Graham (2010), "A Mind in the Water: The Dolphin as Our Beast of Burden," *Orion*, May/June: 38–51.
Burnett, D. Graham (2012), *The Sounding of the Whale: Science and Cetaceans in the Twentieth Century*, Chicago: University of Chicago Press.
Cahill, James Leo (2012), "Forgetting Lessons: Jean Painlevé's Cinematic Gay Science," *Journal of Visual Culture*, 11 (3): 258–87.
Cahill, James Leo (2019), *Zoological Surrealism: The Nonhuman Cinema of Jean Painlevé*, Minneapolis: University of Minnesota Press.
Calmet, D.P. and J.M. Bewers (1991), "Radioactive Waste and Ocean Dumping," *Marine Policy*, 15 (6): 413–30.
Cameron, James (2004), "Introduction," in Joseph MacInnis (ed.), *James Cameron's Aliens of the Deep*, 9–11, Washington, DC: National Geographic.
Campe, Sabine (2009), "The Secretariat of the International Maritime Organization: A Tanker for Tankers," in Frank Biermann and Bernd Siebenhüner (eds.), *Managers of Global Change: The Influence of International Environmental Bureaucracies*, 143–68, Cambridge, MA: MIT Press.
Carlisle, Rodney P. (1981), *Sovereignty for Sale: The Origins and Evolution of the Panamanian and Liberian Flags of Convenience*, Annapolis, MD: Naval Institute Press.
Carlisle, Rodney P. (2013), "Danzig: The Missing Link in the History of Flags of Convenience," *The Northern Mariner/Le Marin Du Nord*, 23 (2): 135–50.
Carlton, James T. (1979), "Introduced Invertebrates of San Francisco Bay," in T. John Conomos (ed.), *San Francisco Bay: The Urbanized Estuary*, 427–44, San Francisco: American Association for the Advancement of Science (AAAS).
Carlton, James T. (1985), "Transoceanic and Interoceanic Dispersal of Coastal Marine Organisms: The Biology of Ballast Water," *Oceanography and Marine Biology: Annual Review*, 23: 313–71.
Carlton, James T. (2019), "Assessing Marine Bioinvasions in the Galápagos Islands: Implications for Conservation Biology and Marine Protected Areas," *Aquatic Invasions*, 14 (1): 1–20.
Carrier, Rick and Barbara Carrier (1955), *Dive*, New York: Wilfred Funk.
Carrington, Damian (2014) "Earth Has Lost Half of Its Wildlife in the Past 40 Years, Says WWF," the *Guardian*, September 29. Available online: https://www.theguardian.com/environment/2014/sep/29/earth-lost-50-wildlife-in-40-years-wwf (accessed October 16, 2020).
Carson, Mike T. (2014), *First Settlement of Remote Oceania: Earliest Sites in the Mariana Islands*, Cham: Springer.
Carson, Rachel (1937), "Undersea," *Atlantic Monthly*, September: 322–5.
Carson, Rachel (1941), *Under the Sea-Wind: A Naturalist's Picture of Ocean Life*, New York: Simon & Schuster.
Carson, Rachel (1951), *The Sea around Us*, Oxford: Oxford University Press.
Carson, Rachel ([1952] 1961), *The Sea Around Us*, New York: Oxford University Press.

Chakrabarty, Dipesh (2009), "The Climate of History: Four Theses," *Critical Inquiry*, 35 (2): 197–222.
Changnon, Stanley A., ed. (2000), *El Niño 1997–1998: The Climate Event of the Century*, Oxford: Oxford University Press.
Chaplin, Joyce E. (2013), *Round the Earth: Circumnavigation from Magellan to Orbit*, New York: Simon & Schuster.
Chapman, David (2016), "The Undersea World of the Sound Department: The Construction of Sonic Conventions in Sub-aqua Screen Environments," *New Soundtrack*, 6 (2): 143–57.
Charette, Matthew and Walter Smith (2010), "The Volume of Earth's Ocean," *Oceanography*, 23 (2): 112–14.
Chasek, Pamela S. (2010), *Earth Negotiations: Analyzing Thirty Years of Environmental Diplomacy*, Tokyo: United Nations University Press.
Cheremisinoff, Nicholas P., Paul N. Cheremisinoff, and Fred Ellerbusch (1980), *Biomass: Applications, Technology, and Production*, New York: Dekker.
Chircop, Aldo (2012), "Elisabeth Mann Borgese's Humanist Conception of Marine Technology Transfer," in Holger Pils and Karolina Kühn (eds.), *Elisabeth Mann Borgese und das Drama der Meere*, 112–21, Hamburg: Mare.
Christianson, Scott (2010), *Fatal Airs: The Deadly History and Apocalyptic Future of Lethal Gases that Threaten Our World*, Santa Barbara, CA: Praeger.
"Christ of the Depth" (1954), *Life*, 37 (11) September 13: 151–2.
Cioc, Mark (2002), *The Rhine: An Eco-Biography, 1815–2000*, Seattle: University of Washington Press.
Cioc, Mark (2009), *The Game of Conservation: International Treaties to Protect the World's Migratory Animals*, Athens: Ohio University Press.
Clark, Colin (1970), *Die Menschheit wird nicht hungern: Programm zur Ernährung der Weltbevölkerung*, Bergisch Gladbach: Gustav Lübbe Verlag.
Clark, Colin (1977), *Population Growth and Land Use*, 2nd edn., London: Macmillan.
Clarke, Arthur C. (1960), *Challenge of the Sea*, New York: Holt, Rinehart Winston.
Clarke, Arthur C. (2001), *The Ghost from the Grand Banks; and The Deep Range*, New York: Aspect/Warner Books.
Cohen, Jeffrey J. and Linda T. Elkins-Tanton (2017), *Earth*, New York: Bloomsbury Academic.
Cohen, Margaret (2010), *The Novel and the Sea*, Princeton, NJ: Princeton University Press.
Cohen, Margaret (2014), "Underwater Optics as Symbolic Form," *French Politics, Culture & Society*, 32 (3): 1–23.
Cohen, Margaret (2018), "Adventures in Toxic Atmosphere," in Will Abberley (ed.), *Underwater Worlds: Submerged Visions in Science and Culture*, 72–89, Newcastle Upon Tyne: Cambridge Scholars Publishing.
Committee on Merchant Marine and Fisheries (1980), *Dredge Spoil Disposal and PCB Contamination: Hearings before the Committee on Merchant Marine and Fisheries*, Washington, DC: US Government Printing Office.
Committee to Frame a World Constitution (1948), *The Preliminary Draft of a World Constitution*, Chicago: University of Chicago Press.
Connery, Christopher (2006), "There Was No More Sea: The Supersession of the Ocean, from the Bible to Cyberspace," *Journal of Historical Geography*, 32 (3): 494–511.
Conrad, Joseph (1988), *The Mirror of the Sea; and, A Personal Record*, ed. Zdzisław Najder, Oxford: Oxford University Press.

Conrad, Joseph (1996), *Lord Jim: Authoritative Text, Backgrounds, Sources, Criticism*, ed. Thomas C. Moser, 2nd edn., New York: W.W. Norton & Co.
Conway, Erik M. (2006), "Drowning in Data: Satellite Oceanography and Information Overload in the Earth Sciences," *Historical Studies in the Physical and Biological Sciences*, 37: 127–51.
Corbin, Alain (1988), *Le territoire du vide: L'Occident et le plaisir du rivage, 1750–1840*, Paris: Aubier.
Corbin, Alain (1994), *The Lure of the Sea: The Discovery of the Seaside in the Western World 1750–1840*, London: Penguin Books.
Corner, James (1999), "The Agency of Mapping: Speculation, Critique and Invention," in Dennis Cosgrove (ed.), *Mappings*, 213–52, London: Reaktion Books.
Cortés, Sandra, Lucía del Carmen Molina Lagos, Soledad Burgos, Héctor Adaros, and Catterina Ferreccio (2016), "Urinary Metal Levels in a Chilean Community 31 Years after the Dumping of Mine Tailings," *Journal of Health and Pollution*, 6 (10): 19–27.
Council on Environmental Quality (1970), *Ocean Dumping: A National Policy*, Washington, DC.
Cowen, Deborah (2014), *The Deadly Life of Logistics: Mapping Violence in Global Trade*, Minneapolis: University of Minnesota Press.
Cowley, J. (1989), "The International Maritime Organisation and National Administrations," *Institute of Marine Engineers Transactions*, 101 (Part 3).
Crane, Kathleen (2004), *Sea Legs: Tales of a Woman Oceanographer*, New York: Basic Books.
Croney, Candace C. (2014), "Bonding with Commodities: Social Constructions and Implications of Human–Animal Relationships in Contemporary Livestock Production," *Animal Frontiers*, 4 (3): 59–64.
Crosby, Alfred W. (1986), *Ecological Imperialism: The Biological Expansion of Europe, 900–1900*, Cambridge: Cambridge University Press.
Crosby, Alfred W. (1994), *Germs, Seeds, and Animals: Studies in Ecological History*, Armonk, NY: M. E. Sharpe.
Crutzen, Paul. J. (2002), "Geology of Mankind," *Nature*, 415 (6867): 23.
Crylen, Jon (2015), "The Cinematic Aquarium: A History of Undersea Film," PhD thesis, University of Iowa.
Crylen, Jon (2018a), "Cinema Cnidaria, or Marine Movies in an Age of Mass Extinction," *Media Fields Journal*, 13. Available online: http://mediafieldsjournal.org/cinema-cnidaria-or-marine-movi (accessed December 15, 2018).
Crylen, Jon (2018b), "'Living in a World Without Sun': Jacques Cousteau, *Homo aquaticus*, and the Dream of Dwelling Undersea," *Journal of Cinema and Media Studies*, 58 (1): 1–23.
Crylen, Jon (2021), "Aquariums, Diving Equipment, and the Undersea Films of John Ernest Williamson," in James Leo Cahill and Luca Caminati (eds.), *Cinema of Exploration: Essays on an Adventurous Film Practice*, 143–57, New York: Routledge.
Cubitt, Sean (2005), "*The Blue Planet*: Virtual Nature and Natural Virtue," in *EcoMedia*, 43–60, New York: Rodopi.
Czub, Michal et al. (2018), "Deep Sea Habitats in the Chemical Warfare Dumping Areas of the Baltic Sea," *Science of the Total Environment*, 616–17: 1485–97.
D'Arcy, Paul (2012), "Oceania: The Environmental History of One-Third of the Globe," in John R. McNeill and Erin Stewart Mauldin (eds.), *A Companion to Global Environmental History*, 196–221, Chichester: Wiley-Blackwell.

Dalla Valle, Gustav, Benjamin S. Holderness, Charles M. Smithline, Arthur Stanfield, and Harry Vetter (1963), *Skin and Scuba Diving*, New York: Sterling Publishing Co.
Davidson, Ian C. and Christina Simkanin (2012), "The Biology of Ballast Water 25 Years Later," *Biological Invasions*, 14: 9–13.
Davis, Susan G. (1997), *Spectacular Nature: Corporate Culture and the Sea World Experience*, Berkeley: University of California Press.
Davis, W. Jackson and John VanDyke (1982), *Evaluation of Oceanic Radioactive Dumping Programs*, Santa Cruz: University of California Press.
Dawson, Kevin (2006), "Enslaved Swimmers and Divers in the Atlantic World," *Journal of American History*, 92 (4): 1327–55.
De Bont, Raf (2015), *Stations in the Field: A History of Place-based Animal Research, 1870–1930*, Chicago: University of Chicago Press.
Deane, Robert (2013), "Underwater Photography," in John Hannavy (ed.), *Encyclopedia of Nineteenth-Century Photography*, 1416–17, New York: Routledge.
Deering Estate (2012, 2015), "Marine Conservation Science & Policy: Ocean Zones." Available online: https://www.rsmas.miami.edu/_assets/pdf/outreach/1.1-ocean-zones.pdf (accessed October 16, 2020).
DeLoughrey, Elizabeth (2013), "The Myth of Isolates: Ecosystem Ecologies in the Nuclear Pacific," *Cultural Geographies*, 20 (2): 167–84.
Demoll, Reinhard (1927), "Betrachtungen über Produktionsberechnungen," *Archiv für Hydrobiologie*, 18: 460–3.
Demoll, Reinhard (1957), *Früchte des Meeres*, Berlin: Springer-Verlag.
DeSombre, Elizabeth R. (2006), *Flagging Standards: Globalization and Environmental, Safety, and Labor Regulations at Sea*, Cambridge, MA: MIT Press.
Det Norske Veritas (n.d.), "ORE BRASIL - DNV GL Vessel Register." Available online: http://vesselregister.dnvgl.com/VesselRegister/vesseldetails.html?vesselid=30616 (accessed August 19, 2018).
Devanney, Jack (2006), *The Tankship Tromedy: The Impending Disasters in Tankers*, Tavernier, FL: CTX Press.
Diaz, Vicente (2001), "Deliberating 'Liberation Day': Identity, History, Memory, and War in Guam," in T. Fujitani, Geoffrey M. White, and Lisa Yoneyama (eds.), *Perilous Memories: The Asia-Pacific War(s)*, 155–80, Durham, NC: Duke University Press.
Dietrich, Chris R.W. (2017), *Oil Revolution: Sovereign Rights and the Economic Culture of Decolonization*, Cambridge: Cambridge University Press.
Disco, Nil and Eda Kranakis (2013), "Toward a Theory of Cosmopolitan Commons," in Nil Disco and Eda Kranakis, *Cosmopolitan Commons: Sharing Resources and Risks across Borders*, 13–53, Cambridge, MA: MIT Press.
Dixon, Conrad (1996), "The Rise of the Engineer in the Nineteenth Century," in Gordon Jackson and David M. Williams (eds.), *Shipping, Technology, and Imperialism: Papers Presented to the Third British-Dutch Maritime History Conference*, 231–41, Farnham: Ashgate.
Dodds, Klaus (2010), "Flag Planting and Finger Pointing: The Law of the Sea, the Arctic and the Political Geographies of the Outer Continental Shelf," *Political Geography*, 29: 63–73.
Doel, Ronald E. (2003), "Constituting the Postwar Earth Sciences: The Military's Influence on the Environmental Sciences in the USA after 1945," *Social Studies of Science*, 33 (5): 635–66.
Doel, Ronald E., Tanya J. Levin, and Mason K. Marker (2006), "Extending Modern Cartography to the Ocean Depths: Military Patronage, Cold War Priorities, and the

Heezen-Tharp Mapping Project, 1952–1959," *Journal of Historical Geography*, 32: 605–26.
Donovan, Arthur and Joseph Bonney (2006), *The Box That Changed the World: Fifty Years of Container Shipping; an Illustrated History*, East Windsor, NJ: Commonwealth Business Media.
Dorsey, Kurk (2014), *Whales and Nations: Environmental Diplomacy on the High Seas*, Seattle: University of Washington Press.
Draft Minutes of the 15th Session of the Planning Council (1978), Divonne-les-Bains, April 22, Projects in Course, in Elisabeth Mann Borgese fond, Dalhousie University, Halifax/Canada, MS-2-744, Box 38, Folder 10.
Drogin, Bob (2009), "Mapping an Ocean of Life Forms on the Move," *Los Angeles Times*, August 2.
Duffy, Thom (2018), "Aboard the Clearwater: Five Decades of Environmental Activism Rooted In Music," Billboard, June 13. Available online: https://www.billboard.com/articles/news/8460369/clearwater-environmental-activism-pete-seeger (accessed March 20, 2019).
Du Pontavice, E. (1973), "Pollution," in L.J. Bouchez and L. Kaijen (eds.), *The Future of the Law of the Sea: Proceedings of the Symposium on the Future of the Sea*, 104–53, Dordrecht: Springer Netherlands.
Dugan, James (1965), *Man Under the Sea*, New York: Collier Books.
Earle, Sylvia A. (1999), *Dive! My Adventures in the Deep Frontier*, Washington, DC: National Geographic Society.
Earle, Sylvia A. and Al Giddings (1980), *Exploring the Deep Frontier: The Adventure of Man in the Sea*, Washington, DC: National Geographic Society.
Eat the Invaders (n.d.), "Home." Available online: http://eattheinvaders.org/ (accessed October 18, 2020).
Ecomaris (2019), "Ecomaris." Available online: https://ecomaris.org/ (accessed March 20, 2019).
Edwards, Paul N. (2010), *A Vast Machine: Computer Models, Climate Data, and the Politics of Global Warming*, Cambridge, MA: MIT Press.
Edwards, Paul N. (2017), "Knowledge Infrastructures for the Anthropocene," *Anthropocene Review*, 4 (1): 34–43.
Egan, Dan (2017), *The Death and Life of the Great Lakes*, New York: W.W. Norton & Co.
Egerton, Frank N. (2014), "History of Ecological Sciences, Part 51: Formalizing Marine Ecology, 1870s to 1920s," *Ecological Society of America Bulletin*, 95 (4): 347–420.
Eilperin, Juliet (2011), *Demon Fish: Travels Through the Hidden World of Sharks*, New York: Pantheon Books.
Elias, Ann (2019), *Coral Empire: Underwater Oceans, Colonial Tropics, Visual Modernity*, Durham, NC: Duke University Press.
Ellis, Erle C. (2018), *Anthropocene: A Very Short Introduction*, Oxford, New York: Oxford University Press.
Elsaesser, Thomas and Malte Hagener (2010), *Film Theory: An Introduction through the Senses*, New York: Routledge.
Elton, Charles (1927), *Animal Ecology*, New York: Macmillan.
Elton, Charles (1958), *The Ecology of Invasions by Animals and Plants*, New York: Wiley.

Emmett, Robert and Thomas Lekan, eds. (2016), *Whose Anthropocene? Revisiting Dipesh Chakrabarty's Four Theses*, Munich: RCC Perspectives.
Epstein, Charlotte (2008), *The Power of Words in International Relations: Birth of an Anti-Whaling Discourse*, Cambridge, MA: MIT Press.
Esposito, Maurozio (2013), *Romantic Biology, 1890–1945*, New York: Routledge.
European Maritime Safety Agency (EMSA) (2017), "Seafarer Statistics in the EU - Statistical Review," September 7. Available online: http://www.emsa.europa.eu/publications/technical-reports-studies-and-plans/item/3094-seafarer-statistics-in-the-eu-statistical-review-2015-data-stcw-is.html (accessed March 20, 2019).
European Marine Observation and Data Network (2018), "Links between Dredge Spoil Dumping and the Marine Environment." Available online: http://www.emodnet-humanactivities.eu/blog/?p=558 (accessed March 15, 2019).
"Extreme Deep: Mission to the Abyss" (2015), *Mariners' Museum and Park*. Available online: http://www.marinersmuseum.org/extremedeep (accessed December 15, 2018).
Farbotko, Carol (2005), "Tuvalu and Climate Change: Constructions of Environmental Displacement in the Sydney Morning Herald," *Geografiska Annaler: Series B, Human Geography*, 87 (4): 279–93.
Farbotko, Carol (2010), "Wishful Sinking: Disappearing Islands, Climate Refugees and Cosmopolitan Experimentation," *Asia Pacific Viewpoint*, 51 (1): 47–60.
Farbotko, Carol (2012), "Skilful Seafarers, Oceanic Drifters or Climate Refugees? Pacific People, News Value and the Climate Refugee Crisis," in Kerry Moore, Bernhard Gross, and Terry Threadgold (eds.), *Migrations and the Media*, 119–42, New York: Peter Lang.
Farbotko, Carol and Heather Lazrus (2012), "The First Climate Refugees? Contesting Global Narratives of Climate Change in Tuvalu," *Global Environmental Change*, 22(2): 382–90.
Farquarson, Alex and Martin Clark, eds. (2013), *Aquatopia: The Imaginary of the Ocean Deep*, Nottingham: Nottingham Contemporary and Tate Gallery St Ives.
Fink, Leon (2011), *Sweatshops at Sea: Merchant Seamen in the World's First Globalized Industry, from 1812 to the Present*, Chapel Hill: University of North Carolina.
Finley, Carmel (2011), *All the Fish in the Sea: Maximum Sustainable Yield and the Failure of Fisheries Management*, Chicago: University of Chicago Press.
Food and Agricultural Organization (FAO), ed. (1948), *The State of Food and Agriculture 1948: A Survey of World Conditions and Prospects*, Washington, DC.
Friends of the Earth Norway (2015), "Dumping of Mine Tailings in the Ocean." Available online: https://naturvernforbundet.no/getfile.php/13123052-1496922755/Bilder/Forurensing/Norway-s%20international%20activity%20-%20tailings%20dumping%202015-3.pdf (accessed March 15, 2019).
"Front Cover" (1955), *Sports Illustrated*, May 23: front cover.
Foulke, Robert (1997), *The Sea Voyage Narrative*, New York: Twayne Publishers.
Fujitani, Takashi, Geoffrey M. White, and Lisa Yoneyama, eds. (2001), *Perilous Memories: the Asia-Pacific War(s)*, Durham, NC: Duke University Press.
Furphy, J.S., F.D. Hamilton, and O.J. Merne (1971), "Seabird Deaths in Ireland, Autumn 1969," *Irish Naturalists' Journal*, 17 (2): 34–40.
Gamper, Michael and Peter Schnyder, eds. (2006), *Kollektive Gespenster: Die Masse, der Zeitgeist und andere unfassbare Körper*, Freiburg: Rombach Verlag.
"Gas Wells Moved" (1960), *Pensacola News Journal*, March 9.
Gass, Scott (2013), "How Big is the Ocean?," Ted-Ed, June 24. Available online: https://www.youtube.com/watch?v=QUW_Zv_jJb8 (accessed February 17, 2018).

Gaycken, Oliver (2018), "Febrile Ocean: How to See Climate Change Underwater," *Docalogue*. Available online: https://docalogue.com/january-chasing-coral (accessed March 13, 2019).
George, Rose (2013), *Ninety Percent of Everything: Inside Shipping, the Invisible Industry That Puts Clothes on Your Back, Gas in Your Car, and Food on Your Plate*, New York: Metropolitan Books/Henry Holt and Co.
Gerber, Lear R. and Sascha K. Hooker (2004), "Marine Reserves as a Tool for Ecosystem-Based Management: The Potential Importance of Megafauna," *BioScience*, 54 (1): 27–39.
Geyer, Martin H. and Johannes Paulmann, eds. (2001), *The Mechanics of Internationalism: Culture, Society and Politics from the 1840s to the First World War*, Oxford: Oxford University Press.
Gillis, John R. (2012), *The Human Shore: Seacoasts in History*, Chicago: University of Chicago Press.
Gillis, John R. (2013), "The Blue Humanities," *Humanities*, 34 (3): 10–13. Available online: https://www.neh.gov/humanities/2013/mayjune/feature/the-blue-humanities (accessed April 10, 2019).
Gillis, John R. and Franziska Torma, eds. (2015), *Fluid Frontiers: New Currents in Marine Environmental History*, Knapwell: White Horse Press.
Gilman, Nils (2015), "The NIEO: A Reintroduction," *Humanity: An International Journal of Human Rights, Humanitarianism, and Development*, 6 (2): 1–16.
Gilman Sarah (2016), "The Clam That Sank A Thousand Ships," *Haikai Magazine*, December 5. Available online: https://www.hakaimagazine.com/features/clam-sank-thousand-ships/ (accessed March 20, 2019).
Gilpatric, Guy (1957), *The Compleat Goggler*, New York: Dodd, Mead and Company.
Gladwin, Thomas (1995), *East is a Big Bird: Navigation and Logic on the Puluwat Atoll*, Cambridge, MA: Harvard University Press.
Glasby, Geoffrey P. (2002), "Deep Sea Mining: Past Failures and Future Prospects," *Marine Georesources and Geotechnology*, 20 (2): 161–76.
Golding, William (1954), *Lord of the Flies*, London: Faber.
Goldman, Francisco (1997), *The Ordinary Seaman*, New York: Atlantic Monthly Press.
Goldsmith, Michael (2015), "The Big Smallness of Tuvalu," *Global Environment Special Issue*, 8 (1): 134–51.
Goodwin, Charles (1995), "Seeing in Depth," *Social Studies of Science*, 25: 237–74.
Grant, Matthew and Benjamin Ziemann, eds. (2016), *Understanding the Imaginary War: Culture, Thought and Nuclear Conflict, 1945–90*, Manchester: Manchester University Press.
Grasso, Glenn (2009), "The Maritime Revival: Anti-modernism and the Maritime Revival, 1870–1940," PhD diss., University of New Hampshire.
Greig, Nordahl (1927), *The Ship Sails On*, trans. A.G. Chater, New York: Alfred Knopf. (First published in Norway in 1924 as *Skibet Gaar Videre*.)
Grider, John (2014), "'Tis a Shameful Confession': Steam Power and the Pacific Maritime Labor Community," *The Northern Mariner/Le Marin Du Nord*, 24 (2): 111–33.
Griffiths, Alison (2007), *Shivers Down Your Spine: Cinema, Museums, and the Immersive View*, New York: Columbia University Press.
Grimm, Charles "Buckey" (2001), "Carl Louis Gregory: Life through a Lens," *Film History*, 13 (2): 174–84.
Grotius, Hugo ([1609] 2004), *The Free Sea* ("Mare Liberum," *De Indis*, ch. 12, Leiden), ed. David Armitage, Indianapolis, IN: Liberty Fund.

Hadley, Malcolm (2005), "Nature to the Fore: The Early Years of UNESCO's Environmental Programme, 1945–1965," in UNESCO (ed.), *Sixty years of Science at UNESCO, 1945–2005*, 201–32, Paris: UNESCO Publishing.
Haeckel, Ernst (1862), *Die Radiolarien: (Rhizopoda Radiaria) Eine Monographie, Mit einem Atlas von fünf und dreissig Kupfertafeln*, Berlin: Georg Reimer.
Hamblin, Jacob D. (2005), *Oceanographers and the Cold War: Disciples of Marine Science*, Seattle: University of Washington Press.
Hamblin, Jacob D. (2008), *Poison in the Well: Radioactive Waste in the Oceans at the Dawn of the Nuclear Age*, New Brunswick, N.J: Rutgers University Press.
Hamera, Judith (2012), *Parlor Ponds: The Cultural Work of the American Home Aquarium, 1850–1970*, Ann Arbor: University of Michigan Press.
Hanauer, Eric (1994), *Diving Pioneers: An Oral History of Diving in America*, San Diego, CA: Watersport Publishing.
Hanlon, Christopher (2016), "Under the Atlantic," in Julia Straub (ed.), *Handbook of Transatlantic North American Studies*, 283–96, Berlin: De Gruyter.
Hanlon, David (1998), *Remaking Micronesia: Discourses Over Development in a Pacific Territory, 1944–1982*, Honolulu: University of Hawai'i Press.
Hannigan, John (2016), *The Geopolitics of Deep Oceans*, Cambridge: Polity.
Haq, Gary and Alistair Paul (2011), *Environmentalism since 1945*, London: Routledge.
Haraway, Donna (2015), "Anthropocene, Capitalocene, Plantationocene, Chthulucene: Making Kin," *Environmental Humanities*, 6: 159–65.
Hardin, Garrett (1968), "The Tragedy of the Commons," *Science*, 162 (3859): 1243–8.
Hardy, Alister C. (1924), "The Herring in Relation to Its Environment Part I," *Fishery Investigations*, 7 (3): 2–53.
Hardy, Alister C. (1958), *The Open Sea: Its Natural History*, London: Collins.
Hardy, Alister C. (1960), "Was Man More Aquatic in the Past?," *The New Scientist*, 7 (174), March 17: 642–5.
Harris, Michael (1999), *Lament for an Ocean: The Collapse of the Atlantic Cod Fishery: A True Crime Story*, updated trade paperback edn., Toronto: McClelland & Stewart.
Harrison, Harry (1966), *Make Room! Make Room!*, Garden City, NY: Doubleday & Co.
Hart, John (2008), "Looking Back: The Continuing Legacy of Old and Abandoned Chemical Weapons," *Arms Control Today*, 38 (2): 55–9.
Hass, Hans ([1957] 1958), *Wir Kommen aus dem Meer*, Berlin: Ullstein Verlag; trans. Alan Houghton Brodrick, *We Come from the Sea*, London: Jarrolds.
Hassan, D. (2006), *Protecting the Marine Environment from Land-based Sources of Pollution: Towards Effective International Cooperation*, Aldershot: Ashgate.
Hau'ofa, Epeli (1993), "Our Sea of Islands," in Eric Waddell, Vijay Naidu, and Epeli Hau'ofa (eds.), *A New Oceania: Rediscovering Our Sea of Islands*, 2–16; Suva: University of the South Pacific School of Social and Economic Development.
Hau'ofa, Epeli (1994), "Our Sea of Islands," *Contemporary Pacific*, 6 (1): 147–61.
Hau'ofa, Epeli (2000), "The Ocean in Us," in Antony Hooper (ed.), *Culture and Sustainable Development in the Pacific*, 32–43, Canberra: Asia Pacific Press.
Hauser, Stephan E. (2009), "The Sub-aquatic Picture Cosmos: A Brief History of the Aquarium and Underwater Film from 1890 to the Present Day," in Viola Weigel (ed.), *Under Water above Water: From the Aquarium to the Video Image*, 18–35, Bielefeld: Kerber Verlag.
Haward, M.G. and J. Vince (2008), *Oceans Governance in the Twenty-first Century: Managing the Blue Planet*, Cheltenham: Edward Elgar Publishing.
Hayden, Sterling (1963), *Wanderer*, New York: Knopf.

Hayes, Peter (2008), "Pirates, Privateers and the Contract Theories of Hobbes and Locke," *History of Political Thought*, 29 (3): 461–84.
Hays, Samuel P. (1998), "The Limits-to-Growth-Issue: A Historical Perspective," in Samuel P. Hays (ed.), *Explorations in Environmental History: Essays*, 3–23, Pittsburgh: University of Pittsburgh Press.
Hayward, Eva (2005), "Enfolded Vision: Refracting *The Love Life of an Octopus*," *Octopus: A Visual Studies Journal*, 1 (Fall): 29–44.
Heffernan, Patrick H. (1981), "Conflict over Marine Resources," *Proceedings of the Academy of Political Science*, 34 (1): 168.
Heidbrink, Ingo (2011), "A Second Industrial Revolution in the Distant Water Fisheries? Factory-Freezer Trawlers in the 1950s and 1960s," *International Journal of Maritime History*, 23 (1): 179–92.
Heine, Jorge (2013), "From Club to Network Diplomacy," in Andrew F. Cooper, Jorge Heine, and Ramesh Takur (eds.), *The Oxford Handbook of Modern Diplomacy*, 54–69, Oxford: Oxford University Press.
Helcom (2018), "Sea-Dumped Chemical Munitions." Available online: http://www.helcom.fi/baltic-sea-trends/hazardous-substances/sea-dumped-chemical-munitions (accessed December 13, 2018).
Hellwarth, Ben (2012), *Sealab: America's Forgotten Quest to Live and Work on the Ocean Floor*, New York: Simon & Shuster.
Helmreich, Stefan (2009), *Alien Ocean: Anthropological Voyages in Microbial Seas*, Berkeley: University of California Press.
Helmreich, Stefan (2011), "From Spaceship Earth to Google Ocean: Planetary Icons, Indexes, and Infrastructures," *Social Research*, 78 (4): 1211–42.
Hensen, Victor (1887), "Über die Bestimmung des Plankton's oder des im Meere treibenden Materials an Pflanzen und Thieren," *Fünfter Bericht der Kommission zur wissenschaftlichen Untersuchung der deutschen Meere in Kiel für die Jahre 1882 bis 1886*, Kiel: Schmidt & Klaunig.
Hensen, Victor (1911), *Das Leben im Ozean nach Zählung seiner Bewohner: Übersicht und Resultate der quantitativen Untersuchungen*, Kiel: Verlag von Lipsius & Tischer.
Herdman, William A. (1920), "Oceanography and the Sea-Fisheries," *Scientific Monthly*, 11 (4): 289–96.
Heyerdahl, Thor (1950), *Kon-Tiki: Across the Pacific in a Raft*, Chicago: Rand McNally & Company.
Hobsbawm, Eric (1994), *The Age of Extremes: The Short Twentieth Century 1914–1991*, London: Michael Joseph.
Hofmann, Rebecca (2016), "Situating Climate Change in Chuuk: Navigating 'Belonging' Through Environmental and Social Transformations in Micronesia," Munich: Ludwig-Maximilians-Universität.
Hofmann, Rebecca and Uwe Lübken (2018), "Laboratorien der ökologischen Moderne? Umwelt, Wissen und Geschichte (auf) der kleinen Insel," *Aus Politik und Zeitgeschichte*, 68 (32–3): 4–9.
Höhler, Sabine (2002a), "Depth Records and Ocean Volumes: Ocean Profiling by Sounding Technology, 1850–930," *History and Technology*, 18 (2): 119–54.
Höhler, Sabine (2002b), "Profilgewinn: Karten der Atlantischen Expedition (1925–1927) der Notgemeinschaft der Deutschen Wissenschaft," *NTM International Journal of History and Ethics of Natural Sciences, Technology and Medicine*, 10 (4): 234–46.

Höhler, Sabine (2008), "Spaceship Earth: Envisioning Human Habitats in the Environmental Age," *Bulletin of the German Historical Institute*, 42: 65–86.
Höhler, Sabine (2014a), "Exterritoriale Ressourcen: Die Diskussion um die Tiefsee, die Pole und das Weltall um 1970," *Jahrbuch für europäische Geschichte*, 15: 53–82.
Höhler, Sabine (2014b), "Science und Fiction des Unerschöpflichen in Zeiten neuer Wachstumsgrenzen," *Geschichte und Gesellschaft*, 40 (3): 437–51.
Höhler, Sabine (2015a), "Inventorier la Terre," in Kapil Raj and H. Otto Sibum (eds.), *Modernité et globalisation*, Histoire des sciences et des saviors 2, 167–81, Paris: Éditions du Seuil.
Höhler, Sabine (2015b), *Spaceship Earth in the Environmental Age, 1960–1990*, London: Pickering & Chatto.
Höhler, Sabine (2017a), "Local Disruption or Global Condition? El Niño as Weather and as Climate Phenomenon," in Sebastian Grevsmühl (ed.), "Global Environmental Images," special issue of *GEO Geography and Environment*, 4 (1). Available online: http://doi.org/10.1002/geo2.34/pdf.
Höhler, Sabine (2017b), "Survival: Mars Fiction and Experiments with Life on Earth," *Environmental Philosophy*, 14 (1): 83–100.
Höhler, Sabine and Nina Wormbs (2017), "Remote Sensing: Digital Data at a Distance," in Jocelyn Thorpe, Stephanie Rutherford, and L. Anders Sandberg (eds.), *Methodological Challenges in Nature-Culture and Environmental History Research*, 272–83, London: Routledge.
Holland, Geoff and David Pugh, eds. (2010), *Troubled Waters: Ocean Science and Governance*, New York: Cambridge University Press.
Holm, Poul (2012), "World War II and the 'Great Acceleration' of North Atlantic Fisheries," *Global Environment*, 10: 66–91.
Holm, Poul, Tim D. Smith, and David J. Starkey (2001), *The Exploited Seas: New Directions for Marine Environmental History*, St. John's, Newfoundland: International Maritime Economic History Association.
Holm, Paul, Tim D. Smith, and David J. Starkey (2017), *The Exploited Seas: New Directions for Marine Environmental History*, Liverpool: Liverpool University Press.
Holzer, Kerstin (2003), *Elisabeth Mann Borgese: Ein Lebensporträt*, 2nd edn., Frankfurt: Fischer.
"A Homemade Sub" (1953), *Life*, 34 (19) May 11: 73–6.
Hong, Gi Hoon and Young Joo Lee (2015), "Transitional Measures to Combine Two Global Ocean Dumping Treaties into a Single Treaty," *Marine Policy*, 55: 47–56.
Hook, Leslie (2012), "China: Risk of Conflict over Resources in Deep Water," *Financial Times*, November 5.
Horn, Eva (2010), "Enden des Menschen: Globale Katastrophen als biopolitische Fantasie," in Reto Sorg and Stefan Bodo Würffel (eds.), *Utopie und Apokalypse in der Moderne*, 101–18, Munich: Wilhelm Fink.
Horn, Eva (2014), *Zukunft als Katastrophe*, Frankfurt: S. Fischer Verlag.
Hsü, Kenneth J. (1992), *Challenger at Sea: A Ship That Revolutionized Earth Science*, Princeton, NJ: Princeton University Press.
Huggan, Graham (2013), "Lives Aquatic: Underwater with the Cousteaus," in *Nature's Saviours: Celebrity Conservationists in the Television Age*, 65–104, New York: Routledge.
Hull, Edward Whaley Seabrook (1967), "The Political Ocean," *Foreign Affairs*, 45 (3): 492–502.

"Iceland Calls for a Parley To Bar Pollution of Seabed" (1970), *New York Times*, August 21.
Inselmann, Andrea, Don Doe, Dylan Graham, Sally Smart, and Herbert F. Johnson Museum of Art (2007), *Dangerous Waters*, Ithaca, NY: Herbert F. Johnson Museum of Art, Cornell University.
International Atomic Energy Agency (IAEA) (1999), *Inventory of Radioactive Waste Disposal at Sea*, Vienna: IAEA.
International Labour Office (ILO) and Seafarers International Research Centre (2004), *The Global Seafarer: Living and Working Conditions in a Globalized Industry*, Geneva: ILO.
Intergovernmental Panel on Climate Change (IPCC) (2010), *Climate Change*. Available online: https://www.ipcc.ch/report/ar1/wg1/ (accessed October 18, 2020).
International Maritime Organization (IMO) (2018), "IMO Takes First Steps to Address Autonomous Ships," *IMO*, May 25. Available online: http://www.imo.org/en/MediaCentre/PressBriefings/Pages/08-MSC-99-MASS-scoping.aspx (accessed March 20, 2019).
International Union for Conservation of Nature (IUCN) (n.d.), "World Database on Protected Areas." Available online: https://www.iucn.org/theme/protected-areas/our-work/world-database-protected-areas (accessed October 16, 2020).
Iovino, S. and S. Oppermann, eds. (2014), *Material Ecocriticism*, Bloomington: Indiana University Press.
Island Studies Journal (2005–17) "Journal Archive." Available online: https://www.islandstudies.ca/ (accessed October 16, 2020).
Jackson, Jeremy B. C. (2008), "Ecological Extinction and Evolution in the Brave New Ocean," *Proceedings of the National Academy of Sciences of the United States of America*, 105 (suppl. 1) (August 12): 11458–65.
Jackson, Jeremy B.C. et al. (2001), "Historical Overfishing and the Recent Collapse of Coastal Ecosystems," *Science*, 293 (530): 629–38.
Jameson, Fredric (1994), *The Political Unconscious: Narrative as a Socially Symbolic Act*, Ithaca, NY: Cornell University Press.
Jasanoff, Sheila (2001), "Image and Imagination: The Formation of Global Environmental Consciousness," in Clark A. Miller and Paul N. Edwards (eds.), *Changing the Atmosphere: Expert Knowledge and Environmental Governance*, 309–37, Cambridge: MIT Press.
Jasanoff, Sheila (2015), "Future Imperfect: Science, Technology, and the Imaginations of Modernity," in Sheila Jasanoff and Sang-Hyun Kim (eds.), *Dreamscapes of Modernity: Sociotechnical Imaginaries and the Fabrication of Power*, 1–33, Chicago IL: Chicago University Press.
Johnson, Irving (1936), *Westward Bound on the Schooner Yankee*, New York: W.W. Norton & Company.
Jonsson, Albritton Frederik (2012), "The Industrial Revolution in the Anthropocene," *Journal of Modern History*, 84 (3): 679–96.
J6nsson, Hannes (1982), *Friends in Conflict: the Anglo-Icelandic Cod Wars and the Law of the Sea*, London: C. Hurst.
Juda, Lawrence (1996), *International Law and Ocean Use Management: The Evolution of Ocean Governance*, London: Routledge.
Jue, Melody (2014), "Proteus and the Digital: Scalar Transformations of Seawater's Materiality in Ocean Animations," *Animation: An Interdisciplinary Journal*, 9 (2): 245–60.
Kaldor, Mary (1990), *The Imaginary War: Understanding the East-West Conflict*, Oxford: Blackwell.

Kaldor, Mary (2003), *Global Civil Society. An Answer to War*, Cambridge: Polity Press.
Kehrt, Christian (2014), "'Dem Krill auf der Spur': Antarktisches Wissensregime und globale Ressourcenkonflikte in den 1970er Jahren," *Geschichte und Gesellschaft*, 40 (1): 403–36.
Kehrt, Christian and Franziska Torma, eds. (2014), "Lebensraum Meer," special issue of *Geschichte und Gesellschaft, Zeitschrift für Historische Sozialwissenschaft*, 40 (3).
Keiner, Christine (2017), "A Two-Ocean Bouillabaisse: Science, Politics, and the Central American Sea-Level Canal Controversy," *Journal of the History of Biology*, 50 (4): 835–87.
Kempf, Wolfgang (2009), "A Sea of Environmental Refugees? Oceania in an Age of Climate Change," in Elfriede Hermann, Karin Klenke, and Michael Dickhardt (eds.), *Form, Macht, Differenz: Motive und Felder ethnologischen Forschens*, 191–205, Göttingen: Universitätsverlag Göttingen.
Kennerson, Elliott Doran (2008), "Ocean Pictures: The Construction of the Ocean on Film," MFA thesis, Montana State University, Bozeman.
Kernagis, Dawn (2016), "Mission Day 7–8: Remembering Where We Are," IHMC [Blog], July 28. Available online: https://www.ihmc.us/mission-day-7-8-remembering/ (accessed October 18, 2020).
Kessler, Elizabeth A. (2012), *Picturing the Cosmos: Hubble Space Telescope Images and the Astronomical Sublime*, Minneapolis: University of Minnesota Press.
Kihleng, Emelihter, Clement Yow Mulalap, Jacki Leota-Mua, and Vicente Diaz (2019), "*Island Soldier*: By Nathan Fitch, Review," *The Contemporary Pacific*, 31(1): 248–61.
Kiste, Robert and Suzanne Falgout (1999), "Anthropology and Micronesia: The Context," in Robert C. Kiste and Mac Marshall (eds.), *American Anthropology in Micronesia: An Assessment*, 11–51, Honolulu: University of Hawai'i Press.
Klose, Alexander (2015), *The Container Principle: How a Box Changes the Way We Think*, trans. Charles Marcrum, Infrastructures, Cambridge, MA: MIT Press.
Knauft, Bruce M. (1990), "Melanesian Warfare: A Theoretical History," *Oceania*, 60: 250–311.
Krebs, Albin (1986), "Sterling Hayden Dead at 70: An Actor, Writer and Sailor," *New York Times*, May 24. Available online: https://www.nytimes.com/1986/05/24/obituaries/sterling-hayden-dead-at-70-an-actor-writer-and-sailor.html (accessed March 20, 2019).
Krige, John (2014), "Embedding the National in the Global: US-French Relationships in Space Science and Rocketry in the 1960s," in Naomi Oreskes and John Krige (eds.), *Science and Technology in the Global Cold War*, 227–50, Cambridge, MA: MIT Press.
Kroll, Gary (2008), America's *Ocean Wilderness: A Cultural History of Twentieth-Century Exploration*, Lawrence: University Press of Kansas.
Kupper, Patrick (2003), "Die ‚1970er Diagnose': Grundsätzliche Überlegungen zu einem Wendepunkt der Umweltgeschichte," *Archiv für Sozialgeschichte*, 43: 325–48.
Kurlansky, Mark (1998), *Cod: A Biography of the Fish that Changed the World*, New York: Penguin Books.
Kurlansky, Mark (1999), *Cod: A Biography of the Fish That Changed the World*, London: Vintage.
Langston, Nancy (2017), *Sustaining Lake Superior: An Extraordinary Lake in a Changing World*, New Haven, CT: Yale University Press.
Larson, Brendon M. H. (2005), "The War of the Roses: Demilitarizing Invasion Biology," *Frontiers in Ecology and the Environment*, 3 (9): 495–500.

Latour, Bruno (1986), "Visualization and Cognition: Thinking with Eyes and Hands," *Knowledge and Society: Studies in the Sociology of Culture Past and Present*, 6: 1–40.
Latour, Bruno (1990), "Drawing Things Together," in Michael Lynch and Steeve Woolgar (eds.), *Representation in Scientific Practice*, 19–68, Cambridge, MA: MIT Press.
Latour, Bruno (2017), *Kampf um Gaia: Acht Vorträge über das neue Klimaregime*, Suhrkamp: Berlin-Verlag.
Latour, Bruno and Steve Woolgar (1979), *Laboratory Life: The Social Construction of Scientific Facts*, Beverly Hills, CA: Sage.
Lausche, Barbara J. (2008), *Weaving a Web of Environmental Law*, Bonn: Erich Schmidt Verlag.
Lear, Linda (1997), *Rachel Carson: Witness for Nature*, New York: Henry Holt.
LeCain (2016), "Heralding a New Humanism: The Radical Implications of Chakrabarty's 'Four Theses,'" in Robert Emmett and Thomas Lekan (eds.), "Whose Anthropocene? Revisiting Dipesh Chakrabarty's 'Four Theses,'" *RCC Perspectives: Transformations in Environment and Society*, (2): 15–20.
Lee, Martin ([1981] 1983), *Ocean Dumping: A Time to Reappraise?*, Washington, DC: US Government Printing Office.
Lehman, J. (2018), *Oceans Ventured: Winning the Cold War at Sea*, London: W.W. Norton.
Lem, Stanisław (1977), *Solaris*, 4th edn., Frankfurt: Suhrkamp.
Lepore, Jill (2018), "The Shorebird: Rachel Carson and the Rising of the Seas," *The New Yorker*, March 26: 64–72.
Lessenich, Stephan (2016), *Neben uns die Sintflut: Die Externalisierungsgesellschaft und ihr Preis*, Munich: Carl Hanser Verlag.
Levering, Ralph B. and Miriam L. Levering (1999), *Citizen Action for Global Change: The Neptune Group and Law of the Sea*, Syracuse, NY: Syracuse University Press.
Levinson, Marc (2016), *The Box: How the Shipping Container Made the World Smaller and the World Economy Bigger*, 2nd edn., Princeton, NJ: Princeton University Press.
Lewis, David ([1972] 1994), *We the Navigators: The Ancient Art of Landfinding in the Pacific*, 2nd edn., ed. Derek Oulton, Honolulu: University Press of Hawaii.
Liebers, Arthur (1962), *The Complete Book of Water Sports*, New York: Coward McCann.
Lilly, John (1961), *Man and Dolphin: Adventures of a New Scientific Frontier*, Garden City, NY: Doubleday.
Lilly, John (1967), *The Mind of the Dolphin: A Nonhuman Intelligence*, Garden City, NY: Doubleday.
Linnér, Björn-Ola (2003), *The Return of Malthus: Environmentalism and Post-war Population-Resource Crises*, Isles of Harris: White Horse Press.
Löhr, Isabella and Andrea Rehling (2014), *Global Commons im 20. Jahrhundert: Entwürfe für eine globale Welt*, Munich: De Gruyter/Oldenbourg.
Lotka, Alfred James (1925), *Elements of Physical Biology*, Baltimore, MD: Williams & Wilkins.
Lovelock, J.E. (1979), *Gaia: A New Look at Life on Earth*, Oxford: Oxford University Press.
Lowry, Malcolm (2005), *Ultramarine (Tusk Ivories)*, New York: Overlook Press.
Lüdecke, Cornelia (2004), "The First International Polar Year (1882–83): A Big Science Experiment with Small Science Equipment," *Proceedings of the International Commission on History of Meteorology*, 1 (1): 55–64.

Macekura, Stephen J. (2015), *Of Limits and Growth: The Rise of Global Sustainable Development in the Twentieth Century*, Cambridge: Cambridge University Press.
Marriam-Webster (2019), s.v. "Voyage." Available online: https://www.merriam-webster.com/dictionary/voyage (accessed March 20, 2019).
McIntosh, Malcolm (1987), *Arms Across the Pacific: Security and Trade Issues Across the Pacific*, London: Pinter.
MacLean, Eleanore (2015), "He Couldn't Have Done It Without Her: Exy Johnson's Seafaring Legacy," *Sea History*, 152 (Autumn): 16–20.
Maclellan, Nic (2014), *Banning Nuclear Weapons: A Pacific Islander Perspective*, Australia: International Campaign to Abolish Nuclear Weapons (ICANW).
Madsen, Axel (1986), *Cousteau: An Unauthorized Biography*, New York: Beaufort Books.
Mahrane, Yannick, Marianna Fenzi, Céline Pessis, and Christophe Bonneuil (2012), "De la nature à la biosphère: L'invention politique de l'environnement global, 1945–1972," *Vingtième Siècle: Revue d'histoire*, 113 (1): 2127–41.
Malm, Andreas and Alf Hornborg (2014), "The Geology of Mankind? A Critique of the Anthropocene Narrative," *Anthropocene Review*, 1 (1): 62–9.
Máñez, Kathleen Schwerdtner and Bo Poulsen, eds. (2016), *Perspectives on Oceans Past: A Handbook of Marine Environmental History*, Dordrecht: Springer Netherlands.
Mann, Janet (2001), "Cetacean Culture: Definitions and Evidence," *Behavioral and Brain Sciences*, (24): 309–82.
Mann, Janet, ed. (2017), *Deep Thinkers: Inside the Minds of Whales, Dolphins, and Porpoises*, Chicago: University of Chicago Press.
Manovich, Lev (2001), *The Language of New Media*, Cambridge, MA: MIT Press.
Marchessault, Janine (2017), "Invisible Ecologies: Cousteau's Cameras and Ocean Wonders," in *Ecstatic Worlds: Media, Utopias, Ecologies*, 53–84, Cambridge, MA: MIT Press.
Marfeld, A.F. (1972), *Zukunft im Meer: Bericht - Dokumentation - Interpretation zur gesamten Ozeanologie und Meerestechnik*, Berlin: Safari-Verlag.
Marx, Robert F. ([1978] 1990), *The History of Underwater Exploration*, New York: Dover Publications.
Masefield, John (1923), *The Collected Poems of John Masefield*, London: William Heineman.
Matsen, Brad (2009), *Jacques Cousteau: The Sea King*, New York: Pantheon Books.
Mattl, Siegfried and Christian Schulte (2014), "Vorstellungskraft," *Zeitschrift für Kulturwissenschaften*, 2: 9–11.
Maurer, Hans (1933), *Die Echolotungen des "Meteor": Deutsche Atlantische Expedition auf dem Forschungs- und Vermessungsschiff "Meteor", ausgeführt unter der Leitung von Professor Dr. A. Merz † und Kapitän z. S. F. Spiess, 1925–1927; Wissenschaftliche Ergebnisse, herausgegeben im Auftrage der Notgemeinschaft der Deutschen Wissenschaft von Dr. A. Defant*, Berlin: de Gruyter.
McCormick, John (1991), *Reclaiming Paradise: The Global Environmental Movement*, Bloomington: University of Indiana Press.
McIntrye, Joan (1975), *Mind in the Waters: A Book to Celebrate the Consciousness of Whales*, New York: Charles Scribner's Sons.
McKibben, Bill (1989), *The End of Nature*, New York: Random House Trade Paperbacks.
McNeill, John R. (2000), *Something New Under the Sun: An Environmental History of the Twentieth Century*, New York: W.W. Norton & Company, Inc.
Meadows, Donella H., Dennis L. Meadows, Jorgen Randers, and William W. Behrens (1972), *The Limits to Growth: A Report for the Club of Rome's Project on the Predicament of Mankind*, London: Earth Island.

Meadows, Donella H., Dennis L. Meadows, Jorgen Randers, and William W. Behrens (1974), *Limits to Growth: A Report for the Club of Rome's Project on the Predicament of Mankind*, New York: Universe Books.
Mentz, Steve (2015), *Shipwreck Modernity: Ecologies of Globalization, 1550–1719*, Minneapolis: University of Minnesota Press.
Mero, John L. (1965), *The Mineral Resources of the Sea*, New York: Elsevier.
Merz, Alfred (1925), "Die Deutsche Atlantische Expedition auf dem Vermessungs- und Forschungsschiff 'Meteor'," report 1, "Die Atlantische Hydrographie und die Planlegung der Deutschen Atlantischen Expedition," *Sitzungsberichte der Preussischen Akademie der Wissenschaften, Physikalisch-Mathematische Klasse*, 31: 562–86.
Michelet, Jules (1861), *The Sea*, New York: Rudd & Carleton.
Miles, Edward L. (1998), *Global Ocean Politics: The Decision Process at the Third United Nations Conference on the Law of the Sea, 1973–1982*, Cambridge, MA: Kluwer Law International.
Miller, James W. and Ian G. Koblick (1984), *Living and Working in the Sea*, New York: Van Nostrand Reinhold.
Miller, James W. and Ian G. Koblick (1995), *Living and Working in the Sea*, 2nd edn., Plymouth, VT: Five Corners Publications.
Miller, Marc L. (1993), "The Rise of Coastal and Marine Tourism," *Ocean & Coastal Management*, 20 (3): 181–99.
Miller, Michael B. (2012), *Europe and the Maritime World: A Twentieth-Century History*, Cambridge: Cambridge University Press.
Mills, Eric L. (1989), *Biological Oceanography: An Early History, 1870–1960*, Ithaca, NY: Cornell University Press.
Mills, Eric L. (2009), *The Fluid Envelope of Our Planet: How the Study of Ocean Currents Became a Science*, Toronto: University of Toronto Press.
Milner, Harold W. (1953), "Algae as Food," *Scientific American*, 189 (4): 31–5.
Milner, Harold W. (1954), "Food or Fuel from Algae?," *Science Digest*, April: 65–7.
"Miniature Sub" (1950), *Life*, 29 (8) August 21: 75.
Mitchell, Jon (2013), "A Drop in the Ocean: the Sea-Dumping of Chemical Weapons in Okinawa," *Japan Times*, July 27.
Mitman, Gregg (1999), "A Ringside Seat in the Making of a Pet Star," in *Reel Nature: America's Romance with Wildlife on Film*, 157–79, Seattle: University of Washington Press.
Möllers, Nina, Christian Schwägerl, and Helmuth Trischler, eds. (2015), *Welcome to the Anthropocene: The Earth in our Hands*, Munich: Deutsches Museum.
Mondré, Aletta and Annegret Kuhn (2017), "Ocean Governance," *Aus Politik und Zeitgeschichte*, 67 (51–2): 4–9.
Morais, Pedro and Francoise Daverat (2016), "A History of Fish Migration Research," in Pedro Morais and Francoise Daverat (eds.), *An Introduction to Fish Migration Research*, 3–14, Boca Raton: CRC Press.
Morgan, Elaine (1972), *The Descent of Woman*, London: Souvenir Press.
Morgan, Elaine (1982), *The Aquatic Ape: A Theory of Human Evolution*, London: Souvenir Press.
Morison, S.E. ([1963] 2007), *The Two-Ocean War: A Short History of the United States Navy in the Second World War*, Annapolis, MD: Naval Institute Press.
Mückler, Hermann (2000), *Melanesien in der Krise: ethnische Konflikte, Fragmentierung und Neuorientierung*, Wiener Ethnohistorische Blätter 46, Vienna: Institut für Völkerkunde.

Mückler, Hermann (2009a), *Einführung in die Ethnologie Ozeaniens*, Vienna: Facultas.
Mückler, Hermann (2009b), "Einleitung," in Hermann Mückler (ed.), *Ozeanien: 18. bis 20. Jahrhundert, Geschichte und Gesellschaft*, vol. 17, 7–12, world regions edn., Vienna: Promedia.
Mückler, Hermann (2012), *Kolonialismus in Ozeanien*, Vienna: Facultas.
Müller, Simone M. (2016), "'Cut Holes and Sink 'em": Chemical Weapons Disposal and Cold War History as a History of Risk," *Historical Social Research*, 41(1): 263–84.
Müller, Simone M. (2017), "Corporate Behavior and Ecological Disaster: Dow Chemical and the Great Lakes Mercury Crisis, 1970–1972," *Business History*, 60 (3): 399–422.
Müller Simone M. and David Stradling (2019), "Water as the Ultimate Sink: Linking Fresh and Saltwater History," *International Review of Environmental History*, 5 (1): 23–41.
Murphy, Robert Cushman (1947), *Logbook for Grace*, New York: The Macmillan Company.
Mystic Seaport (2019), "The 38th Voyage: Introduction." Available online: https://www.mysticseaport.org/voyage/cwm/ (accessed March 20, 2019).
Naimou, Angela (2015), *Salvage Work: U.S. and Caribbean Literatures amid the Debris of Legal Personhood*, 1st edn., New York: Fordham University Press.
Narvaez, Alfonso A. (1991), "Irving M. Johnson, Who Wrote of Trips at Sea, is Dead at 85," *New York Times*, January 3: 6.
Neeson, Jeanette M. (1995), *Commoners: Common Right, Enclosure and Social Change in England, 1700–1820* (repr.), Cambridge: Cambridge University Press.
Nelson, Derek Lee (2016), "The Ravages of Teredo: The Rise and Fall of Shipworm in US History," *Environmental History*, 21: 100–24.
"New Ways to Go Under" (1953), *Life*, 35 (5) August 3: 70–1.
Newby, Eric (1956), *The Last Grain Race*, New York: Houghton Mifflin.
Niedenthal, Jack (2002), "The Atomic History of Bikini Atoll," the *Guardian*, August 6. Available online: https://www.theguardian.com/travel/2002/aug/06/travelnews.nuclearindustry.environment (accessed March 20, 2019).
Nitzke, Solvejg (2012), "Apokalypse von innen: Die andere Natur-Katastrophe in Frank Schätzings Der Schwarm und Dietmar Daths Die Abschaffung der Arten," in Solvejg Nitzke and Mark Schmitt (eds.), *Katastrophen: Konfrontationen mit dem Realen*, 167–87, Essen: C. A. Bachmann.
Nixon, Rob (2011), *Slow Violence and the Environmentalism of the Poor*, Cambridge, MA: Harvard University Press.
Noble Shor, Elizabeth (1978), *Scripps Institution of Oceanography: Probing the Oceans, 1936 to 1976*, San Diego, CA: Tofua Press.
Norris, Scott (2002), "Creatures of Culture? Making the Case for Cultural Systems in Whales and Dolphins," *BioScience*, 52 (1): 9–14.
Norton, Trevor (1999), *Stars Beneath the Sea: The Pioneers of Diving*, New York: Carroll & Graf Publishers.
Nouvian, Claire (2007), *The Deep: The Extraordinary Creatures of the Abyss*, Chicago: University of Chicago Press.
Nunn, Patrick (2007), *Climate, Environment and Society in the Pacific during the Last Millennium*, Amsterdam: Elsevier.
Nunn, Patrick and James Britton (2001), "Human-Environment Relationships in the Pacific Islands around A.D. 1300," *Environment and History*, 7 (1): 3–22.

Nye, David E. (1994), *The American Technological Sublime*, Cambridge, MA: MIT Press.
Ocean Literacy Network (n.d.). Available online: https://oceanliteracy.unesco.org (accessed November 2, 2020).
O'Connor Tom (2017), "Fukushima's Nuclear Waste will be Dumped in the Ocean, Japanese Plant Owner says," *Newsweek*, July 14.
Ocean Conference (2017), "Factsheet: People and Oceans," New York: United Nations. Available online: https://www.un.org/sustainabledevelopment/wp-content/uploads/2017/05/Ocean-fact-sheet-package.pdf (accessed October 16, 2020).
Ocearch (n.d.), "Tracker." Available online: https://www.ocearch.org/tracker/?list (accessed October 18, 2020).
Oreskes, Naomi (2014a), "Changing the Mission: From the Cold War to Climate Change," in Naomi Oreskes and John Krige (eds.), *Science and Technology in the Global Cold War*, 141–88, Cambridge, MA: MIT Press.
Oreskes, Naomi (2014b), "Scaling Up Our Vision," *Isis*, 105 (2): 379–91.
Ortmayr, Norbert (2009), "Demographischer Wandel Ozeaniens seit dem späten 18. Jahrhundert," in Hermann Mückler (ed.), *Ozeanien: 18. bis 20. Jahrhundert, Geschichte und Gesellschaft*, vol. 17, 190–228, world regions edn., Vienna: Promedia.
Owen, Paula and Tony Rice (1999), *Decommissioning the Brent Spa*, London: CRC Press.
"Pacific Climate Warriors" (n.d.), "350 Pacific." Available online: https://350pacific.org/pacific-climate-warriors/ (accessed December 16, 2018).
Paddock, William and Paul Paddock (1967), *Famine – 1975! America's Decision: Who Will Survive?*, Boston: Little, Brown and Company.
Paine, Lincoln P. (2013), *The Sea and Civilization: A Maritime History of the World*, 1st edn., New York: Alfred A. Knopf.
Pardo, Arvid (1975), *The Common Heritage of Mankind: Selected Papers on Oceans and World Order 1967–1974*, International Ocean Institute Occasional Paper No. 3, Malta: Malta University Press.
Parrott, Daniel S. (2003), *Tall Ships Down: The Last Voyages of the Pamir, Albatross, Marques, Pride of Baltimore, and Maria Asumpta*, Camden, ME: International Marine/McGraw-Hill.
Paskoff, Roland and Robert Petiot (1990), "Coastal Progradation as a By-Product of Human Activity: An Example From Chañaral Bay, Atacama Desert, Chile," *Journal of Coastal Research*, 6 (6): 91–102.
Past, Elena (2009), "Lives Aquatic: Mediterranean Cinema and an Ethics of Underwater Existence," *Cinema Journal*, 48 (3): 52–65.
Patton, Kimberley Christine (2007), *The Sea Can Wash Away All Evils: Modern Marine Pollution and the Ancient Cathartic Ocean*, New York: Columbia University Press.
Pazifik aktuell (2018a), "Protest gegen Atommüll-Endlager auf Runit," September, Nr. 115.
Pazifik aktuell (2018b), "Überwachungssystem auf Moruroa modernisiert," September, Nr. 115.
Penck, Albrecht (1925), "Die Deutsche Atlantische Expedition," *Zeitschrift der Gesellschaft für Erdkunde zu Berlin*, 7–8: 243–51.
Peterkin, Tom (2005), "MoD Dumped Munition in Irish Sea," *The Telegraph*, April 22.
Philander, S. George (2004), *Our Affair with El Niño: How We Transformed an Enchanting Peruvian Current into a Global Climate Hazard*, Princeton, NJ: Princeton University Press.

Phillips, Catherine and Jadeep Sirkar (2012), "The International Conference on Safety of Life at Sea, 1914: The History and the Ongoing Mission," *Coast Guard Journal of Safety & Security at Sea, Proceedings of the Marine Safety & Security Council*, 69 (2): 27–8. Available online: https://uscgproceedings.epubxp.com/i/70722-sum-2012 (accessed March 20, 2019).
Piccard, Jacques and Robert S. Dietz (1961), *Seven Miles Down: The Story of the Bathyscaph Trieste*, New York: G. T. Putnam's Sons.
Plunkett, Geoff (2003a), *Chemical Warfare Agent Sea Dumping off Australia*, Canberra: Department of Defence.
Plunkett, Geoff (2003b), *Sea Dumping in Australia: Historical and Contemporary Aspects*, 1st ed, Canberra: Department of Defence.
Pollnac, Richard, Patrick Christie, Joshua E. Cinner, Tracy Dalton, Tim M. Daw, Graham E. Forrester, and Timothy R. McClanahan (2010), "Marine Reserves as Linked Social–Ecological Systems," *Proceedings of the National Academy of Sciences*, 107 (43): 18262–5.
Polynesian Voyaging Society (2019), "The Story of Hōkūle'a." Available online: http://www.hokulea.com/voyages/our-story/ (accessed March 20, 2019)
Powell, David C. (2001), *A Fascination for Fish: Adventures of an Underwater Pioneer*, Berkeley: University of California Press.
Poyer, Lin (2004), "Dimensions of Hunger in Wartime: Chuuk Lagoon, 1943–1945," *Food and Foodways*, 12 (2–3): 137–64.
Poyer, Lin (2008), "Chuukese Experiences in the Pacific War," *Journal of Pacific History*, 43 (2): 223–38.
Prehoda, Robert W. (1967), *Designing the Future: The Role of Technological Forecasting*, Philadelphia: Chilton Book Company.
Price, Willard (1966), *America's Paradise Lost*, New York: John Day Co.
Quilley, Geoff (2000), "Duty and Mutiny: The Aesthetics of Loyalty and the Representation of the British Sailor c.1789-1800," in Philip Shaw (ed.), *Romantic Wars: Studies in Culture and Conflict, 1793–1822*, 81–109, Aldershot: Ashgate.
"Radioactive Waste was Dumped in Irish Sea," (1997), *The Irish Times*, June 30.
Radkau, Joachim (2011), *Die Ära der Ökologie: Eine Weltgeschichte*, Munich: Beck.
Reeves, Robert W. and Daphne deJersey Gemmill, eds. (2004), *Reflections on 25 Years of Analysis, Diagnosis and Prediction, 1979–2004*, Washington, DC: US Government Printing Office.
Rehling, Andrea (2017), "Materielles Kultur- und Naturerbe als Objekt und Ressource kultureller Souveränitätsansprüche," in Gregor Feindt, Bernhard Gißibl, and Johannes Paulmann (eds.), *Kulturelle Souveränität: Politische Deutungs- und Handlungsmacht jenseits des Staates im 20. Jahrhundert*, 257–84, Göttingen: Vandenhoek & Ruprecht.
Reidy, Michael S., Gary Kroll, and Erik M. Conway (2007), *Exploration and Science: Social Impact and Interaction*, Denver: ABC–CLIO.
Revelle, Roger (1985), "Oceanography from Space," *Science*, 228: 133.
Rheinberger, Hans-Jörg (1998), "From the 'originary phenomenom' to the 'system of pelagic fishery': Johannes Müller (1801–1858) and the Relation between Physiology and Philosophy," in Kurt Bayertz and Roy Porter (eds.), *From Physico-Theology to Bio-Technology: Essays in the Social and Cultural History of Biosciences*, 133–52, Amsterdam: Rodopi.
Rich, Nathaniel (2018), "Losing Earth: The Decade We Almost Stopped Climate Change," *New York Times Magazine*, August 1.

Riedy, Michael S., Gary Kroll, and Erik M. Conway (2007), *Exploration and Science: Social Impact and Interaction*, Santa Barbara, CA: ABC-CLIO.
Rieger, Bernhard (2003), "'Modern Wonders': Technological Innovation and Public Ambivalence in Britain and Germany, 1890s to 1933," *History Workshop Journal*, 55: 153–76.
Roberts, Callum (2007), *The Unnatural History of the Sea*, Washington, DC: Island Press.
Rosenberg, Andrew A. (2003), "Managing to the Margins: The Overexploitation of Fisheries," *Frontiers in Ecology and the Environment*, March: 102–6.
Rothschild de, David (2011), *Plastiki Across the Pacific on Plastic: An Adventure to Save Our Oceans*, San Francisco: Chronicle Books.
Roy, M.K. (1995), *War in the Indian Ocean*, New Delhi: Lancer Publishers.
Royal Society for the Protection of Birds (1922), *Bird Notes and News*, 10, no. 2.
Rozwadowski, Helen M. (2002), *The Sea Knows No Boundaries: A Century of Marine Science Under ICES*, Seattle: University of Washington Press; London: International Council for the Exploration of the Sea.
Rozwadowski, Helen M. (2005), *Fathoming the Ocean: The Discovery and Exploration of the Deep Sea*, Cambridge, MA: Belknap Press of Harvard University Press.
Rozwadowski, Helen M. (2010a), "Ocean's Depths," *Environmental History*, 15 (3): 520–5.
Rozwadowski, Helen M. (2010b), "Playing by – and on and under – the Sea: The Importance of Play for Knowing the Ocean," in Jeremy Vetter (ed.), *Knowing Global Environments: New Historical Perspectives on the Field Sciences*, 162–89, Rutgers: Rutgers University Press.
Rozwadowski, Helen M. (2012) "Arthur C. Clarke and the Limitations of the Ocean as a Frontier," *Environmental History*, 17 (3): 578–602.
Rozwadowski, Helen M. (2013), "From Danger Zone to World of Wonder: The 1950s Transformation of the Ocean's Depths," *Coriolis: Interdisciplinary Journal of Maritime Studies*, 4 (1): 1–20.
Rozwadowski, Helen M. (2016), "Scientists Writing and Knowing the Ocean," in Steve Mentz and Martha Elena Rojas (eds.), *The Sea and Nineteenth-Century Anglophone Literary Culture*, 29–46, London: Routledge.
Rozwadowski, Helen M. (2018), *Vast Expanses: A History of the Oceans*, Chicago: University of Chicago Press.
Rozwadowski, Helen M. and David van Keuren, eds. (2004), *The Machine in Neptune's Garden: Historical Perspectives on Technology and the Marine Environment*, Canton, MA: Science History Publications/USA.
Ruppenthal, Jens (2018), *Raubbau und Meerestechnik: Die Rede von der Unerschöpflichkeit der Meere*, Stuttgart: Franz Steiner Verlag.
Safina, Carl (2002–3), "Launching a Sea Ethic," *Wild Earth*, (Winter): 2–5.
Sail Training International (2019), "Sail Training International: History." Available online: https://sailtraininginternational.org/sailtraining/origins/ (accessed March 20 2019).
Schätzing, Frank (2004), *Der Schwarm*, Cologne: Kiepenheuer & Witsch.
Schmidt, Frithjof (1986), "Brennpunkt Pazifik: Eine politische Skizze der 'pazifischen Herausforderungen,'" in Peter Franke (ed.), *Die Militarisierung des Pazifik*, in *Informationszentrum Dritte Welt, Freiburg und der Südostasien-Informationsstelle, Bremen*, 13–34, Gießen: Prolit-Vertriebs-GmbH.

Schertow, John Ahni (2008), "Indigenous Communities Oppose Deep Sea Mining," *International Cry*, July 10. Available online: https://intercontinentalcry.org/indigenous-communities-oppose-deep-sea-mining/ (accessed December 15, 2018).
Schott, Gerhard (1926), "Messung der Meerestiefen durch Echolot," *Wissenschaftliche Abhandlungen des 21. Deutschen Geographentages zu Breslau* vom 2. bis 4. Juni 1925, 140–50, Berlin: Dietrich Reimer.
Schrijver, Nico (2010), *Development without Destruction: The UN and Global Resource Management*, Bloomington: Indiana University Press.
Schulz, Matthias (2007), "Netzwerke und Normen in der internationalen Geschichte: Überlegungen zur Einführung," *Historische Mitteilungen*, 17: 1–14.
Schwartz, Stuart B. (2015), *Sea of Storms: A History of Hurricanes in the Greater Caribbean from Columbus to Katrina*, Princeton, NJ: Princeton University Press.
Scott, James C. (1998), *Seeing Like a State: How Certain Schemes to Improve the Human Condition Have Failed*, New Haven, CT: Yale University Press.
Sea Turtle Conservancy (1996–2020), "Sea Turtle Tracking: Active Sea Turtles." Available online: https://conserveturtles.org/sea-turtle-tracking-active-sea-turtles/ (accessed October 18, 2020).
Seavitt Nordenson, Catherine (2014), "The Bottom of the Bay, Or How To Know the Seaweeds," *Harvard Design Magazine*, 39 (Fall/Winter): 6–8.
Sebille, Erik van (2014), "Under the Deep Blue Ocean: The Search for MH370's Black Box," *UNSW Sydney Newsroom*, March 31. Available online: https://newsroom.unsw.edu.au/news/science/under-deep-blue-ocean-search-mh370s-black-box (accessed April 10, 2019).
Sekula, Allan (2002), "Fish Story: Notes on the Work," in Gerti Fietzek, Heike Ander, and Nadja Rottner (eds.), *Documenta 11, Platform 5: Exhibition: Catalogue*, 582–3, Ostfildern-Ruit: Hatje Cantz.
Sekula, Allan, B.H.D. Buchloh, and centrum voor hedendaagse kunst Witte de With (1995), *Fish Story*, Rotterdam: Witte de With, center for contemporary art; Düsseldorf: Richter Verlag.
Sekula, Allan, Noel Burch, Frank van Reemst, Joost Verheij, Vincent Lucassen, Ebba Sinzinger, Menno Boerema, and Allan Sekula (2010), [Video] *The Forgotten Space*, Brooklyn, NY: Icarus Films.
Selin, Henrik and Stacy D. VanDeveer (2013), "Global Climate Change: Beyond Kyoto," in Norman J. Vig (ed.), *Environmental Policy: New Directions for the Twenty-First Century*, 278–98, Thousand Oaks, CA: CQ Press.
Shackelford, Scott J. (2008), "The Tragedy of the Common Heritage of Mankind," *Stanford Environmental Law Journal*, 27: 101–20.
Shapin, Steven (2010), *Never Pure: Historical Studies of Science as if It Was Produced by People with Bodies, Situated in Time, Space, Culture, and Society, and Struggling for Credibility and Authority*, Baltimore: Johns Hopkins University Press.
Shell, Hanna Rose (2005), "Things Under Water: Etienne-Jules Marey's Aquarium Laboratory and Cinema's Assembly," in Bruno Latour and Peter Weibel (eds.), *Dingpolitik: Atmospheres of Democracy*, 326–32, Cambridge, MA: MIT Press.
Sherman, P. (1972), "Acoustic Monitoring of the Sinking of the LeBaron Russell Briggs," in *Ocean 72 – IEEE International Conference on Engineering in the Ocean Environment*, Newport, RI, 286–8. Available online: https://doi.org/10.1109/OCEANS.1972.1161133.
Silverstein, Harvey B. (1978), *Superships and Nation-States: The Transnational Politics of the Intergovernmental Maritime Consultative Organization*, Westview Replica edn., Boulder, CO: Westview Press.

Simcock, Alan (2010), "The United Nations, Oceans Governance and Science," in Geoff Holland and David Pugh (eds.), *Troubled Waters: Ocean Science and Governance*, 28–40, New York: Cambridge University Press.
Simon, Zoltán Boldizsár (2020), "The Limits of Anthropocene Narratives," *European Journal of Social Theory*, 23 (2): 184–99.
Slocum, Joshua (1901), *Sailing Around the World Alone*, New York: The Century Company.
Sluga, Glenda (2010), "UNESCO and the (One) World of Julian Huxley," *Journal of World History*, 21 (3): 393–418.
Sluga, Glenda (2013), *Internationalism in the Age of Nationalism*, Philadelphia: University of Pennsylvania Press.
Smith, Jason W. (2016), "Thou Uncracked Keel: The Many Voyages of the Whaleship *Charles W. Morgan* and the Presence of the American Maritime Past," *New England Quarterly*, 89 (3): 421–56.
SOLAS (International Convention for the Safety of Life at Sea) (1914), "Text of the Convention for the Safety of Life at Sea," HM Stationary Office. Available online: http://www.archive.org/stream/textofconvention00inte#page/n5/mode/2up (accessed March 20, 2019).
Sörlin, Sverker and Paul Warde (2009), "Making the Environment Historical – An Introduction," in Sverker Sörlin and Paul Warde (eds.), *Nature's End: History and the Environment*, 1–19, Basingstoke: Palgrave Macmillan.
Sörlin, Sverker and Nina Wormbs (2018), "Environing Technologies: A Theory of Making Environment," *History and Technology*, 74 (2): 1–25.
Souchen, Alex (2018), "The Dark Side of Disarmament: Ocean Pollution, Peace, and the World Wars," in *ActiveHistory.ca*, December 4. Available online: http://activehistory.ca/2018/12/the-dark-side-of-disarmament-ocean-pollution-peace-and-the-world-wars/ (accessed March 17, 2019).
Sound Experience (2016), "History of Adventuress." Available online: https://www.soundexp.org/about-us/our-ship/history-of-adventuress/ (accessed March 20, 2019).
SoundWaters (2017), "Schooner SoundWaters." Available online: https://soundwaters.org/schooner-soundwaters/ (accessed March 20, 2019).
Sparenberg, Ole (2015a), "Meeresbergbau nach Manganknollen (1965–2014): Aufstieg, Fall und Wiedergeburt?," *Der Anschnitt: Zeitschrift für Kunst und Kultur im Bergbau*, 67 (4–5): 128–45.
Sparenberg, Ole (2015b), "Mining for Manganese Nodules: The Deep Sea as a Contested Space (1960s–1980s)," in Heta Hurskainen and Marta Grzechnik (eds.), *Beyond the Sea: Reviewing the Manifold Dimensions of Water as Barrier and Bridge*, 149–64, Cologne: Böhlau.
Speth, James Gustave and Peter M. Haas (2006), *Global Environmental Governance*, Washington, DC: Island Press.
Staples, Amy L. (2006), *The Birth of Development: How the World Bank, FAO, and WHO changed the world, 1945–1965*, Kent, OH: Kent State University Press.
Starosielski, Nicole (2013), "Beyond Fluidity: A Cultural History of Cinema under Water," in Stephen Rust, Salma Monani, and Sean Cubitt (eds.), *Ecocinema Theory and Practice*, 149–68, New York: Routledge.
Starosielski, Nicole (2015), *The Undersea Network*, Durham, NC: Duke University Press.
Starr, Cindy (2016), "Annual Arctic Sea Ice Minimum 1979–2015, with graph," NASA Scientific Visualization Studio, March 10. Available online: https://svs.gsfc.nasa.gov/4435 (accessed October 9, 2020).

Steffen, Will, Jacques Grinevald, Paul Crutzen, and John McNeill (2011), "The Anthropocene: Conceptual and Historical Perspectives," *Philosophical Transactions of the Royal Society A.*, (369): 843. Available online: https://royalsocietypublishing.org/doi/full/10.1098/rsta.2010.0327 (accessed April 8, 2019).
Steinberg, Philip E. (2001), *The Social Construction of the Ocean*, Cambridge: Cambridge University Press.
Steinberg, Philip E. and Kimberley Peters (2015), "Wet Ontologies, Fluid Spaces: Giving Depth to Volume through Oceanic Thinking," *Environment and Planning D: Society and Space*, 33: 247–64.
Steinberg, Philip E., Jeremy Tasch, and Hannes Gerhardt (2015), *Contesting the Arctic: Politics and Imaginaries in the Circumpolar North*, London: Tauris.
Steinsson, Sverrir (2016), "The Cod Wars: A Re-analysis," *European Security*, 25 (2): 256–75.
Sténuit, Robert (1966), *The Deepest Days*, trans. Morris Kemp, New York: Coward-McCann.
Stimson, Thomas E. (1956), "Algae for Dinner," *Popular Mechanics*, November: 134–6, 262, 264.
Stradling, David and Richard Stradling (2015), *Where the River Burned: Carl Stokes and the Struggle to Save Cleveland*, Ithaca, NY: Cornell University Press.
Strong, A.L., J.J. Cullen, and S.W. Chisholm (2009), "Ocean Fertilization: Science, Policy, and Commerce," *Oceanography*, 22 (3): 236–61.
Suárez, José (1928), report in the League of Nations Archives, C.P.D.I.28, Geneva, January 8.
Suárez-de Vivero, Juan L. and Juan C. Rodríguez Mateos (2017), "Forecasting Geopolitical Risks: Oceans as Source of Instability," *Marine Policy*, 75: 19–28.
Subcommittee on Environmental Pollution (1985), *Ocean Dumping: Hearing before the Subcommittee on Environmental Pollution of the Committee on Environment and Public Works*, Washington, DC: US Government Printing Office.
Subcommittee on Fisheries and Wildlife Conservation, and Subcommittee on Oceanography of the Committee on Merchant Marine and Fisheries (1971), *Ocean Dumping of Waste Materials: Hearings*, Washington, DC: US Government Printing Office.
Subcommittee on Natural Resources, Agriculture Research and Environment (1981), *Environmental Effects of Sewage Sludge Disposal: Hearing before the Subcommittee on Natural Resources, Agriculture Research and Environment of the Committee on Science and Technology*, Washington, DC: US Government Printing Office.
Subcommittee on Oceanography (1970), *Dumping of Nerve Gas Rockets in the Ocean: Hearing*, Washington, DC: Government Printing Office.
Subcommittee on the Environment and the Atmosphere (1975), *The Environmental Effects of Dumping in the Oceans and the Great Lakes: Hearings before the Subcommittee on the Environment and Atmosphere of the Committee on Science and Technology*, Washington, DC: US Government Printing Office.
Suman, Daniel (1991), "Regulation of Ocean Dumping by the European Economic Community," *Ecology Law Quarterly*, 18 (3): 560–618.
Sweeney, John (1955), *The How-To Book of Skin Diving and Exploring Underwater*, New York: McGraw-Hill Book Company.
Symonds, Craig L. (2018), *World War II at Sea: A Global History*, Oxford: Oxford University Press.

Tanner, Ariane (2014), “Utopien aus Biomasse: Plankton als wissenschaftliches und gesellschaftspolitisches Projektionsobjekt,” *Geschichte und Gesellschaft*, 40 (3): 323–53.

Tanner, Ariane (2019), “Imaginations of the Perfect Human-Ocean Relation,” Lunchtime Colloquium at Rachel Carson Center, YouTube, July 31. Available online: https://www.youtube.com/watch?v=HvhqfUzGgao (accessed October 18, 2020).

Tarr, Joel Arthur (1996), *The Search for the Ultimate Sink: Urban Pollution in Historical Perspective*, Akron, OH: University of Akron Press.

Taves, Brian (1996), “With Williamson beneath the Sea,” *Journal of Film Preservation*, 52 (April): 54–61.

Telotte, J.P. (2010), “Science Fiction as ‘True-Life Adventure’: Disney and the Case of *20,000 Leagues Under the Sea*,” *Film & History: An Interdisciplinary Journal*, 40 (2): 66–79.

Thompson, Andrea (2015), “Climate Change Is Increasing Stress on Oceans,” Climate Central, July 14. Available online: http://www.climatecentral.org/news/climate-change-increasing-ocean-stress-19240 (accessed October 16, 2020).

The Mission to Seafarers (n.d.), “Shipping Stats: Key Facts and Figures,” The Mission to Seafarers Media Centre. Available online: http://staff.missiontoseafarers.org/media-centre/statistics (accessed July 1, 2018).

Thompson, Krista A. (2007), “Through the Looking Glass: Visualizing the Sea as Icon of the Bahamas,” in *An Eye for the Tropics: Tourism, Photography, and Framing the Caribbean Picturesque*, 156–203, Durham, NC: Duke University Press.

Thorpe, Andy, Pierre Failler, and Maarten J. Bavinck (2011), “Marine Protected Areas (MPAs),” Special Feature: *Environmental Management*, 47 (4): 519–24.

Tolf, Robert W. (1976), *The Russian Rockefellers: The Saga of the Nobel Family and the Russian Oil Industry*, Stanford, CA: Hoover Press.

Tong, Anote H.E. (2012), “HE Beretitenti Anote Tong’s Speech,” Yumpu. Available online: https://www.yumpu.com/en/document/view/21070088/he-beretitenti-anote-tongs-speech-on-the-occasion-of-the-opening- (accessed March 20, 2019).

Tong, Chris (2014), “Ecology Without Scale: Unthinking the World Zoom,” *Animation: An Interdisciplinary Journal*, 9 (2): 196–211.

Tønnessen, Johan Nicolay and Arne Odd Johnsen (1982), *The History of Modern Whaling*, London: C. Hurst & Co.

Torma, Franziska (2013), “Frontiers of Visibility: On Diving Mobility in Unterwater Films (1920s to 1970s),” *Transfers: Interdisciplinary Journal of Mobility Studies*, 3 (2): 24–46.

Toscano, Alberto (2018), “The Mirror of Circulation: Allan Sekula and the Logistical Image,” [blog] *Society & Space*, July 30. Available online: http://societyandspace.org/2018/07/30/the-mirror-of-circulation-allan-sekula-and-the-logistical-image/ (accessed March 20, 2019).

Townsend, Colin R., Michael Begon, and John L. Harper (2009), *Ökologie*, Berlin: Springer-Verlag.

Trischler, Helmuth (2016), “The Anthropocene: A Challenge for the History of Science, Technology, and the Environment,” *NTM Zeitschrift für Geschichte der Wissenschaften, Technik und Medizin*, 24 (3): 309–35.

Tuan, Yi-Fu (2010), *Passing Strange and Wonderful: Aesthetics, Nature, and Culture*, Washington, DC: Island Press.

Tuan, Yi-Fu (2013), *Romantic Geography: In Search of the Sublime Landscape*, Madison: University of Wisconsin Press.
Tuten-Puckett, Katharyn and Pacific STAR Center for Young Writers (2004), *"We Drank Our Tears": Memories of the Battles for Saipan and Tinian as Told by Our Elders: In Commemoration of the 60th Anniversary of the WWII Battles for Saipan and Tinian*, Saipan, MP: Pacific STAR Center for Young Writers Foundation.
Tyack, Peter L. (2001), "Cetacean Culture: Humans of the Sea?," *Behavioral and Brain Sciences*, 24 (2): 358–9.
Tyrrell, Toby (2011), "Anthropogenic Modification of the Ocean," *Philosophical Transactions of the Royal Society*, 369: 887–908.
United Nations (UN) (1955), "Report of the International Technical Conference on the Conservation of the Living Resources of the Sea: 18 April to 10 May 1955," Rome: United Nations.
United Nations (UN) (1982), United Nations Convention on the Law of the Sea, Montego Bay, December 10. Available online: www.un.org/Depts/los/convention_agreements/texts/unclos/closindx.htm (accessed December 17, 2018).
United Nations (2006–16), "Human Settlements by the Coast," in *UN Atlas of the Oceans*. Available online: http://www.oceansatlas.org/subtopic/en/c/114/ (accessed December 9, 2018).
United Nations (2017a), "Programme of Side Events," *UN Ocean Conference*, June 7. Available online: https://sustainabledevelopment.un.org/content/documents/14666OC_Side_Program_Web.pdf (accessed December 17, 2018).
United Nations (UN) (2017b), *World Ocean Assessment*, Cambridge: Cambridge University Press.
United Nations (UN), ed. (1950), *Proceedings of the United Nations Scientific Conference on the Conservation and Utilization of Resources*, 8 vols, New York: Department of Economic Affairs.
United Nations Educational, Scientific and Cultural Organization (UNESCO) and International Union for the Protection of Nature (IUPN), eds. (1950), *International Technical Conference on the Protection of Nature: Proceedings and Papers*, Paris: UNESCO Publishing.
US Naval Photographic Center (1970), "Scuttling of the SS LeBaron Russell Briggs," August 18, US National Archives College Park, Department of Defense Collection.
US Army Research, Development and Engineering Command, Historical Research and Response Team (2001), *Off-Shore Disposal of Chemical Agents and Weapons Conducted by the United States*, Aberdeen Proving Ground, MD: US Army.
USCG (n.d.), "USCG Port State Information Exchange," USCG Maritime Information Exchange. Available online: https://cgmix.uscg.mil/PSIX/PSIXSearch.aspx (accessed August 18, 2018).
Van Dover, Cindy (1996), *The Octopus's Garden: Hydrothermal Vents and Other Mysteries of the Deep Sea*, New York: Basic Books.
VanDyke, John (1988), "Ocean Disposal of Nuclear Waste," *Marine Policy*, April: 82–95.
UN Environment Programme (UNEP) (2009), *Towards Sustainable Production and Use of Resources: Assessing Biofuels*. Available online: https://www.unenvironment.org/resources/report/towards-sustainable-production-and-use-resources-assessing-biofuels (accessed November 2, 2020).
UN Environment Programme (UNEP) (n.d.), "Discover the World's Protected Areas." Available online: https://www.protectedplanet.net/en (accessed October 22, 2020).

Vartanov, Raphael and Charles D. Hollister (1997), "Nuclear Legacy of the Cold War: Russian Policy and Ocean Disposal," *Marine Policy*, 21 (1): 1–15.
Verne, Jules ([1870] 2001), *20,000 Leagues Under the Sea*, New York: Penguin Books and Signet Classics.
Vinke, Hermann (1984), *Wir sind wie die Fische im Meer: Mikronesien, verseucht, verplant, verdorben*, Momente, Zurich: Arche.
Virilio, Paul (2007), *The Original Accident*, Cambridge: Polity.
Wahllöf, Niklas (2014), "Flygplanet är berättelsen om hur försvinnande faktiskt är möjligt i vår tid," *Dagens Nyheter*, April 10. Available online: https://www.dn.se/kultur-noje/kronikor/niklas-wahllof-flygplanet-ar-berattelsen-om-hur-forsvinnande-faktiskt-ar-mojligt-i-var-tid/ (accessed April 10, 2019).
Walcott, Derek (2007), "The Sea is History," in *Selcted Poems*, New York: Farrar, Straus and Giroux. Available online: https://poets.org/poem/sea-history (accessed October 9, 2020).
Waldron, T.J. and James Gleeson (1950), *The Frogmen: The Story of Wartime Underwater Operators*, London: Evans Brothers.
Walford, Lionel A. (1958), *Living Resources of the Sea: Opportunities for Research and Expansion*, New York: Ronald Press Company.
Walters, Carl and Jean-Jacques Maguire (1996), "Lessons for Stock Assessment from the Northern Cod Collapse," *Reviews in Fish Biology and Fisheries*, 6 (2) (June): 125–37.
Weigel, Viola (2009), "From the Aquarium to the Video Image: Introductory Remarks on the Works," in Viola Wiegel (ed.), *Under Water above Water: From the Aquarium to the Video Image*, 36–49, Bielefeld: Kerber Verlag.
Weinstein-Bacal, Stuart (1987), "The Ocean Dumping Dilemma," *Lawyers of the Americas*, 10 (3): 868–920.
Weisman, Alan (2007), *The World Without Us*, New York: St. Martin's Press.
Weiss, Francis Joseph (1952), "The Useful Algae," *Scientific American*, 187 (6): 15–17.
Westenhöfer, Max (1942), *Der Eigenweg des Menschen. Dargestellt auf Grund von vergleichend morphologischen Untersuchungen über die Artbildung und Menschwerdung*, Berlin: Verlag der Medizinischen Welt, W. Mannstaedt & Co.
Westwick, Peter and Peter Neushul (2013), *The World in the Curl: An Unconventional History of Surfing*, New York: Crown Publishers.
Wharton, Robert A., David T. Smernoff, and Maurice M. Averner (1988), "Algae in Space," in Carole A. Lembi, and J. Robert Waaland (eds.), *Algae and Human Affairs*, 485–509, New York: Cambridge University Press.
Whitehead, Hal and Luke Rendell (2014), *The Cultural Lives of Whales and Dolphins*, Chicago: University of Chicago Press.
Wikipedia (2020), "Holocene Extinction," October 16. Available online: https://en.wikipedia.org/wiki/Holocene_extinction (accessed October 16, 2020).
Williams, R.J., F.B. Griffiths, E.J. van der Wal, and J. Kelly (1988), "Cargo Vessel Ballast Water as a Vector for the Transport of Non-indigenous Marine Species," *Estuarine, Coastal and Shelf Science*, 26 (4): 409–20.
Witt-Miller, Harriet (1991), "The Soft, Warm, Wet Technology of Native Oceania," *Whole Earth*, 72: 64–9.
Wöbse, Anna-Katharina (2008), "Oil on Troubled Waters? Environmental Diplomacy in the League of Nations," *Diplomatic History*, 32 (4): 519–37.

Wöbse, Anna-Katharina (2011), "'The world after all was one': The International Environmental Network of UNESCO and IUPN, 1945–1950," *Contemporary European History*, 20 (3): 331–48.
Wöbse, Anna-Katharina (2012), *Weltnaturschutz: Umweltdiplomatie in Völkerbund und Vereinten Nationen 1920–1950*, New York: Campus.
Wolf, Klaus-Dieter (1981), *Die dritte Seerechtskonferenz der Vereinten Nationen: Beiträge zur Reform der internationalen Ordnung und Entwicklungstendenzen im Nord-Süd-Verhältnis*, Baden-Baden: Nomos.
Wolf, Mark J.P. (1999), "Subjunctive Documentary: Computer Imaging and Simulation," in Jane Gaines and Michael Renov (eds.), *Collecting Visible Evidence*, 274–92, Minneapolis: University of Minnesota Press.
Wong, Sam (2018), "Blue Planet? It's a Dark, Deep-Ocean World," *New Scientist*, August 11: 34–5.
Woodman, Richard (2010), *More Days, More Dollars: The Universal Bucket Chain, 1885–1920*, A History of the British Merchant Navy 4, San Bernardino, CA: Endeavor Press.
Wooster, Warren S. (1969), "The Ocean and Man," *Scientific American*, 221 (3): 218–38.
Working Group on the "Anthropocene" (n.d.), "Results of Binding Vote by AWG Released 21st May 2019," Subcommission on Quaternary Stratigraphy. Available online: http://quaternary.stratigraphy.org/working-groups/anthropocene/ (accessed October 16, 2020).
Wormbs, Nina (2017) "Satellite Sublime: The Workings of Remote Sensing in Ordering the Planetary," lecture, Deutsches Museum Munich, April 16, 2018.
Zalasiewicz, Jan, et al. (2008), "Are We Now Living in the Anthropocene?," *GSA Today*, 18 (2): 4–8.
Zelko, Frank S. (2013), *Make It A Green Peace: The Rise of Countercultural Environmentalism*, New York: Oxford University Press.
Zelko, Frank S. (2014), *Greenpeace: Von der Hippiebewegung zum Ökokonzern*, Göttingen: Vandenhock & Rupprecht.
Zeppetello, Marc A. (1985), "National and International Regulation of Ocean Dumping: The Mandate to Terminate Marine Disposal of Contaminated Sewage Sludge," *Ecology Law Quarterly*, 12 (3): 619–64.

Filmography

20,000 Leagues under the Sea (1916), [Film] Dir. Stuart Paton, USA: Universal Pictures.
20,000 Leagues under the Sea (1954), [Film] Dir. Richard Fleischer, USA: Walt Disney Productions.
The Abyss (1989), [Film] Dir. James Cameron, USA: 20th Century Fox.
Alien Deep with Bob Ballard (2012), [TV program] National Geographic Television, September 11.
Aliens (1986), [Film] Dir. James Cameron, USA: 20th Century Fox.
Aliens of the Deep (2005), [Film] Dir. James Cameron and Steven Quale, USA: Buena Vista Pictures.
Avatar (2009), [Film] Dir. James Cameron, USA: 20th Century Fox.
The Blue Planet (2001), [TV program] BBC One, September 12.
Blue Planet II (2017–18), [TV program] BBC One, October 29.
Chasing Coral (2017), [Film] Dir. Jeff Orlowski, USA: Netflix.

The Cove (2009), [Film] Dir. Louie Psihoyos, USA: Lionsgate.
Dangerous When Wet (1953), [Film] Dir. Charles Walters, USA: Metro-Goldwyn-Mayer.
Deepsea Challenge 3D (2014), [Film] Dir. John Bruno, Ray Quint, and Andrew Wight, USA: Disruptive LA.
Expedition: Bismarck (2002), [TV movie] Dir. James Cameron and Gary Johnstone, USA: Discovery Channel Pictures, December 8.
The Forgotten Space (2010), [Video] Sekula, Allan, Noel Burch, Frank van Reemst, Joost Verheij, Vincent Lucassen, Ebba Sinzinger, Menno Boerema, and Allan Sekula, Brooklyn, NY: Icarus Films.
Frolicking Fish (1930), [Film] Dir. Burt Gillett, USA: Walt Disney Productions.
Ghosts of the Abyss (2003), [Film] Dir. James Cameron, USA: Buena Vista Pictures.
L'Hippocampe, ou "Cheval marin" (The Seahorse) (1934), [Film] Dir. Jean Painlevé, France: Cinégraphie Documentaire.
King Neptune (1932), [Film] Dir. Burt Gillett, USA: Walt Disney Productions.
The Martian (2015), [Film] Dir. Ridley Scott, USA: 20th Century Fox.
Menschen unter Haien (1947), [Film] Dir. Hans Hass, Austria: Hans Hass-Filmproduktion.
Merbabies (1938), [Film] Dir. Rudolf Ising and Vernon Stallings, USA: Walt Disney Productions.
The Mysterious Island (1929), [Film] Dir. Lucien Hubbard, Benjamin Christensen, and Maurice Tourneur, USA: Metro-Goldwyn-Mayer.
Pinocchio (1940), [Film] Dir. Ben Sharpsteen and Hamilton Luske, USA: Walt Disney Productions.
Red Planet (2000), [Film] Dir. Antony Hoffman, USA: Warner Bros. Pictures.
Le Royaume des fées (1903), [Film] Dir. Georges Méliès, France: Star-Film.
Sea Scouts (1939), [Film] Dir. Dick Lundy, USA: Walt Disney Productions.
The Shape of Water (2017), [Film] Dir. Guillermo del Toro, USA: Fox Searchlight Pictures.
La Sirène (1904), [Film] Dir. Georges Méliès, France: Star-Film.
Solaris (1972), [Film] Dir. Andrei Tarkovski, Soviet Union: Mosfilm.
Sonic Sea (2016), [Film] Dir. Michelle Dougherty and Daniel Hinerfeld, USA: Imaginary Forces.
Soylent Green (1973), [Film] Dir. Richard Fleischer, USA: Metro-Goldwyn-Mayer.
The Terminator (1984), [Film] Dir. James Cameron, USA: Orion Pictures.
Terminator 2: Judgment Day (1991), [Film] Dir. James Cameron, USA: Carolco PIctures.
Titanic (1997), [Film] Dir. James Cameron, USA: Paramount Pictures.
The Undersea World of Jacques Cousteau (1966–76), [TV program] ABC, September 5.
Visite sous-marine du Maine (1898), [Film], Dir. Georges Méliès, France: Star-Film.
Volcanoes of the Deep Sea (2003), [Film] Dir. Stephen Low, USA: The Stephen Low Company.
Le Voyage à travers l'impossible (1904), [Film], Dir. Georges Méliès, France: Star-Film.
Le Voyage dans la lune (1902), [Film] Dir. Georges Méliès, France: Star-Film.
Water Babies (1935), [Film] Dir. Wilfred Jackson, USA: Walt Disney Productions.
The Whalers (1938), [Film] Dir. David Hand and Dick Heumer, USA: Walt Disney Productions.
World Without Sun (Le monde sans soleil) (1964), [Film] Dir. Jacques Cousteau, France: Orsay Films.

撰稿人介绍

乔恩 · 克莱伦（Jon Crylen），美国独立学者。他拥有艾奥瓦大学电影研究博士学位，是艾奥瓦大学电影艺术系的客座助理教授，还在艾奥瓦州锡达拉皮兹的寇伊学院进行电影研究和视频制作教学。他的作品已经或即将发表于《媒体领域杂志》《电影与媒体研究杂志》《探索电影 · 冒险电影实践随笔》(主编：詹姆斯 · 利奥 · 卡希尔［James Leo Cahill］和卢卡 · 卡米纳蒂［Luca Caminati］)。他正在完成一本名为《海洋电影：代表人类世的海底世界》的书稿。

科林 · 杜威（Colin Dewey），美国加州州立大学海事学院英语副教授，兼文化与传播系主任。他的职业生涯从油轮、集装箱船和离岸拖船的熟练水手开始，他持有机动船大副（1600 吨）和船长（200 吨）执照。后来，他从加州大学伯克利分校毕业，并于 2011 年在康奈尔大学获得硕士和博士学位。他获得了康奈尔人文学会的安德鲁 · W. 梅隆（Andrew W. Mellon）研究生奖学金和国家人文基金会奖学金，并获得了加州州立大学的研究资助。

丽贝卡 · 霍夫曼（Rebecca Hofmann），德国慕尼黑路德维希–马克西米利安大学的博士后研究员。她的大部分人类学工作涉及当地对气候变化的看法以及与气候变化相关的信息，为此她在密克罗尼西亚进行了广泛的实地实证研究。她在阿拉斯加和印度的研究也涉及环境变化问题。在慕尼黑“雷切尔 · 卡森环境与社会中心”工作期间，她分析了档案材料，并收集了16世纪至20世纪自然灾害造成的人口迁移的当地历史，主要在太平洋地区。目前，她在德国弗莱堡教育大学继续进行难民研究。

萨宾·霍勒（Sabine Höhler），瑞典斯德哥尔摩“KTH皇家理工学院”科学与技术 240
研究副教授。她拥有物理学硕士学位和科学技术史博士学位。她的研究从全球历史的角度探讨了19世纪和20世纪的地球科学，包括航空和大气物理学、海洋学和深海探索、太空飞行和生态学。她的著作包括合编的《开化自然：全球历史视角下的国家公园》(2012)，以及将宇宙飞船作为20世纪后期关于世界资源和人类未来辩论的关键隐喻的《环境时代的地球宇宙飞船》(2015)。

西蒙妮·穆勒（Simone M. Müller），德国慕尼黑“雷切尔·卡森环境与社会中心”DFG艾米诺特研究小组“危险的旅行：幽灵的土地和全球废物经济”的项目主任和首席研究员。她从事全球化、经济社会史和环境人文学科的交叉研究。她获得了史密森学会、科学历史学会和宾夕法尼亚大学等机构的许多奖项和奖学金。她是比勒费尔德大学青年学术联盟的成员，并于2017年被德国科学基金会（DFG）和博世基金会提名为她所在领域的领先女性学者之一。

海伦·罗兹瓦多夫斯基（Helen M. Rozwadowski），美国康涅狄格大学历史学副教授，海洋研究项目创始人。她最近的著作包括《浩瀚无垠：海洋史》(2018)，以及获得科学史协会戴维斯奖之最佳公众读物奖的《探索海洋》(2005)。她还与人合编了《测深和横跨》(Soundings and Crossings，2017）和《极端情况》(Extremes，2007）等。她获得了斯克里普斯海洋学研究所的威廉玛丽（William E. & Mary B. Ritter）奖学金，并获得了美国国家人文基金会、美国国家科学基金会和史密森学会的资助和奖学金。

约翰娜·萨克（Johanna Sackel），德国帕德伯恩大学的历史学家和讲师。她的研究重点是国际环境制度。为此，她研究了鱼类管理史并发布了相关文章。此外，她的研究兴趣还包括去殖民化后的南北关系史以及海洋史，特别是海洋环境史。她的博士项目融合了全球20世纪70年代第三次联合国海洋法会议与海洋资源和分配正义的概念。

241 **阿里安 · 坦纳（Ariane Tanner）**，一位独立研究员和作家。她曾在瑞士苏黎世大学学习历史和哲学，并完成了社会运动口述历史研究的硕士学位攻读。她获得了瑞士联邦理工学院苏黎世分校科学史专业的博士学位（博士论文为《生活数学化》，德文版，2017）。生态科学史、纪念文化和人类世是她作为研究员、讲师和参与性项目促进者的主要课题。她发表了媒体评论，并在期刊上撰写了有关生态问题和科学的社会作用的文章。她从事行为艺术。

法兰兹斯卡 · 托玛（Franziska Torma），德国慕尼黑路德维希–马克西米利安大学“雷切尔 · 卡森环境与社会中心”的研究员。她在德国科学基金会（DFG：自身工作，2017—2021）资助的一个项目中研究海洋生物学的历史。她是哈佛大学明达德冈茨堡欧洲研究中心的约翰肯尼迪纪念研究员（2012—2013）。她曾在德国大学担任多个职位，包括合作研究项目“生物制品的语言”（慕尼黑工业大学）的项目协调员。她发表了有关登山历史、非洲动物保护问题、德国和海洋以及更广泛的殖民主义领域等方面的文章，特别提到了德国的殖民文化和意识形态。

安娜 · 卡塔琳娜 · 沃布斯（Anna Katharina Wöbse），德国吉森大学的环境历史学家和策展人。她的博士论文探讨了国际联盟和早期联合国的环境外交。她在国际环境运动史、环境传记、动物与人类关系、视觉历史等方面发表了大量文章。她目前的项目重点是研究当代欧洲的水藓泥炭地、潮滩、沼泽、湿地和泥沼的环境历史。

索引

Note: Page locators in *italic* refer to figures and tables.

图书在版编目(CIP)数据

全球时代海洋文化史 / (美) 玛格丽特·科恩 (Margaret Cohen) 主编 ; (德) 法兰兹斯卡·托玛编 ; 金海译. -- 上海 : 上海人民出版社, 2025. -- (海洋文化史). -- ISBN 978-7-208-19405-2

Ⅰ. P7-091

中国国家版本馆 CIP 数据核字第 2025UP2134 号

责任编辑 刘华鱼

封面设计 苗庆东

海洋文化史

全球时代海洋文化史

[美]玛格丽特·科恩 主编

[德]法兰兹斯卡·托玛 编

金 海 译

出 版 上海人民出版社

(201101 上海市闵行区号景路 159 弄 C 座)

发 行 上海人民出版社发行中心

印 刷 江阴市机关印刷服务有限公司

开 本 720×1000 1/16

印 张 18

插 页 2

字 数 267,000

版 次 2025 年 5 月第 1 版

印 次 2025 年 5 月第 1 次印刷

ISBN 978-7-208-19405-2/K·3470

定 价 88.00 元

A Cultural History of the Sea in the Global Age
Edited by Franziska Torma

Volume 6 in the Cultural History of the Sea set
General Editor: Margaret Cohen
Chinese (Simplified Characters only) Trade Paperback

Published by Agreement with Bloonsbury Publishing Plc.
through Bardon-Chinese Media Agency

“独角兽·历史文化”书目

[英]佩里·安德森著作
《从古代到封建主义的过渡》
《绝对主义国家的系谱》
《新的旧世界》
《葛兰西的二律背反》

[英]李德·哈特著作
《战略论:间接路线》
《第一次世界大战战史》
《第二次世界大战战史》
《山的那一边:被俘德国将领谈二战》
《大西庇阿:胜过拿破仑》
《英国的防卫》

[美]洛伊斯·N.玛格纳著作
《生命科学史》(第三版)
《医学史》(第二版)
《传染病的文化史》

《社会达尔文主义:美国思想潜流》
《重思现代欧洲思想史》
《法德文化迁变》
《斯文·赫定眼中的世界名人》
《法国大革命:马赛曲的回响》
《明治维新史再考:由公议、王政走向集权、去身份化》

“海洋文化史”系列
《古代海洋文化史》
《中世纪海洋文化史》
《近代早期海洋文化史》
《启蒙时代海洋文化史》
《帝国时代海洋文化史》
《全球时代海洋文化史》

《欧洲文艺复兴》
《欧洲现代史:从文艺复兴到现在》
《非洲现代史》(第三版)
《巴拉聚克:历史时光中的法国小镇》
《语言帝国:世界语言史》
《鎏金舞台:歌剧的社会史》
《铁路改变世界》
《棉的全球史》
《土豆帝国》
《伦敦城记》
《威尼斯城记》
《工业革命(1760—1830)》
《世界和日本》
《世界和非洲》
《激荡的百年史》
《论历史》
《论帝国:美国、战争和世界霸权》

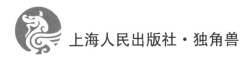